Inhalt

ANALYSIS

ANALYTISCHE GEOMETRIE UND LINEARE ALGEBRA

STOCHASTIK

A Funktionen

A 1 Funktionsbegriff und Eigenschaften von Funktionen

A 1.1 Der Begriff *Funktion*

AA 1 *(↗ Beispiele A 1 bis A 4, S. 8)*

Entscheiden Sie, ob die folgenden Zuordnungen Funktionen darstellen, und geben Sie eine kurze Begründung:

a)

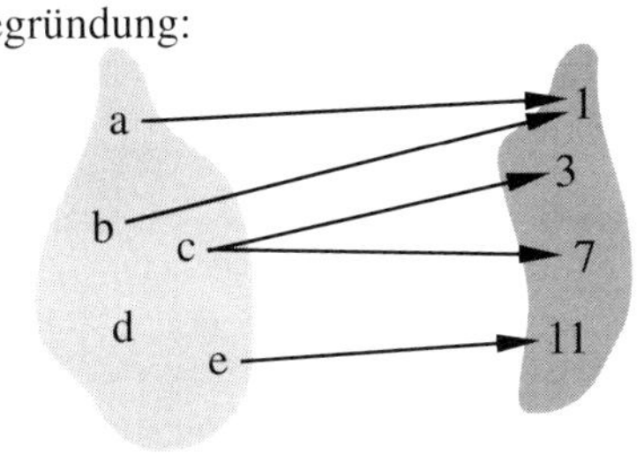

b)

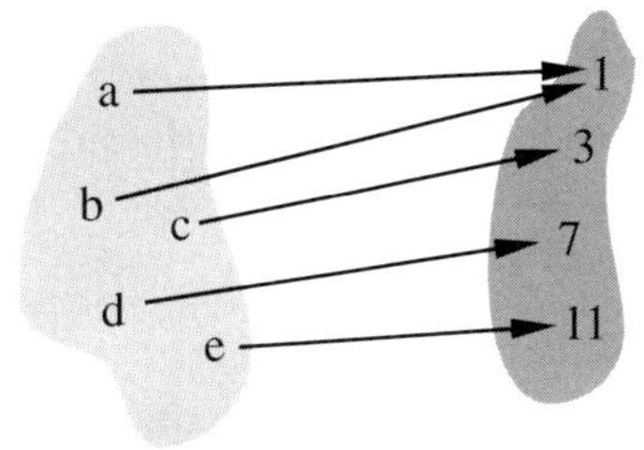

c)

u	2	2	3	4	7
v	4	6	8	9	5

d) $f : x \mapsto x - 1$

„Es sei jeder natürlichen Zahl $x \geq 1$ ihr Vorgänger zugeordnet."

AA 2

Überprüfen Sie, ob folgende Wertepaare der Definition des Funktionsbegriffs genügen (für $x \mapsto y$):

a)

x	−3	5	7	8	9
y	0	8	11	11	12

b)

x	$\frac{1}{2}$	$\frac{1}{3}$	$\frac{1}{4}$	1	0,5
y	$\frac{2}{3}$	1	$\frac{3}{4}$	3	2

c)

x	x_1	x_2	x_3	x_4	x_5
y	y_2	y_1	y_4	y_3	y_4

d)

x	x_1	x_2	x_3	x_4	x_5
y	y_1	y_2	y_3	y_4	y_5

e)

x	x_1	x_2	x_3	x_4	x_5
y	y_2	y_3	y_2	y_2	y_2

f)

x	x_1	x_2	x_1	x_4	x_2
y	y_1	y_2	y_3	y_4	y_3

A 1.2 Darstellung von Funktionen

AA 3

Sind die folgenden graphischen Darstellungen Graphen von Funktionen? Begründen Sie Ihre Antwort!

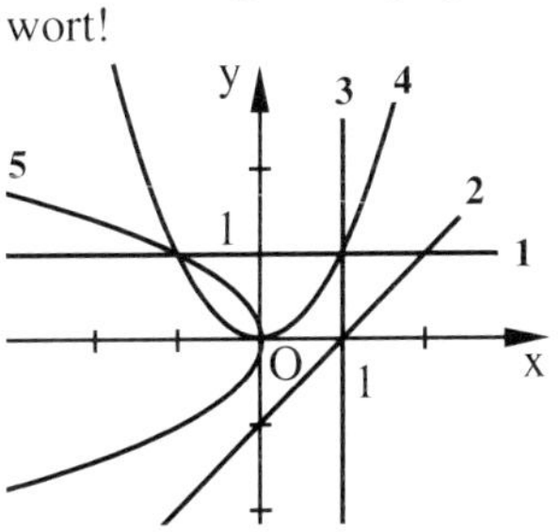

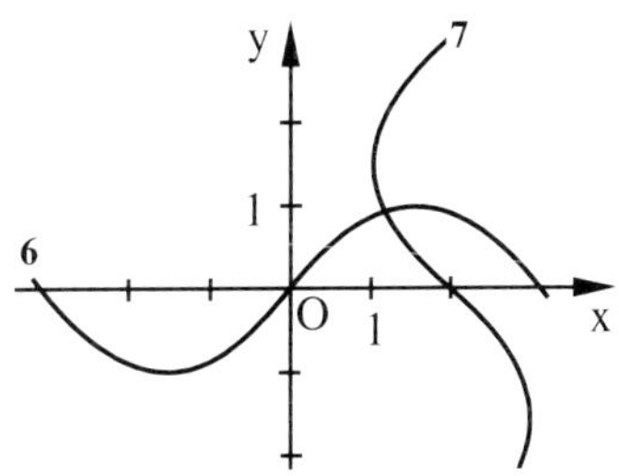

AA 4

Warum kann ein Funktionsgraph die x-Achse mehrfach schneiden, die y-Achse aber höchstens einmal?

AA 5

Prüfen Sie, ob die folgenden Zuordnungen Beispiele für Funktionen sind:

a)

t	1	2	3	4	4,5
s	3	6	9	12	13,5

b)

t	0,5	1	2,5	7	11,5
s	0,15	0,6	3,75	29,4	79,35

c)

u	1	0	1,5	1	0
v	−2	1	4	5	−2

Geben Sie, wenn möglich, eine Zuordnungsvorschrift in Form einer Gleichung an!

AA 6

Die Graphik zeigt die Ergebnisse einer Klassenarbeit.
Handelt es sich bei der Zuordnung um eine Funktion? Begründen Sie Ihre Entscheidung! Geben Sie zu dem Sachverhalt ein Mengendiagramm an!

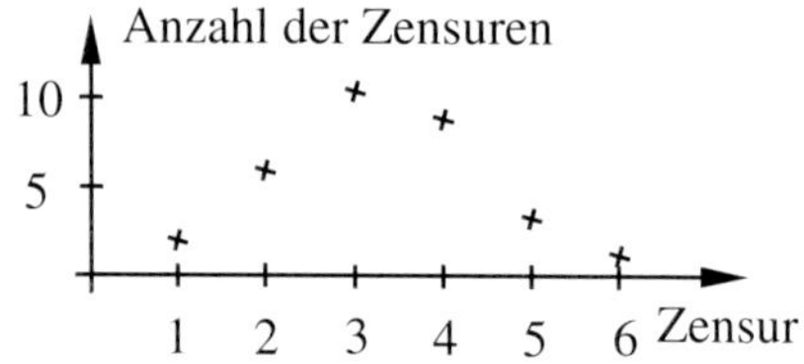

AA 7

Prüfen Sie mit Hilfe von Definition A1, ob es sich bei folgenden Zuordnungen um Funktionen handelt!

a) $x \mapsto x^2 + 1$ b) $x \mapsto \frac{1}{x}$; $x \neq 0$ c) $x \mapsto \frac{7}{x^3}$; $x \neq 0$

d) $y^2 = \frac{1 - \frac{x^2}{a^2}}{b^2}$ für a = 2 und b = 1 e) $y^2 = \frac{1}{4} \cdot x^2 - 1$ f) $y^2 = 6 \cdot x$

AA 8

Die Grundfläche einer geraden quadratischen Pyramide liege parallel zur Ebene E. Alle Punkte der Pyramidenoberfläche werden durch senkrechte Parallelprojektion auf Punkte in E abgebildet. Welche Abbildung ist eine Funktion?
(Überprüfen Sie mit Hilfe einer Skizze und eines Mengendiagramms!)

a) Originalpunkte $\mapsto$ Bildpunkte b) Bildpunkte $\mapsto$ Originalpunkte

AA 9

Ändern Sie in den folgenden Figuren den Verlauf der Pfeile so, daß sich jeweils die Darstellung einer Funktion ergibt:

a)

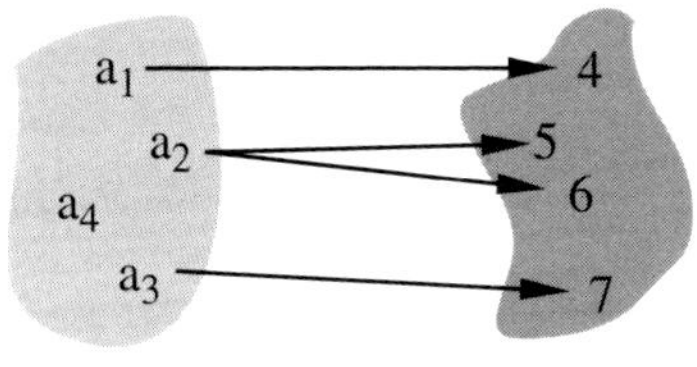

b)

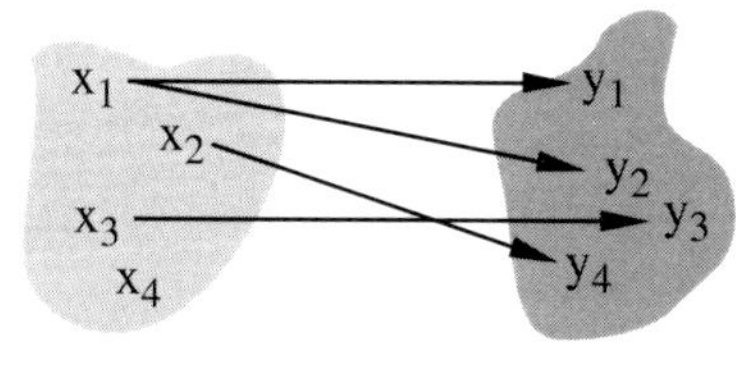

AA 10

Zeichnen Sie in zwei Koordinatensystemen Bilder ein, die Graphen von Funktionen y = f(x) bzw. y = f(n) sind. Zeichnen Sie in ein drittes Koordinatensystem ein Bild ein, das nicht Graph einer Funktion y = f(t) sein kann!

AA 11

Stellen Sie fest, ob die folgenden Erklärungen zur Definition A1 gleichwertig sind!

a) Ist einer Zahl x aus einer Menge X genau eine Zahl y aus einer Menge Y zugeordnet, so spricht man von einer Funktion.

b) Eine Funktion ist eine Menge geordneter Paare (x; y) mit $x \in X$ und $y \in Y$, in der jedes Element x aus X höchstens in einem Paar vorkommt.

c) Eine Funktion ist eine Menge geordneter Paare (x; y), wobei x Element einer Menge X und y Element einer Menge Y ist.

AA 12

Gegeben sei eine Zuordnung z: $a \mapsto b$ ($a \in A$, $b \in B$). In welchem der folgenden Fälle ist z eine Funktion?

Es gilt stets:	Für alle a_i, a_k gilt:	Wenn
$a_i \neq a_k \Rightarrow b_i \neq b_k$	$b_i = b_k$	$a_i < a_k$, so gilt stets $b_i > b_k$.

AA 13

Beantworten Sie folgende Fragen, und begründen Sie ihre Entscheidung!

a) Ein Dreieck wird in senkrechter Eintafelprojektion abgebildet.
Unter welcher Bedingung ist diese Abbildung eine Funktion?

b) Ein Dreieck ABC werde durch eine zentrische Streckung (Bewegung; ...) auf ein Dreieck A'B'C' abgebildet. Ist diese Zuordnung der Punkte eine Funktion?

c) Eine Zuordnungsvorschrift ist wie folgt erklärt:
Jeder der Zahlen – 3, – 2, – 1, 0, 1, 2, 3 wird ihr absoluter Betrag zugeordnet.
Ist die Zuordnung eine Funktion?

A 1.3 Abschnittsweise definierte Funktionen

AA 14 *(↗ Beispiele A 5 bis A 7, S. 10/11; vgl. auch Fußnote S. 10)*

Beschreiben Sie folgende Funktionsgraphen jeweils durch Gleichungen bzw. durch eine Wortvorschrift:

a)

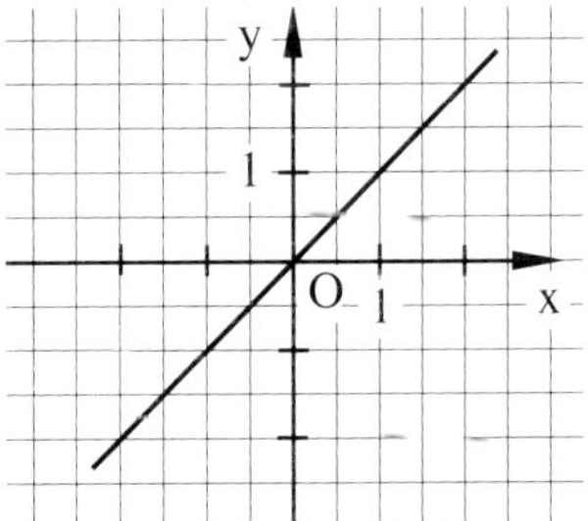

b)

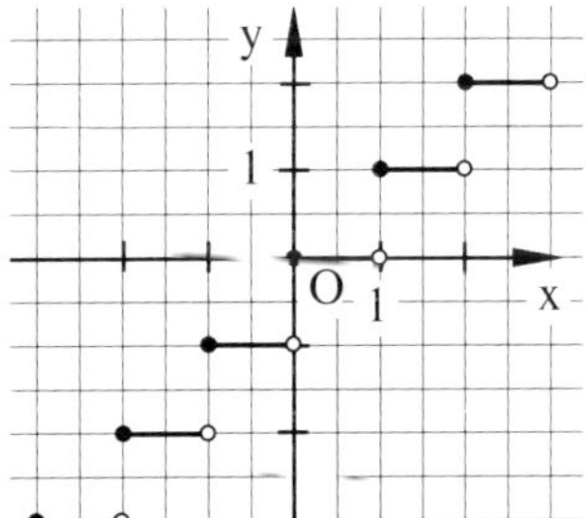

c)

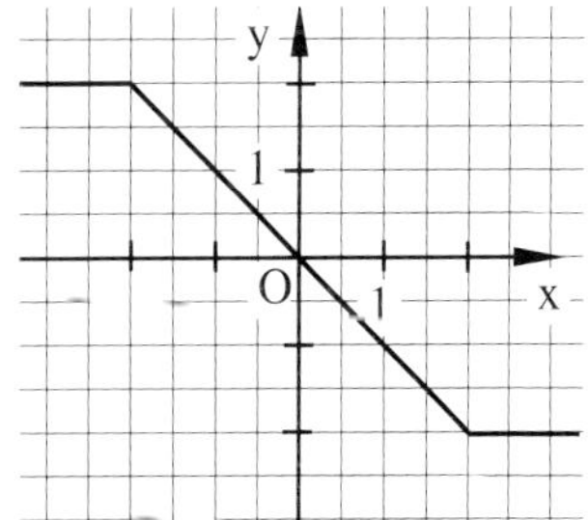

AA 15

Bei der Bundespost gilt für Briefe folgende Gebührenordnung (Stand 1. September 1994):

Standardbrief	bis 20 g.	1,00 DM
Kompaktbrief	bis 50 g.	2,00 DM
Großbrief	bis 500 g.	3,00 DM
Maxibrief	bis 1 000 g.	4,00 DM

a) Warum ist die Zuordnung „Briefmasse $\mapsto$ Beförderungsgebühren" eine Funktion?

b) Zeichnen Sie den Graphen dieser Funktion!

AA 16

Eine Funktion sei gegeben durch $f(x) = \sqrt{x}$.

a) Bestimmen Sie den Definitionsbereich und den Wertebereich dieser Funktion!

b) Beschreiben Sie die Funktion durch eine Wortvorschrift!

c) Skizzieren Sie den Graph der Funktion!

AA 17

Vergleichen Sie die Funktionen $f(x) = \operatorname{sgn} x$ und $g(x) = \frac{|x|}{x}$! Skizzieren Sie die Graphen der beiden Funktionen!

AA 18 *(↗ S. 10)*

Kennzeichnen Sie folgende Teilmengen von $\mathbb{R}$ mit Hilfe der Intervallschreibweise! Stellen Sie die Intervalle auf einer Zahlengeraden dar!

a) $M = \{x \mid x \in \mathbb{R} \text{ und } -3 \leq x \leq 3\}$

b) $N = \{x \mid x \in \mathbb{R} \text{ und } 2{,}5 \leq x\}$

c) $O = \{x \mid x \in \mathbb{R} \text{ und } x > \sqrt{2}\}$

AA 19

Geben Sie die dargestellten Intervalle in der Mengen- und in der Intervallschreibweise an!

a) 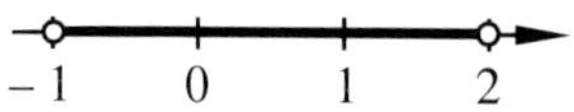

b) 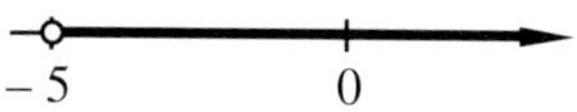

c) 

d) 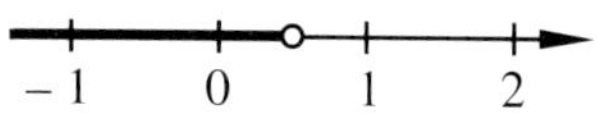

A 2 Lineare Funktionen, quadratische Funktionen und Potenzfunktionen

A 2.1 Lineare Funktionen

AA 20 *(↗ Beispiel A 8, S. 13/14)*

Gegeben sind zwei lineare Funktionen $f(x) = x + 2$ und $g(x)\,) = -\frac{1}{2}x - 3$.
Bestimmen Sie Definitions- und Wertebereich der Funktionen!
Ermitteln Sie die Nullstellen von f bzw. g und die Schnittpunkte beider Graphen mit den Koordinatenachsen! Zeichnen Sie die Graphen beider Funktionen, und äußern Sie sich zu weiteren Eigenschaften (Beschränktheit, Monotonie, Symmetrie)!

AA 21

Eine lineare Funktion sei durch folgende Wertetabelle gegeben:

x	3	8	11	21
y	7	10	11,8	17,8

Geben Sie die zugehörige Funktionsgleichung an! Welche Werte wären den Argumenten 0, 1 und 6 zugeordnet, wenn für diese dieselbe Funktionsgleichung gelten würde?

AA 22

Beschreiben die folgenden Wertetabellen lineare Funktionen? Bestimmen Sie gegebenenfalls die Funktionsgleichung!

a)

x	1	4	7	9
y	1,5	3	4	5,5

b)

x	0,5	1,7	3,6	7,1
y	– 0,5	1,9	5,7	12,7

c)

x	– 2	0	1	1,5
y	5	3	2	1,5

d)

x	– 1,5	– 1	1	3
y	3,5	2	1	– 5

AA 23

Zeichnen Sie die Graphen folgender Funktionen in ein Koordinatensystem:

a) $f_1(x) = x - 1$

b) $f_2(x) = \frac{1}{2}x + 1$

c) $f_3(x) = -2x + 1$

d) $f_4(x) = -\frac{1}{3}x + 2$

e) $f_5(x) = 4x - 1$

f) $f_6(x) = -4x + 1$

AA 24

Geben Sie die Gleichungen für die dargestellten Funktionen an:

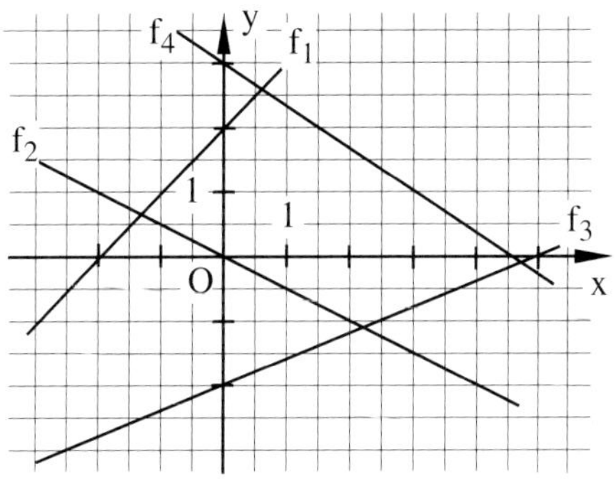

AA 25

Ermitteln Sie die Nullstellen der folgenden linearen Funktionen:

a) $f_1(x) = \frac{1}{3}x - 1$ b) $f_2(x) = 7x + 1{,}5$ c) $f_3(x) = -x + 3$

d) $f_4(x) = -\sqrt{2} \cdot x - 7$ e) $f_5(x) = 0{,}5x$ f) $f_6(x) = 1{,}5$

AA 26

Begründen Sie, warum eine Parallele zur y-Achse in einem bestimmten Abstand a mit $a \in \mathbb{R}$ nicht der Graph einer Funktion sein kann! Geben Sie die Funktionsgleichung der x-Achse an!

A 2.2 Quadratische Funktionen

AA 27 (↗ *Beispiel A 9, S. 16/17*)

Stellen Sie die nachstehenden quadratischen Funktionen graphisch dar, und kennzeichnen Sie jeweils die folgenden Eigenschaften: Definitionsbereich und Wertebereich, Monotonie- und Symmetrieverhalten, kleinster Funktionswert, Nullstellen, Schnittpunkte des Graphen mit den Koordinatenachsen.

a) $f(x) = x^2 - 2x + 3$ b) $g(x) = (x + 2)^2 - 3$

AA 28

Zeichnen Sie den Graphen der Funktion $f(x) = x^2 + 6x + 9$ im Intervall $[-5; -1]$

a) mit Hilfe einer Wertetabelle,

b) unter Verwendung der Scheitelpunktform der Funktionsgleichung!

AA 29

Geben Sie für folgende Funktionen jeweils die Koordinaten des Scheitelpunktes an, und zeichnen Sie die Graphen der Funktionen (Hinweis: Schablone für Normalparabel benutzen.):

a) $f_1(x) = x^2 - 1{,}5$ b) $f_2(x) = x^2 + \frac{3}{4}$ c) $f_3(x) = (x + 1)^2$

d) $f_4(x) = (x - 1{,}5)^2$ e) $f_5(x) = (x - 1{,}5)^2 + 2$ f) $f_6(x) = (x + \frac{1}{2})^2 - 1{,}5$

g) $f_7(x) = x^2 - 8x + 16$ h) $f_8(x) = x^2 + 3x + 2{,}25$ i) $f_9(x) = x^2 - 3x - 2{,}25$

AA 30

Die Graphen in der folgenden Abbildung sind Normalparabeln. Lesen Sie die Scheitelpunktkoordinaten ab, und geben Sie die Gleichungen für die entsprechenden Funktionen an!

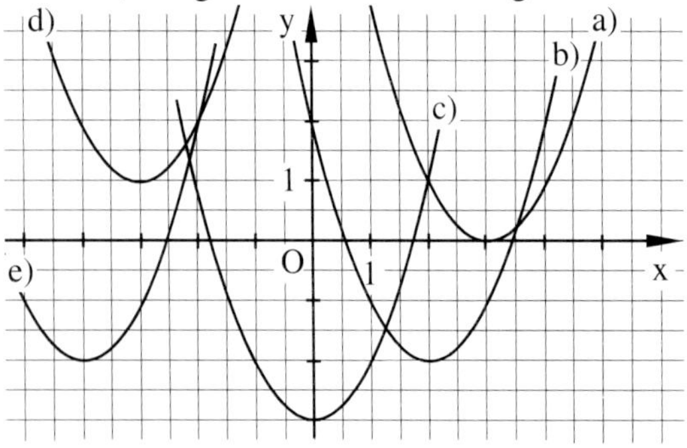

AA 31

Bestimmen Sie die Nullstellen folgender quadratischer Funktionen:

a) $f_1(x) = x^2 - 2$ b) $f_2(x) = x^2 - 2x - 3$ c) $f_3(x) = (x + 1)^2 - 5$

d) $f_4(x) = x^2 + \frac{3}{2}x - \frac{9}{16}$ e) $f_5(x) = x^2 + 1{,}5x + 0{,}5625$ f) $f_6(x) = x^2 - 3x + \frac{9}{2}$

AA 32

Untersuchen Sie die folgenden quadratischen Funktionen bezüglich der Anzahl ihrer Nullstellen! Begründen Sie Ihre Aussagen!

a) $f_1(x) = x^2 + 2x - 1{,}5$ b) $f_2(x) = -x^2 - 4x - 3$ c) $f_3(x) = x^2 + x + 2$

d) $f_4(x) = x^2 - \sqrt{12} \cdot x + 3$ e) $f_5(x) = x^2 - 1$ f) $f_6(x) = x^2 + 0{,}6$

g) $f_7(x) = -x^2 + 1{,}7$ h) $f_8(x) = -x^2$ i) $f_9(x) = -x^2 - \sqrt{2}$

AA 33

Ermitteln Sie die Nullstellen folgender Funktionen:

a) $f_1(x) = -3x^2 + 6x + 18$ b) $f_2(x) = 7x^2 - 28x$

c) $f_3(x) = \frac{1}{4}x^2 - \frac{3}{2}x + \frac{5}{4}$ d) $f_4(x) = -20x^2 + 7x + 3$

AA 34

Skizzieren Sie die Graphen folgender Funktionen, und äußern Sie sich zu Definitions- und Wertebereich, kleinstem bzw. größtem Funktionswert, Nullstellen, Monotonieverhalten, Symmetrieverhalten!

a) $f_1(x) = x^2 - 2{,}5$ b) $f_2(x) = (x + 1{,}6)^2$ c) $f_3(x) = (x + 1)^2 - 1{,}5$

AA 35

Welchen Einfluß hat der Koeffizient a auf die Graphen der Funktionen $f(x) = a \cdot x^2$?
Verdeutlichen Sie sich die Zusammenhänge am Beispiel der folgenden Funktionen:

$f_1(x) = 2x^2$; $f_2(x) = -2x^2$; $f_3(x) = \frac{1}{2}x^2$; $f_4(x) = -\frac{1}{2}x^2$

Vergleichen Sie die Graphen dieser Funktionen mit dem Graphen der Funktion $f(x) = x^2$ (Normalparabel)!

Hinweis: Zeichnen Sie die Graphen der obengenannten Funktionen mit Hilfe einer Wertetabelle in ein und dasselbe Koordinatensystem.

AA 36

Der Graph einer quadratischen Funktion $f(x) = x^2 + px + q$ ($p, q \in \mathbb{R}$) gehe durch die Punkte $R(1; 25)$ und $S(-5; 1)$. Bestimmen Sie die Koeffizienten p und q, und geben Sie die Gleichung der Funktion an!

A 2.3 Potenzfunktionen

AA 37 (↗ *Beispiel A 10, S. 18/19*)

Zeichnen Sie die Graphen der folgenden Funktionen im Intervall $[-2; 2]$ in ein und dasselbe Koordinatensystem, und machen Sie Aussagen zu Definitions- und Wertebereich, Nullstellen, Symmetrie- und Monotonieverhalten!

a) $f_1(x) = x^{-1}$ b) $f_2(x) = x^{-2}$ c) $f_3(x) = x^{-3}$ d) $f_4(x) = x^{-4}$

AA 38

Wenden Sie auf folgende Terme geeignete Potenzgesetze an:

a) $a^3 \cdot b^{-2} \cdot a^{-5} \cdot b^4$ b) $\left(\frac{2x^2}{3y^4}\right)^5$ c) $\frac{20^3}{5^3}$

d) $\frac{(6t^3)^2}{2t^2}$ e) $\left(\frac{r-s}{4r^2}\right)^2$ f) $\frac{v^{-8} \cdot w}{v^{-9} \cdot w^2}$

AA 39

Welche der folgenden Funktionen ($x \in \mathbb{R}$) sind Potenzfunktionen (Definition A8)?
Geben Sie für jede Funktion den Wertebereich an!

a) $f_1(x) = x^4$ b) $f_2(x) = x$ c) $f_3(x) = |x|$ d) $f_4(x) = x^{-3};\ x \neq 0$

e) $f_5(x) = x^{\frac{1}{3}};\ x \geq 0$ f) $f_6(x) = 3 \cdot x^2$ g) $f_7(x) = x^{-\frac{1}{2}};\ x > 0$ h) $f_8(x) = a^x;\ a > 0$

AA 40

Geben Sie das größtmögliche Intervall von $\mathbb{R}$ an, das Definitionsbereich einer Potenzfunktion mit der Gleichung

a) $f_1(x) = x^6$ b) $f_2(x) = x^{-3}$ c) $f_3(x) = x^{\frac{1}{3}}$ d) $f_4(x) = x^0$

sein kann!

AA 41

Auf welche Menge reeller Zahlen bildet die Funktion $f(x) = x^4$ die folgenden Intervalle ab?

a) $-1 \leq x \leq 3$ b) $-3 \leq x \leq 0$ c) $1 \leq x \leq 4$ d) $0 \leq x \leq 5$

AA 42

Berechnen Sie die Werte der Funktion $f(x) = \frac{1}{x^2}$ für die in der Wertetabelle vorgegebenen Argumente (ohne Taschenrechner)! Geben Sie die Werte als ganze oder als gebrochene Zahlen an!

x	-2	-1	$-\frac{1}{2}$	$\frac{1}{2}$	1	2	$\frac{5}{2}$	3
f(x)								

Zeichnen Sie $f(x) = \frac{1}{x^2}$ und $g(x) = x^2$ in ein und dasselbe Koordinatensystem!

Geben Sie die Punkte an, die zu den Graphen beider Funktionen gehören!

AA 43

Welche Punkte haben die Graphen aller (ungeraden, geraden) Potenzfunktionen gemeinsam?

AA 44

Für welche $x \in \mathbb{R}$ gilt: Der Graph von $f_1(x) = x^5$ verläuft oberhalb des Graphen von $f_2(x) = x^3$?

AA 45

Bestimmen Sie die Gleichung der Potenzfunktionen $f(x) = x^n$, die durch folgende Wertetabellen beschrieben sind:

a)

x	0,1	0,5	0,7	1,8
y	0,001	0,125	0,343	5,832

b)

x	0,1	0,5	1	2	2,5
y	100	4	1	0,25	0,16

AA 46

Bestimmen Sie n so, daß der Graph der Funktion $f(x) = x^n$ durch die nachstehenden Punkte P, Q bzw. R verläuft:

a) $P(4; 16)$ b) $Q(\frac{1}{2}; \frac{1}{16})$ c) $R(-1{,}5; -3{,}375)$

AA 47 (↗ *Beispiel A 10, S. 18/19*)

Es sind die Nullstellen der Funktion $f(x) = 9 - 3 \cdot \sqrt{2x + 4}$ zu berechnen.

AA 48

Berechnen Sie die Nullstellen folgender Wurzelfunktionen:

a) $f_1(x) = \sqrt{0,5x + 2} + x$ b) $f_2(x) = \sqrt{2x + 19} + 5$ c) $f_3(x) = \sqrt{x^2 - 6x + 8}$

AA 49

Lösen Sie folgende Wurzelgleichungen:

a) $\sqrt{x} = 3$ b) $\sqrt[3]{x} = 5$ c) $10 - \sqrt{x-2} = 3$ d) $\sqrt[3]{7x - 6} + 6 = 10$

e) $3 - x + 2\sqrt{x} = 0$ f) $\sqrt{2 - 2x} + 3x = 3$ g) $x - \sqrt{4 - 4x} = 3$

A 3 Trigonometrische Funktionen und ihre Anwendungen

A 3.1 Sinus, Kosinus und Tangens beliebiger Winkel

AA 50

Für welche Winkelgrößen α, $0° \leq \alpha \leq 360°$, gilt:

a) $\sin\alpha > 0$ b) $\sin\alpha = 0$ c) $\sin\alpha < 0$

d) $\cos\alpha > 0$ e) $\cos\alpha = 0$ f) $\cos\alpha < 0$

g) $\tan\alpha > 0$ h) $\tan\alpha = 0$ i) $\tan\alpha < 0$

j) $\sin\alpha > 0$ und $\cos\alpha < 0$ k) $\tan\alpha < 0$ und $\cos\alpha < 0$ l) $\tan\alpha = 0$ und $\cos\alpha = 0$

AA 51

Zeigen Sie am Einheitskreis die Gültigkeit folgender Gleichungen:

a) $\sin(180° + \alpha) = -\sin\alpha$, $\cos(180° + \alpha) = -\cos\alpha$ $\quad 0° \leq \alpha \leq 90°$

b) $\sin(180° - \alpha) = \sin\alpha$, $\cos(180° - \alpha) = -\cos\alpha$ $\quad 0° \leq \alpha \leq 180°$

c) $\sin(360° - \alpha) = -\sin\alpha$, $\cos(360° - \alpha) = \cos\alpha$ $\quad 0° \leq \alpha \leq 360°$

d) $\cos(-\alpha) = \cos\alpha$, $\sin(-\alpha) = -\sin\alpha$ $\quad 0° \leq \alpha \leq 180°$

AA 52

Drücken Sie den angegebenen Sinuswert bzw. Kosinuswert mit Hilfe eines Winkels aus dem Bereich $0° \leq \alpha \leq 360°$ aus!

a) $\sin 383° =$
$\cos 415° =$
$\sin(-17°) =$
$\cos(-25°) =$

b) $\sin(-138°) =$
$\sin(-155°) =$
$\cos(-99°) =$
$\cos(-123°) =$

c) $\sin(-339°) =$
$\cos(-330°) =$
$\sin(-430°) =$
$\cos(-395°) =$

A 3.2 Zusammenhänge zwischen Winkelfunktionen; Funktionswerte spezieller Winkel

AA 53

Mit Hilfe der Komplementwinkelbeziehung sind folgende Terme

a) durch einen entsprechenden Kosinuswert auszudrücken:
$\sin 45°$; $\sin 125°$; $\sin(-20°)$; $\sin(-130°)$; $\sin 215°$,

b) durch einen entsprechenden Sinuswert auszudrücken:
$\cos 40°$; $\cos 120°$; $\cos(-25°)$; $\cos(-130°)$; $\cos 315°$.

AA 54

a) Bestätigen Sie unter Verwendung von Fig. A 29 des Lehrbuches die Beziehung $\sin 30° = \frac{1}{2}$ und $\sin 60° = \frac{1}{2}\sqrt{3}$!

b) Ergänzen Sie nebenstehende Tabelle! $(0 \leq x \leq 2\pi)$

sin x	cos x	tan x	x
$\frac{1}{3}$		(> 0)	
	$\frac{2}{3}$	(< 0)	
	(> 0)	2	

AA 55

Bestimmen Sie die Lösungsmenge der folgenden Gleichungen über dem Grundbereich $\{\alpha \in W;\ 0° \leq \alpha \leq 360°\}$ und über dem Grundbereich $\{\alpha \in W\}$:

a) $\sin \alpha = 1$
b) $\sin \alpha = 0$
c) $\sin \alpha = -1$
d) $\cos \alpha = 1$
e) $\cos \alpha = 0$
f) $\cos \alpha = -1$
g) $\cos \alpha = \frac{1}{2}\sqrt{2}$
h) $\sin \alpha = -\sqrt{1}$
i) $\sin \alpha = -\frac{1}{2}\sqrt{2}$
j) $\cos \alpha = \frac{1}{2}\sqrt{3}$
k) $\cos \alpha = -\frac{1}{2}\sqrt{3}$
l) $\sin \alpha = -\frac{1}{2}\sqrt{3}$

A 3.3 Bogenmaß eines Winkels; Eigenschaften der trigonometrischen Funktionen

A 3.3.1 Bogenmaß eines Winkels

AA 56 *(↗ S. 23)*

Ergänzen Sie die folgende Tabelle! (Runden Sie ggf. auf zwei Dezimalstellen!)

α	15°			55°	190°		235°	
$\widehat{\alpha}$		$\frac{3}{4}\pi$	0,35			2		– 3

AA 57

Ergänzen Sie die folgende Tabelle für $0 \leq x \leq 2\pi$! (Verwenden Sie Ihren Taschenrechner!)

x	1		3		– 0,51	$\frac{\pi}{12}$	$\frac{5\pi}{7}$	
sin x		0,91		– 0,7				– 0,11

A 3.3.2 Die Sinusfunktion

AA 58 *(↗ Beispiele A 11/A 12, S. 24/25)*

Gegeben sind die Funktionen $g(x) = 3 \cdot \sin x$ und $k(x) = \frac{1}{3} \cdot \sin x$. Zeichnen Sie die Graphen der Funktionen in ein und dasselbe Koordinatensystem! Welchen Einfluß haben die Faktoren 3 bzw. $\frac{1}{3}$ auf den Wertebereich, die Nullstellen, die Periodizität und das Monotonieverhalten der Funktionen im Vergleich zu $f(x) = \sin x$?

AA 59

Skizzieren Sie den Graphen der Funktion $f(x) = \sin 3x$ im Intervall $0 \leq x \leq 2\pi$! Bestimmen Sie die Nullstellen sowie die kleinste Periode p !

AA 60

Ermitteln Sie zu den dargestellten Graphen der Funktionen vom Typ $f(x) = a \cdot \sin x$ bzw. $g(x) = \sin(b \cdot x)$ die entsprechenden Funktionsgleichungen!

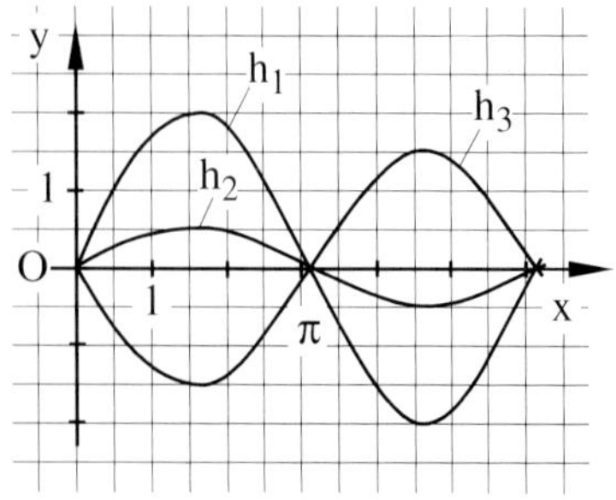

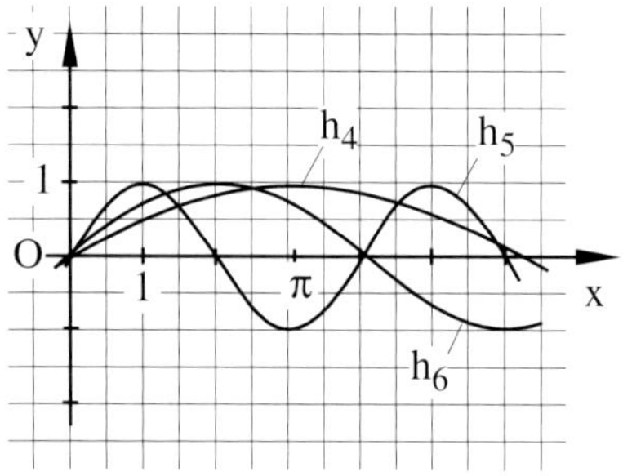

AA 61

Ermitteln Sie den Wertebereich, die kleinste Periode und die Nullstellen der folgenden Funktionen:

a) $f(x) = 3 \cdot \sin(2 \cdot x)$ b) $g(x) = 2 \cdot \sin(3 \cdot x)$

AA 62

Überlegen Sie unter Verwendung der in den Aufgaben ***AA 58 bis 61*** gewonnenen Erkenntnisse, welchen Einfluß

a) der Summand e in der Gleichung $g(x) = \sin(x + e)$,

b) der Summand d in der Gleichung $h(x) = \sin x + d$

auf den Graphen der jeweiligen Funktion im Vergleich zum Graphen $f(x) = \sin x$ besitzt. Wählen Sie als Beispielfunktionen $g_1(x) = \sin(x + \frac{\pi}{4})$ und $h_1(x) = \sin x + 2$!

A 3.3.3 Die Kosinusfunktion / A 3.3.4 Die Tangensfunktion

AA 63

Ergänzen Sie folgende Tabelle! ($0 \leq x \leq 2\pi$):

sin x	cos x	tan x	x
(> 0)		(< 0)	
$0 \leq \sin x \leq \frac{1}{2}\sqrt{2}$			
		$-1 \leq \tan x \leq 0$	

AA 64

Ergänzen Sie folgende Tabelle! ($-2\pi \leq x \leq 2\pi$):

x	cos x	tan x
$-\frac{2\pi}{3}$		
$\frac{3\pi}{5}$		
3,5		
– 3		

A 3.4 Additionstheoreme / A 3.5 Goniometrische Gleichungen

AA 65

Ermitteln Sie unter Verwendung der Funktionswerte spezieller Winkel *(↗S. 22 bzw. Beispiel A 12, S. 25)* und der Additionstheoreme (s. Lehrbuch-Abschnitt A 3.4) die Sinus- und Kosinuswerte der folgenden Winkel:

a) $\alpha_1 = 75°$ b) $\alpha_2 = 165°$ c) $\alpha_3 = 7{,}5°$ d) $\alpha_4 = 22{,}5°$ e) $\alpha_5 = -60°$

AA 66

Zeigen Sie, daß für $\alpha, \beta \in W$ gilt:

a) $\sin(\alpha - \beta) = \sin\alpha \cdot \cos\beta - \cos\alpha \cdot \sin\beta$

b) $\cos(\alpha \pm \beta) = \cos\alpha \cdot \cos\beta \mp \sin\alpha \cdot \sin\beta$

c) $\sin 2\alpha = 2 \cdot \sin\alpha \cdot \cos\alpha$

d) $\cos 2\alpha = 1 - 2 \cdot \sin^2\alpha$

e) $\tan 2\alpha = \frac{2 \cdot \tan\alpha}{1 - \tan^2\alpha}$

f) $\sin\frac{\alpha}{2} = \sqrt{\frac{1 - \cos\alpha}{2}}$ für $0 \leq \alpha \leq 180°$

AA 67

Berechnen Sie!

a) $\sin(\alpha + 60°) + \sin(\alpha - 60°) =$

b) $\cos(45° + \alpha) + \cos(45° - \alpha) =$

c) $\sin(30° + \alpha) - \cos(30° - \alpha) =$

AA 68 *(↗ Beispiele A 14 bis A 16, S. 28/29)*

Bestimmen Sie die Lösungen der Gleichung $2 \cdot \cos(2 \cdot x) = 0$ im Intervall $0 \leq x \leq 2\pi$!

AA 69

Bestimmen Sie sämtliche Lösungen folgender Gleichungen im Grad- und im Bogenmaß:

a) $\sin x = 0{,}2391$ b) $\cos x = -0{,}6820$ c) $\tan x = -\sqrt{3}$ d) $\sin x = \sqrt{3}$

AA 70

Lösen Sie folgende goniometrische Gleichungen. Es sei $0 \leq x \leq 2\pi$ bzw. $0° \leq \alpha \leq 360°$.

a) $\sin^2 x + \frac{1}{2}\sin x - \frac{1}{2} = 0$ b) $2 \cdot \cos^2\alpha = \sin^2\alpha$ c) $\sin\alpha - \sin^2\alpha = 0$

d) $\cos(x + \frac{\pi}{3}) = 1$ e) $\sin(\alpha + 45°) = 0$ f) $\tan 2x = 1$

AA 71

Bestimmen Sie sämtliche Lösungen der Gleichung $\sin x + \cos x = 1$!

A 3.6 Anwendungen der trigonometrischen Funktionen

AA 72 *(↗ Beispiele A 17 bis A 19, S. 30)*

Berechnen Sie in den folgenden Dreiecken die fehlenden Seiten- und Winkelangaben:

a)

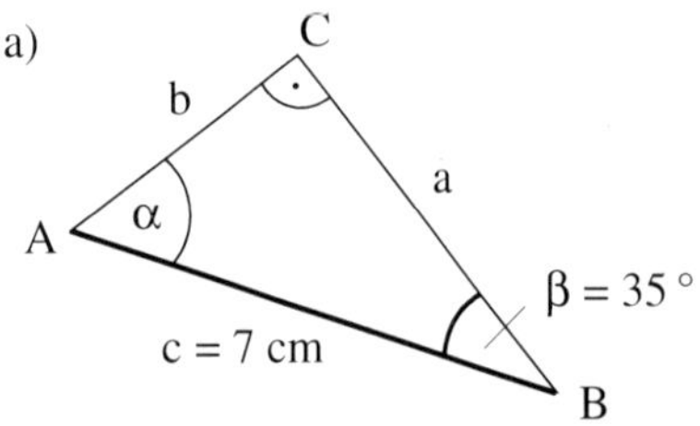

b)

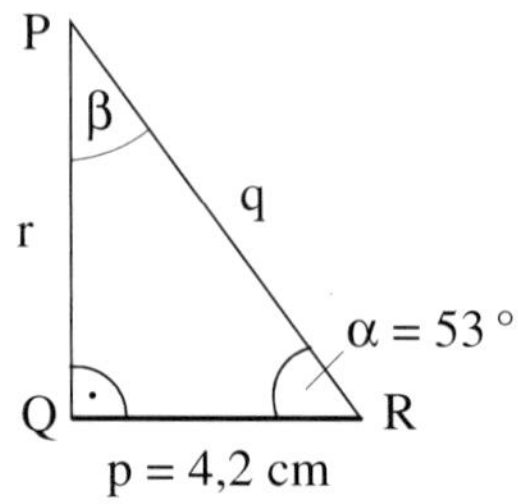

AA 73

Berechnen Sie in den folgenden Dreiecken die fehlenden Seiten- und Winkelangaben:

a)

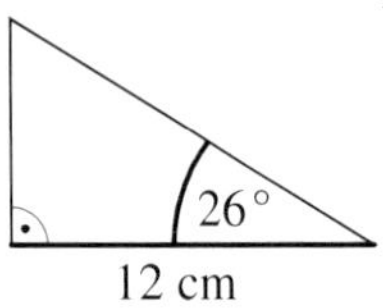

b)

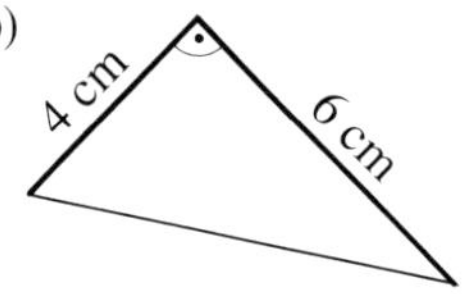

c)

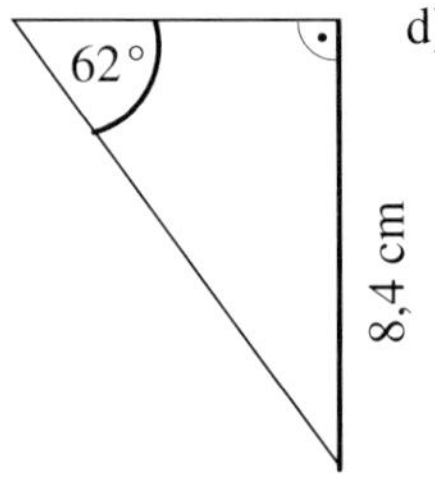

d)

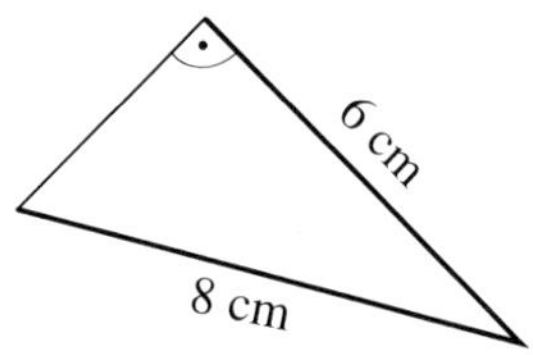

AA 74

Gegeben sei ein rechtwinkliges Dreieck ABC mit $\gamma = 90°$. Ergänzen Sie die folgende Tabelle:

a	4,7 cm		3,8 cm			5,4 cm	
b		6,5 cm		4,2 cm		3,6 cm	
c			6,2 cm	7,1 cm	4,6 cm		7,8 cm
α	33 °						66 °
β		75 °			43 °		

AA 75

In einem gleichschenkligen Dreieck beträgt die Länge der Schenkel 6 cm und der von ihnen eingeschlossene Winkel 100°. Bestimmen Sie die Größe der Basiswinkel und die Länge der Basis!

AA 76

In einem Kreis mit dem Radius r sei s die Länge der Sehne, die zum Zentriwinkel α gehört. Der Abstand des Mittelpunktes von der Sehne sei d. Berechnen Sie die fehlenden Stücke!

a) $r = 6$ cm, $\alpha = 60°$

b) $r = 8$ cm, $s = 10$ cm

c) $s = 3{,}5$ cm, $d = 1{,}7$ cm

AA 77

Gegeben sei ein Würfel mit der Kantenlänge a = 10 cm. Berechnen Sie den Winkel zwischen Raumdiagonale und

a) der Diagonale einer Seitenfläche,

b) einer Körperkante!

Hinweis: Fertigen Sie eine Skizze des Würfels im Schrägbild an.

AA 78

Wie lang muß eine Leiter sein, damit man mit ihr bei einem Neigungswinkel von 68° eine Höhe von 4,50 m ereichen kann?

AA 79

An einer Hauswand lehnt eine Leiter von 8 m Länge. Wir nehmen an, daß aus sicherheitstechnischen Gründen ihr Neigungswinkel gegenüber dem Erdboden nicht größer als 70° und nicht kleiner als 60° sein darf.

a) Welche Höhe kann maximal und minimal erreicht werden?

b) Wie weit steht die Leiter dann jeweils am Fußende von der Hauswand entfernt?

AA 80

Bestimmen Sie den Neigungswinkel einer Straße, wenn folgendes Gefälle (Steigung) vorliegt:

a) 2,7% b) 6,5% c) 8%

AA 81

Mit Hilfe eines Theodoliten wird der Höhenwinkel eines 120 m entfernten Turmes mit $\alpha = 32°$ bestimmt. Ermitteln Sie die Höhe des Turmes! (Die Höhe der Standfläche des Theodoliten bleibe hier unberücksichtigt.)

AA 82

Ein Sendemast wird durch vier Seile von jeweils 50 m Länge im Lot gehalten. Der Neigungswinkel der Seile beträgt $\alpha = 50°$. In welcher Höhe sind die Seile befestigt?

AA 83

Eine Seilbahn überwindet bis zur ersten Station auf einer Strecke von 300 m eine Höhendifferenz von 190 m und bis zur Bergstation auf einer Strecke von 140 m eine Höhendifferenz von 97 m. Bestimmen Sie die Steigungswinkel der beiden Streckenabschnitte!

AA 84

Vom Fenster im zweiten Stock eines Hauses (h = 8,1 m) sieht man die Spitze eines Turmes unter einem Erhebungswinkel von $\alpha = 18°$ und den Fuß des Turmes unter einem Senkungswinkel von $\beta = 9°$. Bestimmen Sie die Höhe des Turmes und seine waagerechte Entfernung vom Beobachter!

AA 85

Die Höhe der Sonne wird mit 47° angegeben. Ein Baum wirft auf einer waagerechten Fläche einen Schatten von 12 m. Bestimmen Sie die Höhe des Baumes!

AA 86 *(↗ Beispiel A 21, S. 31)*

Von einem Dreieck ABC sind gegeben: a = 5,8 cm, $\alpha = 75°$, $\beta = 39°$. Ermitteln Sie b, c und γ!

AA 87

Beweisen Sie, daß der Sinussatz auch für stumpfwinklige Dreiecke gilt.
[*Hinweis*: $\sin(180° - \alpha) = \sin\alpha$]

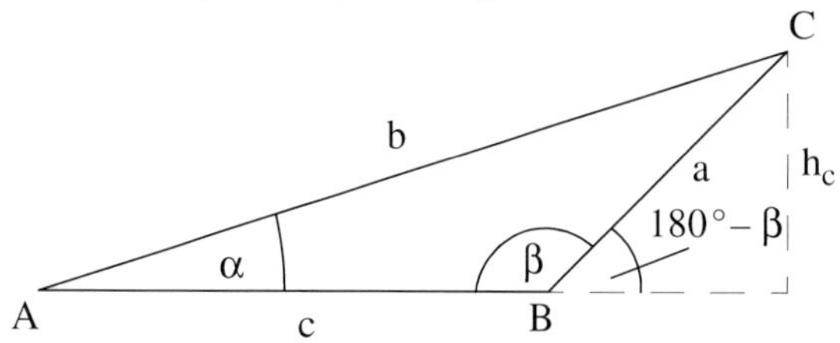

AA 88

Welche Aussage folgt aus dem Sinussatz, wenn man ihn auf rechtwinklige Dreieck anwendet?

AA 89

Berechnen Sie die fehlenden Angaben zu Winkeln, Seiten und den Flächeninhalt der folgenden Dreiecke:

a) $\alpha = 63{,}2°$
$\beta = 42°$
$b = 5{,}7$ cm

b) $\beta = 22{,}5°$
$\gamma = 70°$
$a = 6{,}6$

c) $c = 5{,}2$ cm
$\gamma = 30°$
$\alpha = 110°$

d) $b = 2{,}9$ cm
$\gamma = 97°$
$\alpha = 33°$

AA 90

Zeigen Sie, daß der Kosinussatz für beliebige Dreiecke gilt!

AA 91

In einem Dreieck sind folgende Stücke gegeben. Berechnen Sie jeweils die dritte Dreiecksseite:

a) $a = 5$ cm; $b = 6$ cm; $\gamma = 45°$
b) $a = 8$ cm; $c = 7$ cm; $\beta = 43°$
c) $a = 8{,}7$ cm; $b = 12$ cm; $\gamma = 118°$

AA 92

Berechnen Sie die fehlenden Angaben zu Winkeln, Seiten und den Flächeninhalt der folgenden Dreiecke:

a) $a = 4{,}6$ cm
$b = 7{,}1$ cm
$\beta = 45°$

b) $\beta = 111°$
$c = 3{,}1$ cm
$b = 8{,}5$ cm

c) $a = 5$ cm
$c = 6$ cm
$\gamma = 95°$

d) $\alpha = 75°$
$b = 5{,}2$ cm
$a = 6{,}5$ cm

AA 93

Der Böschungswinkel eines Deiches beträgt seeseitig 15° und landseitig 27°. Der Deich ist 4,60 m hoch, und die Deichkrone hat eine Breite von 7,70 m. Bestimmen Sie die Sohlenlänge des Deiches!

AA 94

Um die Höhe h eines Berges zu bestimmen, wird eine Standlinie $\overline{AB}$ abgesteckt und von ihren Endpunkten A und B aus der jeweilige Erhebungswinkel γ bzw. δ gemessen. Außerdem bestimmt man in der Horizontalebene die Winkel α und β. Berechnen Sie die Höhe h des Berges für $s = |\overline{AB}| = 850$ m; $\alpha = 52{,}4°$; $\beta = 80{,}5°$; $\gamma = 21{,}2°$ und $\delta = 25{,}7°$!

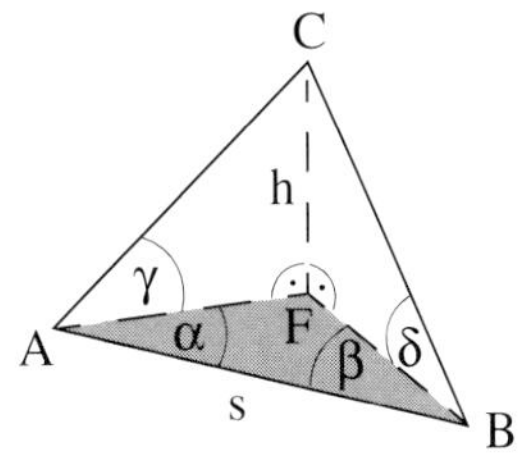

AA 95

Die Höhe eines Fernsehturmes soll bestimmt werden. Dazu legt man eine 40 m lange Standlinie $\overline{RS}$ fest, die auf den Turm zuläuft. Von R und S aus wird die Spitze T angepeilt. Die Höhenwinkel betragen $\alpha = 23°$ und $\beta = 58{,}2°$. Bestimmen Sie die Turmhöhe!

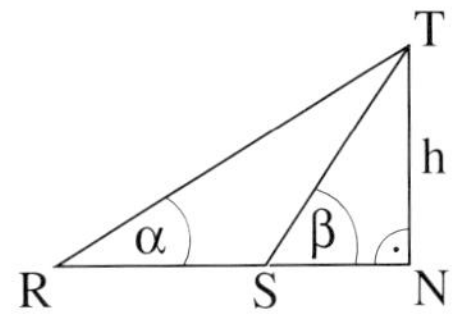

A 4 Exponential- und Logarithmusfunktionen

A 4.1 Exponentialfunktionen / A 4.2 Logarithmusfunktionen

AA 96 *(↗ Abschnitt A 4.1, S. 34/35)*

Zeichnen Sie mit Hilfe einer Wertetabelle die Graphen der Funktionen $f(x) = 2^x$; $f_1(x) = 2 \cdot 2^x$; $f_2(x) = (-2) \cdot 2^x$ und $f_3(x) = \frac{1}{2} \cdot 2^x$ im Intervall $-2 \leq x \leq 3$!
Treffen Sie Aussagen zu Definitions- und Wertebereich, zum Monotonieverhalten, zu Nullstellen, zu charakteristischen Punkten der Funktionen f_i bzw. ihrer Graphen sowie zum Einfluß der Faktoren 2; – 2 bzw. $\frac{1}{2}$ in den Funktionsgleichungen auf den Verlauf der Graphen im Vergleich zum Graphen $f(x) = 2^x$!

AA 97

Zeichnen Sie die Graphen der folgenden Funktionen im Intervall $-3 \leq x \leq 3$. Äußern Sie sich zu den Eigenschaften der Funktionen (vgl. Aufgabe ***AA 96***)!

a) $f_1(x) = 1{,}5^x$ b) $f_2(x) = 0{,}5^{-x}$ c) $f_3(x) = 2^{-x}$ d) $f_4(x) = (\frac{2}{3})^x$

AA 98

Zeichnen Sie den Graphen der Funktion $f(x) = 3^x$ für $-4 \leq x \leq 4$, und bestimmen Sie daraus näherungsweise die Funktionswerte zu den Argumenten 1; 1,5; $-\frac{3}{2}$; – 3,5; $\frac{6}{5}$; – 2; 2 !

AA 99

Ermitteln Sie mit Hilfe des Graphen von $f(x) = 3^x$ (Aufgabe ***AA 98***) die Lösungen der folgenden Gleichungen:

a) $3^x = 1{,}5$ b) $3^x = 0{,}5$ c) $3^x = 4$ d) $3^x = 0{,}1$ e) $3^x = -2$

AA 100

Zeichnen Sie im Intervall $0{,}5 \le x \le 5$ die Graphen folgender Funktionen durch Spiegelung der entsprechenden Exponentialfunktionen an der Geraden zu $f(x) = x$:

a) $g(x) = \log_{1,5} x$ b) $h(x) = \log_{0,5} x$

AA 101

Skizzieren Sie die Graphen der folgenden Funktionen, und geben Sie jeweils Definitions- und Wertebereich an. Äußern Sie sich zum Monotonieverhalten und zum Einfluß der Faktoren bzw. der additiven Konstanten auf den Verlauf des Graphen im Vergleich zum Graphen der Funktion $f_1(x) = \log_{10} x$!

a) $f_1(x) = \log_{10} x$ b) $f_2(x) = \log_{10}(x + 2)$

c) $f_3(x) = 0{,}5 \cdot \log_{10} x$ d) $f_4(x) = 2 \cdot \log_{10} x$

e) $f_5(x) = \log_{10}(x - 1)$ f) $f_6(x) = \log_{10} x - 1$

AA 102

Bestimmen bzw. berechnen Sie auf der Grundlage der Definitionsgleichung $y = a^x \Leftrightarrow x = \log_a y$:

a) $\log_2 16$; $\log_3 9$; $\log_5 25$; $\log_{10} 10000$; $\log_2 \frac{1}{64}$; $\log_2 \sqrt{32}$; $\log_5 \sqrt[3]{125}$; $\log_{10} 0{,}0001$

b) $\log_2 y = 3$; $\log_{10} y = 5$; $\log_4 y = 6$; $\log_2 y = \frac{1}{3}$; $\log_3 y = 3$; $\log_4 y = -\frac{1}{2}$

c) $\log_a 4 = 2$; $\log_a \frac{1}{9} = -2$; $\log_a 27 = 3$; $\log_a \sqrt{8} = \frac{1}{2}$; $\log_a 7 = 1$; $\log_a \sqrt[4]{8} = \frac{3}{4}$

d) $\log_4 256$; $\log_4 4^4$; $\log_5 5^8$; $\log_4 0{,}0625$; $\log_3 3^6$; $\log_4 4^{-2}$

AA 103 *(↗ Beispiel A 24, S. 35/36)*

Radioaktives Jod 131 zerfällt nach der Funktionsgleichung $m(x) = m_0 \cdot (\sqrt[8]{\frac{1}{2}})^x$. Dabei bedeutet m_0 die Ausgangsmasse und m die vorhandene Masse nach x Tagen.

a) Legen Sie eine Wertetabelle für den Zerfall von 5 g Jod 131 an, und zeichnen Sie den Graphen der Funktion!

b) Bestimmen Sie aus dem Graphen der Funktion, welche Menge Jod 131 nach einem Tag noch vorhanden ist und nach wieviel Tagen sich die Ausgangsmenge halbiert hat!

AA 104

Die Bevölkerung eines Landes wird sich bei gleichmäßigem proportionalem Wachstum nach einer Prognose A in 27 Jahren und nach einer Prognose B in 34 Jahren verdoppeln.
Geben Sie die jährlichen prozentualen Wachstumsraten der Bevölkerung für beide Prognosen an!

AA 105

In Medizin und Technik werden Röntgenstrahlen durch Bleiplatten entsprechender Dicke abgeschirmt. Als grober Richtwert gilt: 1 mm Dicke ≙ 5% Strahlungsabnahme. Berechnen Sie die notwendige Dicke der Bleiabschirmung, wenn die Strahlung auf $\frac{1}{10}$ ($\frac{1}{100}$) der ursprünglichen Stärke reduziert werden soll!

AA 106

Durch Einleitung von Chemikalien in einen See wurde das Wasser so verunreinigt, daß darin nicht mehr gebadet werden kann. Bei Messungen werden 140 ppm (pars per million - Teilchen pro Million Wasserteilchen) gemessen. Diese Verunreinigung würde durch den natürlichen Klärungsprozeß exponentiell um 10% pro Woche abnehmen, sofern keine weitere Zuleitung von Chemikalien erfolgt.

a) Fertigen Sie eine Tabelle für diesen Klärungsprozeß an!
b) Nach wieviel Wochen ist die Verunreinigung auf ein Viertel des Ausgangswertes zurückgegangen?
c) Der festgesetzte Grenzwert beträgt 25 ppm. Nach wieviel Wochen ist das Baden wieder möglich?

AA 107

Die Abhängigkeit des Luftdrucks p von der Höhe (gemessen in Meter) kann nach der Barometrischen Höhenformel (*s. Formeln und Tabellen, PAETEC Schulbuchverlag, S. 76*) berechnet werden. Für den Normdruck $p_0 \approx 101\,325$ Pa und die Luftdichte $\rho_0 \approx 1{,}29\ \text{kg}\cdot\text{m}^{-3}$ (bei 0 °C) ergibt sich die Näherungsformel $p_h = p_0 \cdot e^{-0{,}000125 \cdot h}$. Bei welcher Höhe sinkt der Luftdruck auf 10% (25%) des Drucks p_0 am Erdboden?

A 5 Verknüpfen, Verketten und Umkehren von Funktionen

AA 108 (↗ *Beispiel A 26, S. 38*)

Bilden Sie aus den Funktionen $f(x) = x^2$ und $g(x) = 2$ die Funktionen $s(x) = f(x) + g(x)$, $d(x) = f(x) - g(x)$, $p(x) = f(x) \cdot g(x)$ sowie $q_1(x) = f(x) : g(x)$ und $q_2(x) = g(x) : f(x)$!
Zeichnen Sie die Graphen von $s(x)$, $d(x)$, $p(x)$, $q_1(x)$ und $q_2(x)$ im Intervall $[-2; 2]$ (Wertetabelle)!

AA 109

Zeichnen Sie mit Hilfe der Graphen von $f(x) = x^2$ und $g(x) = \frac{5}{4}x$ die Graphen der folgenden Funktionen! Nutzen Sie dazu das Verfahren der Ordinatenaddition (Superposition)!

a) $s_1(x) = x^2 + \frac{5}{4}x$ b) $s_2(x) = x^2 + \frac{5}{4}x - 1$ c) $s_3(x) = x^2 + \frac{5}{4}x + 1{,}5$

AA 110

Geben Sie zu den in Aufgaben ***AA 108*** und ***AA 109*** durch Verknüpfen gebildeten Funktionen jeweils Definitions- und Wertebereich an!

AA 111

Schreiben Sie die nachfolgenden Funktionen als Produkt von zwei Funktionen $u(x)$ und $v(x)$ auf:

a) $f_1(x) = x^2 + 2x$ b) $f_2(x) = x^2 - 4x + 3$ c) $f_3(x) = x^2 + 4x + 4$ d) $f_4(x) = \frac{x^2+1}{x}$

AA 112

Bestimmen Sie jeweils den größtmöglichen Definitionsbereich folgender zusammengesetzter Funktionen:

a) $f_1(x) = \frac{x}{x^3 - 1}$ b) $f_2(x) = \frac{x^3 - 2x + 1}{x^2 - 4x}$ c) $f_3(x) = \frac{x^2 - 1}{x + 1}$ d) $f_4(x) = \frac{5x^2 - 1}{1 - x}$

AA 113

Gegeben sind zwei Funktionen $f(x)$ und $h(x)$. Durch Verknüpfen entstehen die Funktionen $s(x) = f(x) + h(x)$ und $p(x) = f(x) \cdot h(x)$.
Was läßt sich über die Monotonie der Funktionen $s(x)$ und $p(x)$ aussagen, wenn
a) $f(x)$ und $h(x)$ streng monoton wachsend sind;
b) $f(x)$ und $h(x)$ streng monoton fallend sind;
c) $f(x)$ streng monoton wachsend und $h(x)$ streng monoton fallend ist?

AA 114 *(↗ Beispiele A 27/A 28, S. 39/40)*

Gegeben sind die Funktionen $u(x) = \frac{1}{x}$ $(x \neq 0)$ und $v(x) = x - 3$. Bilden Sie die Verkettungen $u \circ v$ und $v \circ u$! Geben Sie den Definitionsbereich und Wertebereich der verketteten Funktionen an!

AA 115

Bilden Sie für folgende Funktionen $u(x)$ und $v(x)$ die Verkettungen $f(x) = u \circ v = u(v(x))$ und $h(x) = v \circ u = v(u(x))$:

a) $u(x) = 2 + x$
$v(x) = 2x + 4$

b) $u(x) = 1 + 5x$
$v(x) = 2 - 3x$

c) $u(x) = 2 \cdot 3^x$
$v(x) = x + 1$

d) $u(x) = \frac{2}{x}$
$v(x) = \frac{1}{2} \cdot x^3$

AA 116

Die Funktion $f_i(x)$ soll eine Verkettung von $u_i(x)$ und $v_i(x)$ sein. Geben Sie geeignete Funktionen $u_i(x)$ und $v_i(x)$ an!

a) $f_1(x) = (x + 2)^2$
b) $f_2(x) = x^2 - 2$
c) $f_3(x) = \cos^2 x$
d) $f_4(x) = \sin(2x - 1)$
e) $f_5(x) = 10^{x-1}$
f) $f_6(x) = \frac{x^2 - 1}{x - 1}$

AA 117

Gegeben sind die ganzrationalen Funktionen 4. bzw. 2. Grades $f(x)$ und $g(x)$. Geben Sie den Grad folgender Verknüpfungsfunktionen an:

a) $h_1 = f \circ g$
b) $h_2 = g \circ f$
c) $h_3 = f \circ f$
d) $h_4 = g \circ (f \circ g)$

AA 118 *(↗ Beispiel A 29, S. 41/42)*

Von der Funktion $y = f(x) = \frac{1}{2}x - 1$ ist die Umkehrfunktion f^{-1} zu bilden. Zeichnen Sie die Graphen von f und f^{-1} in ein und dasselbe Koordinatensystem!

AA 119

Bilden Sie zu den folgenden Funktionen die jeweiligen Umkehrfunktionen, und skizzieren Sie die Graphen der Funktionen f_i und f_i^{-1}:

a) $f_1(x) = 3x + 2$
b) $f_2(x) = x^3$
c) $f_3(x) = \frac{x}{x + 1}$; $x \neq -1$
d) $f_4(x) = \sqrt{x + 1}$; $x \geq -1$

AA 120
Die folgenden Funktionen sind über ihrem gesamten Definitionsbereich nicht umkehrbar. Begründen Sie, warum das so ist, und bilden Sie geeignete Einschränkungen, die umkehrbar sind.

a) $f_1(x) = \frac{1}{2}x^2$
b) $f_2(x) = \frac{1}{2} \cdot (x-3)^2$
c) $f_3(x) = x^4 - 5$
d) $f_4(x) = \sin x$

AA 121
Bestimmen Sie zu den folgenden Exponentialfunktionen jeweils die Umkehrfunktionen:

a) $f_1(x) = 2^x$
b) $f_2(x) = 10^x$
c) $f_3(x) = (\frac{4}{5})^x$
d) $f_4(x) = 0{,}5^{-x}$

AA 122
Untersuchen Sie die Umkehrfunktion von $f(x) = \frac{1}{x}$; $x \neq 0$! Welche Besonderheit stellen Sie fest? Zeichnen Sie die Funktionsgraphen in ein und dasselbe Koordinatensystem!

AA 123
Bilden Sie die Umkehrung zum Satz A5 (*vgl. Lb. S.42*), und äußern Sie sich zu deren Wahrheitswert!

A 6 Übersicht über Funktionsarten und Verfahren zur Nullstellenbestimmung

A 6.1 Funktionsarten / A 6.2 Verfahren zur Nullstellenbestimmung reeller Funktionen

AA 124 (↗ *Beispiele A 31/A 32, S. 45/46*)
Bestimmen Sie alle Nullstellen der Funktion $f(x) = x^3 - 6x^2 + 3x + 10$!

AA 125
Bestimmen Sie alle Nullstellen der Funktion $f(x) = x^4 + 2x^3 - 10x^2 - 6x + 45$!

AA 126
Bestimmen Sie die Nullstellen der Funktion $f(x) = 4x^3 - 19x^2 - 36x + 36$!
Hinweis: Ermitteln Sie *eine* Nullstelle durch Probieren!

AA 127
Bestimmen Sie alle Nullstellen der Funktion $f(x) = x^3 - x^2 - \frac{x}{100} + \frac{1}{100}$!
Hinweis:
Ermitteln Sie *eine* Nullstelle durch Probieren oder aus einer geeigneten graphischen Darstellung der Funktion. Stellen Sie die Funktion (möglichst computergestützt) im Intervall [– 0,2; 1,2] dar. Vergleichen Sie mit dem Verlauf des Graphen der Funktion $g(x) = x^3 - x^2$!

AA 128
Bestimmen Sie alle Nullstellen der Funktion $f(x) = x^5 + x^4 + 4x^3 + 4x^2 - 5x - 5$!
Vergleichen Sie das Verhalten der Funktion an der einfachen und an der doppelten Nullstelle!

AA 129

Bestimmen Sie alle Nullstellen der nachstehenden Funktionen:

a) $f_1(x) = x^5 - 2x^3$ b) $f_2(x) = -x^4 - 7x^3 + 36x$

AA 130

Geben Sie in Abhängigkeit von a ($a \in \mathbb{R}$, $a \neq 0$) alle Nullstellen folgender Funktionsscharen an:

$f_1(x) = x^n + a \cdot x^{n-1}$; $n \in \mathbb{N}$; $n > 1$ $f_2(x) = x^n + a \cdot x^{n-2}$; $n \in \mathbb{N}$; $n > 2$

$f_3(x) = x^n + a \cdot x^{n-3}$; $n \in \mathbb{N}$; $n > 3$

Wie lauten die Ergebnisse, wenn jeweils $n \in \mathbb{R}$ gilt?

AA 131

Bestimmen Sie alle Nullstellen der folgenden Funktionen:

a) $f_1(x) = 16x^4 - 33x^2 + 16$ b) $f_2(x) = x^4 + 2{,}6x^2 + 0{,}69$ c) $f_3(x) = x^6 - 14x^4 + 49x^2 - 36$

AA 132

Diskutieren Sie die Funktion $f(x) = x^4 - 4x^2 + a$ hinsichtlich der Anzahl ihrer Nullstellen in Abhängigkeit von a ($a \in \mathbb{R}$)!

AA 133 *(↗ Beispiel A 33, S. 47)*

Bestimmen Sie die Polstellen und Nullstellen der Funktion $f(x) = \frac{x^3 - 3x^2 + 4}{(x-2) \cdot (2x-1) \cdot (x^2+1)}$ für $-9 \leq x \leq 12$!

AA 134

Untersuchen Sie entsprechend Aufgabe ***AA 133*** die folgenden Funktionen:

a) $f_1(x) = \frac{x^4 - 4x^2 + 3}{x^3 - x^2 - x + 1}$; $I = [-5; 4]$ b) $f_2(x) = \frac{x^4 - 5x^3 + 2x^2 - 10x}{x^4 + \frac{5}{12}x^2 - \frac{1}{6}}$; $I = [-8; 10]$

AA 135

Bestimmen Sie die Nullstellen der folgenden Funktionen:

a) $f_1(x) = \sqrt{2x+1} - 2 \cdot \sqrt{x}$ b) $f_2(x) = \sqrt{3x-2} + \sqrt{2x+3}$

c) $f_3(x) = x - \sqrt{x+2}$ d) $f_4(x) = x + \sqrt{2x+7}$

e) $f_5(x) = (\lg x)^2 - 3$ f) $f_6(x) = (\lg x)^2 + \lg x - 2$

g) $f_7(x) = \lg(3x+4) + 1$ h) $f_8(x) = e^{2x-3} - 4$

i) $f_9(x) = e^{x^2 - 3x - 4} - 1$ j) $f_{10}(x) = 10^{x^4 - 2x^2} - 0{,}1$

AA 136

Bestimmen Sie mittels Bisektionierung für die Funktion $f(x) = e^{0{,}5x} - 4 \cdot \cos x$ die Nullstelle im Intervall $[-2; -1]$ (*vgl. Fig. A 64, Lb. S.47*) mit einer Genauigkeit von 0,0001!

AA 137

Zeichnen Sie den Graphen der Funktion $f(x) = \ln x - \frac{x}{4}$ im Intervall $[0{,}01; 10]$!

Bestimmen Sie mittels Bisektionierung die beiden Nullstellen mit einer Genauigkeit von 0,001!

AA 138

Zeichnen Sie den Graphen der Funktion $f(x) = x^3 - 0{,}26x^2 - 0{,}28x + 5{,}568$ im Intervall $[-3; 2]$!

Bestimmen Sie die Nullstelle mittels Bisektionierung mit einer Genauigkeit von 0,001!

B Zahlenfolgen

Erweiterung I: Das Beweisverfahren der vollständigen Induktion

BA 1 *(↗ Beispiel B 3, S. 52/53)*

Beweisen Sie die Wahrheit der folgenden Aussage unter Verwendung des Beweisverfahrens der vollständigen Induktion:

Für alle $n \in \mathbb{N}^*$ gilt: $A(n): s_n = 2 + 4 + 6 + 8 + \ldots + 2n = n^2 + n$

BA 2

Beweisen Sie mit dem Beweisverfahren der vollständigen Induktion die Wahrheit der folgenden Aussagen für alle $n \in \mathbb{N}^*$:

a) $s_n = 2 + 6 + 12 + 20 + \ldots + n \cdot (n+1) = \frac{n \cdot (n+1) \cdot (n+2)}{3}$

b) $s_n = 10 + 12 + 14 + 16 + \ldots + (2n + 8) = n \cdot (n + 9)$

c) $s_n = 1^2 + 2^2 + 3^2 + 4^2 + \ldots + n^2 = \frac{n \cdot (n+1) \cdot (2n+1)}{6}$

d) $s_n = 1^3 + 2^3 + 3^3 + 4^3 + \ldots + n^3 = \left(\frac{n \cdot (n+1)}{2}\right)^2$

e) $s_n = 1 + 4 + 18 + 96 + \ldots + n \cdot n! = (n+1)! - 1$; (mit $n! = 1 \cdot 2 \cdot 3 \cdot \ldots \cdot (n-1) \cdot n$)

f) $s_n = \frac{1}{1 \cdot 2} + \frac{1}{2 \cdot 3} + \frac{1}{3 \cdot 4} + \ldots + \frac{1}{n \cdot (n+1)} = \frac{n}{n+1}$

g) $s_n = 6^0 + 6^1 + 6^2 + 6^3 + \ldots + 6^n = \frac{6^{n+1} - 1}{5}$ (Gilt die Aussage auch für $n = 0$?)

h) $s_n = a^0 + a^1 + a^2 + a^3 + \ldots + a^n = \frac{a^{n+1} - 1}{a - 1}$; ($a \in \mathbb{N}$; $a > 1$) (Gilt die Aussage auch für $n = 0$?)

BA 3 *(↗ Beispiel B 4, S. 53)*

Beweisen Sie die Wahrheit der folgenden Aussage unter Verwendung des Beweisverfahrens der vollständigen Induktion:

Für alle $n \in \mathbb{N}$ gilt: A(n): 4 ist ein Teiler von $5^n + 7$

BA 4

Beweisen Sie mit dem Beweisverfahren der vollständigen Induktion, daß für alle $n \in \mathbb{N}$ die folgenden Aussagen wahr sind:

a) 8 ist Teiler von $5^{2n} - 3^{2n}$.

b) 11 ist Teiler von $6^{2n} - 5^{2n}$.

c) 5 ist Teiler von $7^n - 2^n$.

d) 3 ist Teiler von $13^n + 2$.

e) 7 ist Teiler von $2^{3n} + 13$.

f) 7 ist Teiler von $50^n + 6$.

g) 133 ist Teiler von $11^{n+2} + 12^{2n+1}$.

BA 5 *(↗ Satz B 1, S. 51)*

Beweisen Sie durch vollständige Induktion, daß für alle $n \in \mathbb{N}$ gilt: $A(n): 2^n > n$

BA 6

Beweisen Sie mit dem Beweisverfahren der vollständigen Induktion die Wahrheit der folgenden Aussagen:

a) Für alle natürlichen Zahlen $n > 2$ gilt: $2^n > 2 \cdot n$.

b) Für alle natürlichen Zahlen $n > 4$ gilt: $2^n > n^2$.

c) Für alle natürlichen Zahlen $n > 1$ gilt: $3^n > 3n$.

d) Für alle natürlichen Zahlen $n > 3$ gilt: $n! > 2^n$.

e) $(1 + a)^n > 1 + n \cdot a$, wenn: $a \in \mathbb{R}$; $a > -1$; $a \neq 0$; $n \in \mathbb{N}$; $n > 1$. (BERNOULLIsche Ungleichung)

BA 7

Beweisen Sie die Wahrheit der folgenden Aussage unter Verwendung des Beweisverfahrens der vollständigen Induktion:
Die Anzahl der Diagonalen d_n in einem konvexen n-Eck ($n > 3$; $n \in \mathbb{N}$) beträgt $\frac{n \cdot (n-3)}{2}$.

BA 8

Beweisen Sie die Wahrheit der folgenden Aussage unter Verwendung des Beweisverfahrens der vollständigen Induktion:
In einer Menge von n unterschiedlichen Objekten lassen sich $n! = 1 \cdot 2 \cdot 3 \cdot \ldots \cdot (n-1) \cdot n$ verschiedene geordnete Zusammenstellungen dieser n Objekte angeben.

B 1 Der Begriff *Zahlenfolge*

BA 9 *(↗ Abschnitt B 1, S. 54 bis 57)*

Vergleichen Sie die lineare Funktion mit der Zuordnungsvorschrift $f(x) = 3x - 2$ und die Zahlenfolge mit der Zuordnungsvorschrift $(a_n) = (3n - 2)$ bezüglich Definitionsbereich, Wertebereich, Wertetabelle und grafischer Darstellung!

BA 10

Stellen sie wie in Aufgabe ***BA 9*** gegenüber!

a) $f(x) = x^2 - 5x$ und $(a_n) = n^2 - 5n$

b) $f(x) = \frac{2x+1}{x}$ und $(a_n) = \frac{2n+1}{n}$

c) $f(x) = -\frac{1}{x^2}$ und $(a_n) = -\frac{1}{n^2}$

BA 11

Bestimmen Sie die Glieder a_1, a_2, a_3, a_4, a_9, a_{15} und a_{30} der angegebenen Zahlenfolgen:

a) $2n + 3$ b) $6 - \frac{1}{2} \cdot n$ c) $3n^2 - 5n$

d) $(n+1)(n-2)$ e) $\frac{1}{n - n^2}$ f) $(-1)^n \cdot 2^{n-1}$

BA 12

Bestimmen Sie die ersten 5 Glieder und das allgemeine Glied a_n der durch folgende Wortvorschriften gegebenen Zahlenfolgen (Verwenden Sie die Form $(a_n) = a_1; a_2; a_3; a_4; a_5; \ldots; a_n$):

a) Jeder natürlichen Zahl $n > 0$ wird ihre um 2 verminderte Quadratzahl zugeordnet.
b) Jeder natürlichen Zahl wird der Quotient aus ihrem um 5 vermehrten Dreifachen und aus ihrem Doppelten zugeordnet.
c) Jeder natürlichen Zahl $n \in \mathbb{N}$, $n \geq 2$, wird das Reziproke aus dem Produkt von ihr und ihrem unmittelbaren Vorgänger zugeordnet.
d) Jeder natürlichen Zahl $n \in \mathbb{N}^*$ wird die Zahl zugeordnet, die auf folgende Weise entsteht: Die Summe aus der Zahl 1 und dem Reziproken der natürlichen Zahl wird mit der um 1 vermehrten natürlichen Zahl potenziert.

BA 13

Setzen Sie die nachstehenden Zahlenfolgen um vier weitere Glieder fort, und geben Sie jeweils eine Bildungsvorschrift an!

a) $(a_n)_1 = 7; 9; 11; 13; \ldots$

b) $(a_n)_2 = 3; 9; 27; 81; \ldots$

c) $(a_n)_3 = \frac{1}{2}; \frac{1}{4}; \frac{1}{8}; \frac{1}{16}; \ldots$

d) $(a_n)_4 = \frac{3}{2}; 3; \frac{9}{2}; 6; \ldots$

e) $(a_n)_5 = +4; -1; -2; +5; -8; \ldots$

f) $(a_n)_6 = \frac{7}{2}; -3; \frac{5}{2}; -2; \ldots$

BA 14

Untersuchen Sie, welche der angegebenen Zahlen Glieder der jeweiligen Zahlenfolge sind!

a) $(a_n)_1 = (8 - 5n)$: -117 und -3225

b) $(a_n)_2 = (7n - n^2)$: -450 und -30

c) $(a_n)_3 = \left(\frac{12 + 3n}{6n^2}\right)$: 10 und $\frac{1}{18}$

d) $(a_n)_4 = ((-1)^n \cdot 2^{-n})$: -2 und $\frac{1}{64}$

e) $(a_n)_5 = \left(\frac{3^n}{(\frac{1}{2})^n}\right)$: 1296 und 279936

BA 15

Berechnen Sie fünf Folgenglieder! Geben sie jeweils eine explizite Bildungsvorschrift an, sofern dies möglich ist!

a) $a_1 = 7;\quad a_{n+1} = a_n - 3$

b) $a_1 = 1;\quad a_{n+1} = 3a_n + 1$

c) $a_1 = -4;\quad a_n = a_{n-1} + 5$

d) $a_1 = 1;\quad a_{n+1} = a_n + n$

e) $a_1 = 1; a_2 = 1;\quad a_{n+2} = a_n + a_{n+1}$

B 2 Monotone Zahlenfolgen

BA 16 *(↗ Beispiel B 13, S. 58)*

Untersuchen Sie das Monotonieverhalten der Zahlenfolge $(a_n) = \left(\frac{1}{2n + 5}\right)$ schrittweise!

BA 17

Untersuchen Sie wie in Aufgabe ***BA 16*** die nachstehenden Zahlenfolgen auf Monotonie:

a) $(a_n)_1 = (2n - n^2)$

b) $(a_n)_2 = ((3 + n)^2 - 4n^2)$

c) $(a_n)_3 = \left(\frac{n}{n + 1}\right)$

d) $(a_n)_4 = ((7 - 2n)^2)$

e) $(a_n)_5 = \left(-\left(\frac{1}{n}\right)^2\right)$

f) $(a_n)_6 = \left(\frac{3n}{(-2)^n}\right)$

BA 18

Untersuchen Sie die Zahlenfolgen auf Monotonie durch alleinige Auswertung der jeweiligen Differenz $a_{n+1} - a_n$!

a) $(a_n)_1 = (2n^2 - 2)$

b) $(a_n)_2 = \left(\frac{1}{4n - 3}\right)$

c) $(a_n)_3 = \left(\frac{n}{2n^2 - n}\right)$

d) $(a_n)_4 = ((5n - 3)^2)$

e) $(a_n)_5 = ((n - 6)^2 + 5)$

f) $(a_n)_6 = \left(\frac{3n - 3}{n + 2}\right)$

B 3 Arithmetische Zahlenfolgen

BA 19 *(↗ Beispiele B 17/B 18, S. 62)*

Gegeben ist die Zahlenfolge $(a_n) = 3; 4{,}5; 6; 7{,}5; 9; \dots$.
Bestimmen Sie jeweils die Differenz benachbarter Folgenglieder!
Welche Eigenschaften besitzt die Folge (a_n)?
Stellen Sie für die Folge (a_n) eine rekursive Bildungsvorschrift auf, und bestimmen Sie damit die Folgenglieder a_6 bis a_{10} !
Stellen Sie für die Zahlenfolge (a_n) eine explizite Bildungsvorschrift auf! Bestimmen Sie mit dieser a_{15}, a_{23}, a_{38} und a_{50} !

BA 20

Untersuchen Sie die nachstehenden Zahlenfolgen wie in Aufgabe ***BA 19***:

a) $(a_n)_1 = 7; 4; 1; -2; -5; \dots$
b) $(a_n)_2 = \frac{11}{3}; 4\frac{1}{6}; 4\frac{2}{3}; \frac{31}{6}; 5\frac{4}{6}; \dots$
c) $(a_n)_3 = -4; -9; -14; -19; -24; \dots$
d) $(a_n)_4 = -\sqrt{2}; \sqrt{2}; 3\sqrt{2}; 5\sqrt{2}; 7\sqrt{2}; \dots$
e) $(a_n)_5 = \frac{1}{5}; \frac{7}{10}; \frac{31}{30}; \frac{77}{60}; \frac{89}{60}; \dots$

BA 21

Geben Sie die Folgenglieder a_{10} und a_{20} der nachstehend gekennzeichneten arithmetischen Zahlenfolgen an! Wie lautet die explizite Bildungsvorschrift?

a) $a_2 = 6;\quad d = -2$
b) $a_7 = 0;\quad d = 12$
c) $a_4 = -23;\quad d = -12$
d) $a_6 = 19;\quad a_9 = 14{,}5$
e) $a_{13} = -6;\quad a_{22} = -9$
f) $a_{13} = 5;\quad a_{19} = 9$

BA 22

Vervollständigen Sie nachstehende Tabelle arithmetischer Zahlenfolgen:

	a_1	a_2	a_3	a_4	a_{10}	a_{17}	a_{25}	d	a_n
a)	1	5	9						
b)		-5	-7	-9					
c)	$2\frac{1}{10}$		$\frac{53}{10}$		$16\frac{1}{2}$				
d)				-8				$-\frac{1}{3}$	
e)						36	68		
f)					$-\frac{1}{3}$			$\frac{2}{5}$	
g)									$\frac{4n^2-7n}{3n}$

BA 23

Begründen Sie folgende Aussagen, und geben Sie jeweils 3 Beispiele in Form ihrer expliziten Bildungsvorschrift an:

a) Eine arithmetische Zahlenfolge ist streng monoton wachsend, wenn $d > 0$ ist.
b) Eine arithmetische Zahlenfolge ist streng monoton fallend, wenn $d < 0$ ist.

BA 24

Schreiben Sie ausführlich!

a) $\sum_{n=1}^{4} \frac{1}{n} =$ b) $\sum_{k=3}^{6} (-k + k^2) =$ c) $\sum_{m=0}^{4} a^2 m =$

d) $\sum_{n=1}^{4} (-1)^n \cdot \frac{n}{n+1} =$ e) $\sum_{r=0}^{3} cr^2 \cdot c^r =$

BA 25

Geben Sie eine verkürzte Schreibweise für folgende Summen unter Verwendung des Summenzeichens an:

a) $1 + 4 + 9 + \ldots + (k-1)^2 =$ b) $1 - 4 + 9 - 16 + 25 =$

c) $1 + \frac{1}{4} + \frac{1}{9} + \frac{1}{16} + \ldots + \frac{1}{1024} =$ d) $-3 + \frac{3}{10} - \frac{3}{100} + \frac{3}{1000} - \frac{3}{10000} =$

e) $0 + \frac{1}{2} + \frac{1}{2}\sqrt{3} + 1 + \frac{1}{2}\sqrt{3} + \frac{1}{2} + 0 =$ f) $2 + 4 + 8 + 16 + 32 + 5 =$

Hinweis: Vergleichen Sie mit Lb., Abschnitt A 3.2!

BA 26 *(↗ Beispiele B 17/ B 18, S. 62)*

Gegeben ist die arithmetische Zahlenfolge $(a_n) = (3n - 2)$. Berechnen Sie a_1, a_2, a_3, a_4, a_5 !

Berechnen Sie die Partialsummen:

$s_1 = a_1 =$ $s_2 = a_1 + a_2 =$ $s_3 = a_1 + a_2 + a_3 =$

$s_4 = \sum_{i=1}^{4} a_i =$ $s_5 = \sum_{i=1}^{5} a_i =$ $s_{12} =$

Bestimmen Sie das allgemeine Folgenglied s_n der berechneten Partialsummenfolgen!

BA 27

Bearbeiten Sie folgende arithmetische Zahlenfolgen wie in Aufgabe ***BA 26***:

a) $(a_n)_1 = (\frac{3}{2} n + 3)$ b) $(a_n)_2 = (9 - 2n)$ c) $(a_n)_3 = (7 + (n-1) \cdot 3)$ d) $(a_n)_4 = (\frac{-40 - 3n}{5})$

BA 28

Die Partialsummenfolge (s_n) einer arithmetischen Zahlenfolge (a_n) sei gegeben durch $(s_n) = (2n^2 - 5n)$. Berechnen Sie s_1 bis s_5 ! Bestimmen Sie a_1 bis a_5 und das allgemeine Folgenglied a_n der zugehörigen Folge (a_n)!

BA 29

Eine Partialsummenfolge sei gegeben mit $(s_n) = -4; -4; 0; 8; 20; \ldots$.

a) Zeigen Sie: Die Folge (s_n) gehört zu einer arithmetischen Zahlenfolge (a_n).

b) Bestimmen Sie s_8, s_{15} und s_n !

BA 30

Ein Angestellter erhält im ersten Jahr seiner Einstellung monatlich 2800,00 DM. Es wird angenommen, daß sich sein Gehalt in jedem Jahr um 150,00 DM erhöht. Welches Einkommen hätte er im 10. Jahr? Wie viele Jahre müßte er tätig sein, um auf 4750,00 DM monatlich zu kommen?

BA 31

Ein Geldbetrag von 3300,00 DM soll unter 5 Personen so aufgeteilt werden, daß jede folgende Person einen bestimmten Betrag weniger erhält als die vorhergehende Person. Die erste Person erhält 1020,00 DM. Wieviel D-Mark empfängt die letzte Person?

BA 32

Zwischen einem Gläubiger und einem Schuldner wird ein Vertrag mit folgendem Inhalt abgeschlossen: Der Schuldner zahlt seine Schuld von 16000,00 DM in Monatsraten ab. Die erste Rate beträgt 1125,00 DM. Jede folgende Rate sei um 250,00 DM höher als die vorhergehende. Wieviel Ratenzahlungen sind zu tätigen, bis die Schuld getilgt ist? Wie groß ist die letzte Rate?

B 4 Geometrische Zahlenfolgen

BA 33

Bestimmen Sie die Folgenglieder a_5 und a_{15} der nachstehend gekennzeichneten geometrischen Zahlenfolgen, und geben Sie eine explizite Bildungsvorschrift an:

a) $a_1 = 0{,}7;\ q = 2$ b) $a_2 = 5;\ a_4 = 45\ (q > 0)$ c) $a_3 = 2;\ q = -1$ d) $a_3 = -1;\ a_4 = \frac{1}{4}$

BA 34

Setzen Sie die nachstehenden geometrischen Zahlenfolgen um 3 Folgenglieder fort, und geben Sie die explizite Bildungsvorschrift an:

a) $(a_n) = 1;\ 3;\ 9;\ 27;\ \ldots$ b) $(b_n) = -2;\ -1;\ -\frac{1}{2};\ -\frac{1}{4};\ \ldots$ c) $(c_n) = 2;\ -1;\ \frac{1}{2};\ -\frac{1}{4};\ \ldots$

BA 35

Vervollständigen Sie nachstehende geometrischer Zahlenfolgen:

	a_1	a_2	a_3	a_5	a_8	a_{11}	q	a_n
a)	6	3	1,5					
b)		$\frac{9}{4}$	$-\frac{3}{4}$	$-\frac{1}{12}$				
c)			4	12			$\ldots > 0$	
d)					-800		$-2{,}5$	
e)				$\frac{3}{80}$		$\frac{12}{5}$	$\ldots > 0$	
f)								$2^{n-4} \cdot 5^{2-n}$

BA 36

Berechnen Sie von nachstehenden geometrischen Zahlenfolgen die Folgenglieder a_1 bis a_5 sowie die Partialsummen s_1 bis s_5, und geben Sie das allgemeine Glied s_n der Partialsummenfolge (s_n) an:

a) $(a_n)_1 = ((\frac{1}{2})^{n-1})$ b) $(a_n)_2 = (\frac{3}{8} \cdot 4^n)$ c) $(a_n)_3 = ((2\sqrt{2})^{n+1})$ d) $(a_n)_4 = (\frac{1}{2^n})$

BA 37

Herr Adam zahlt 5000 DM auf seinem Sparbuch ein. Auf wieviel D-Mark hat sich sein Guthaben nach 12 Jahren erhöht, wenn ihm von der Sparkasse 4,5% Jahreszinsen gewährt werden und er die Zinsen nicht abhebt?

BA 38

Wieviel D-Mark Zinsen bringt ein Kapital von 10000 DM nach 10 Jahren bei einem Zinssatz von 5% pro Jahr?

BA 39
Der Zinsertrag einer Stiftung von 250000 DM soll nach jeweils 3 Jahren dem wissenschaftlichen Nachwuchs als Prämie zukommen. Das Kapital wird mit 5,5% pro Jahr verzinst. Wie hoch ist die jeweils zu verteilende Summe?

BA 40
Welches Kapital wächst bei einem festen Zinssatz von 6,5% pro Jahr in 5 Jahren auf 16441,04 DM an?

BA 41
Bei welchem Prozentsatz verdoppelt sich ein Kapital in 10 Jahren?

BA 42
In wieviel Jahren wachsen 25000 DM bei einem jährlichen festen Zinssatz von 5,5% auf 38367,16 DM an?

BA 43
In der Abbildung sind Halbkreise aneinandergereiht bei denen der Radius des Nachfolgehalbkreises jeweils halb so groß wie der des unmittelbaren Vorgängers ist.

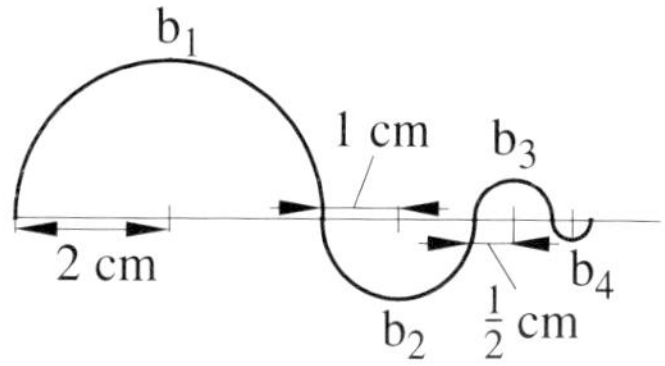

Der 1. Halbkreis habe den Radius $r_1 = 2$ cm.

a) Berechne Sie die Längen der Halbkreisbögen b_1 bis b_4!

b) Die Maßzahlen der Längen der Halbkreisbögen bilden eine Zahlenfolge (b_n). Geben Sie eine explizite Zuordnungsvorschrift für (b_n) an!

c) Weisen Sie nach, daß die Folge (b_n) eine geometrische Zahlenfolge ist!

d) Berechnen Sie die Summe der Folgenglieder $\sum_{n=1}^{6} b_n$, und geben Sie eine explizite Zuordnungsvorschrift für die zugehörige Partialsummenfolge s_n an!
Ermitteln Sie $\lim_{n \to \infty} s_n$!

B 5 Beschränkte Zahlenfolgen

BA 44 *(↗ Beispiel B 21, S. 67)*
Gegeben ist die Zahlenfolge $(a_n) = (\frac{3n-2}{n})$.

a) Berechnen Sie die Folgenglieder a_1 bis a_8, und veranschaulichen Sie diese in einem Koordinatensystem!

b) Geben Sie 3 Zahlen an, die kleiner oder gleich dem kleinsten Folgenglied sind!
Wie nennt man solche Zahlen?

c) Geben Sie 3 Zahlen an, die größer oder gleich dem größten Folgenglied sind!
Wie nennt man solche Zahlen?

d) Vervollständigen Sie nachstehenden Satz zu einer wahren Aussage:
Die Zahlenfolge (a_n) ist nach oben .... ,weil sie .... besitzt, und sie ist .... ,weil ....

BA 45

Untersuchen Sie die nachstehende Zahlenfolgen auf Beschränktheit:

a) $(a_n)_1 = (\frac{5+2n}{3n})$
b) $(a_n)_2 = (4 - 7n)$
c) $(a_n)_3 = (n^2 - 2n - 4)$
d) $(a_n)_4 = ((-1)^n \cdot \frac{2}{n})$
e) $(a_n)_5 = ((-2)^n)$
f) $(a_n)_6 = (\frac{3}{2}n + \frac{2}{3})$
g) $(a_n)_7 = (4 + \frac{4}{n})$
h) $(a_n)_8 = (\frac{n-1}{n^2+1})$

BA 46

Untersuchen Sie unter Verwendung der Zahlenfolgen aus Aufgabe ***BA 45*** nachstehende Aussagen auf ihre Allgemeingültigkeit, und begründen Sie knapp Ihre Entscheidung!

a) Jede monoton wachsende Zahlenfolge ist nach unten beschränkt.
b) Eine nach oben beschränkte Zahlenfolge ist monoton fallend.
c) Nicht monotone Zahlenfolgen sind nach oben und unten unbeschränkt.
d) Alternierende Zahlenfolgen sind stets beschränkt.
e) Jede monoton fallende Zahlenfolge ist nach oben beschränkt.

BA 47

Geben Sie je ein Beispiel für eine Zahlenfolge an, für die gilt:

a) Die Zahlenfolge ist monoton wachsend sowie nach oben und nach unten beschränkt.
b) Die Zahlenfolge ist monoton fallend und nach unten unbeschränkt.
c) Die Zahlenfolge ist monoton fallend und nach unten beschränkt.
d) Die Zahlenfolge ist monoton wachsend, und die Zahl 3 ist obere Grenze.
e) Die Zahlenfolge ist monoton fallend und hat die Zahl 1 als untere Grenze.
f) Die Zahlenfolge ist alternierend sowie nach oben und nach unten beschränkt.

B 6 Konvergente Zahlenfolgen

BA 48 *(↗ Beispiele B 26/B 27, S. 70 bis 72)*

Gegeben ist die Zahlenfolge $(a_n) = (2 + \frac{1}{n})$.

a) Berechnen Sie die Folgenglieder a_1 bis a_{10}, und veranschaulichen Sie diese in einem Koordinatensystem!
b) Welcher Zahl nähern sich die Folgenglieder a_n, wenn man n weiter vergrößert?
c) Tragen Sie in das Koordinatensystem die ε-Umgebung dieser Zahl für $\varepsilon = \frac{1}{4}$ $(\varepsilon = \frac{1}{10})$ ein, und bestimmen Sie die Anzahl der Folgenglieder außerhalb dieser ε-Umgebung!
d) Wie viele Folgenglieder liegen außerhalb der ε-Umgebung dieser Zahl für $\varepsilon = \frac{1}{10000}$?
e) Ab welchem n liegen die Folgenglieder in der $\frac{1}{10^6}$-Umgebung dieser Zahl?
f) *Zeigen Sie*: Die Zahl 2 ist Grenzwert der Zahlenfolge (a_n), d. h., es gilt: $\lim_{n \to \infty} (2 + \frac{1}{n}) = 2$.

BA 49

Untersuchen Sie nachstehende Zahlenfolgen wie in Aufgabe ***BA 48***:

a) $(a_n) = (\frac{2n-1}{2n})$
b) $(b_n) = ((-1)^n \cdot \frac{2}{n})$
c) $(c_n) = (\frac{4n-3}{3n})$
d) $(d_n) = (\frac{4-n}{2n})$

BA 50

Untersuchen Sie mit Hilfe von Definition *B 10* (*Lb., S. 70*), ob die angegebene Zahl w_i Grenzwert der zugehörigen Zahlenfolge ist!

a) $(a_n)_1 = \left(\frac{5n+3}{2n}\right)$; $w_1 = 2{,}5$ b) $(a_n)_2 = \left(\frac{7}{3} - \frac{4}{3n}\right)$; $w_2 = \frac{7}{3}$ c) $(a_n)_3 = \left(\frac{4-3n}{5n}\right)$; $w_3 = \frac{3}{5}$

d) $(a_n)_4 = \left(\frac{10+n}{n^2}\right)$; $w_4 = 0$ e) $(a_n)_5 = \left(\frac{9n+7}{8n}\right)$; $w_5 = 1$

f) Geben Sie in den Fällen, in denen die Zahl w_i nicht Grenzwert der Folge $(a_n)_i$ ist, eine eigene Vermutung für den Grenzwert an, und beweisen Sie deren Richtigkeit!

BA 51

Ermitteln Sie unter Nutzung der Grenzwertsätze den Grenzwert der nachstehenden Zahlenfolgen:

a) $\lim\limits_{n\to\infty} \frac{2n+3}{n}$ b) $\lim\limits_{n\to\infty} \frac{8}{4n}$ c) $\lim\limits_{n\to\infty} \frac{2-3n}{n}$ d) $\lim\limits_{n\to\infty} \frac{6n-1}{3n+3}$

e) $\lim\limits_{n\to\infty} \frac{n^2+n+1}{n^2}$ f) $\lim\limits_{n\to\infty} \frac{5n^2+3n+1}{4n^2}$ g) $\lim\limits_{n\to\infty} \frac{4n^2-3n-2}{2n^2}$ h) $\lim\limits_{n\to\infty} \frac{(2n-3)^2}{(n+2)^2}$

i) $\lim\limits_{n\to\infty} \frac{(n+3)\cdot(n-1)}{3n^2}$ j) $\lim\limits_{n\to\infty} \frac{7n^3+3n^2-5}{2n^4+4n^2-2}$ k) $\lim\limits_{n\to\infty} \frac{n^2-n}{n^2+n}$ l) $\lim\limits_{n\to\infty} \frac{8-n^3+3n^5}{5+3n^2-4n^5}$

BA 52

Untersuchen Sie unter Verwendung der Grenzwertsätze nachstehende Zahlenfolgen auf Konvergenz:

a) $\left(\frac{n^2-3n+1}{2+n-n^2}\right)$ b) $\left(\frac{3n+4}{n-1}\right)$ c) $\left(\frac{1}{2^n}\right)$ d) $\left(\frac{n^2-1}{n+1}\right)$

e) $\left(\frac{(n^2+3)^2}{(2-2n)^2}\right)$ f) $\left(\frac{(n-3)\cdot(n^2+1)}{(n+2)\cdot(n-4)}\right)$ g) $\left(\frac{8n^5-3n^3+n}{2n^5+n^4-3n}\right)$ h) $\left(\frac{n^2\cdot(2-n)}{n^3\cdot(n-1)}\right)$

i) $\left(\frac{3n}{3^n}\right)$ j) $\left(\frac{1+2+3+\ldots+n}{n^2}\right)$ k) $\left(\frac{1+4+9+\ldots+n^2}{n^3}\right)$

BA 53

Ermitteln Sie jeweils, wie viele Folgenglieder außerhalb der ε-Umgebung des Grenzwertes der nachstehenden Zahlenfolge liegen:

a) $(a_n) = \left(\frac{2n^2+3}{n^2-1}\right)$; $\varepsilon = \frac{1}{1000}$ b) $(b_n) = \left(\frac{5}{3n^2}\right)$; $\varepsilon = 10^{-6}$

c) $(c_n) = \left(\frac{n-1}{n+1}\right)$; $\varepsilon = 1$ d) $(d_n) = \left(\frac{2n+1}{3n+2}\right)$; $\varepsilon = \frac{2}{300}$

BA 54

Welches Folgenglied ist das erste innerhalb der ε-Umgebung des Grenzwertes der nachstehenden Zahlenfolge?

a) $(a_n) = \left(\frac{5n-3}{2n}\right)$; $\varepsilon = 10^{-4}$ b) $(b_n) = \left(\frac{2-3n}{n-1}\right)$; $\varepsilon = \frac{2}{100}$ c) $(c_n) = \left(\frac{7}{n^3}\right)$; $\varepsilon = \frac{2}{300}$

Vermischte Aufgaben

BA 55

Eine Zahlenfolge (a_n) ist gegeben durch $(a_n) = \frac{12}{(n+3) \cdot (n+4)}$ $(n \geq 1)$.

a) Geben Sie die Glieder a_1, a_2 und a_3 dieser Folge an!

b) Stellen Sie die Glieder dieser Folge graphisch dar, und untersuchen Sie das Monotonieverhalten der Folge!

c) Berechnen Sie die Glieder s_1, s_2 und s_3 der zugehörigen Partialsummenfolge (s_n)! Beweisen Sie durch vollständige Induktion, daß für alle $n \geq 1$ gilt: $s_n = \frac{3n}{n+4}$.

d) Ermitteln Sie den Grenzwert g der Partialsummenfolge (s_n)!

BA 56

Gegeben ist die Partialsummenfolge (s_n) der Zahlenfolge (a_n) durch $s_n = \frac{n}{2 \cdot (n+1)}$ $(n \geq 1)$.

a) Geben Sie die Glieder s_1, s_2 und s_3 der Partialsummenfolgen (s_n) an!

b) Stellen Sie die Glieder der Folge graphisch dar, und untersuchen Sie das Monotonieverhalten der Folge!

c) Ermitteln Sie den Grenzwert g der Folge (s_n)!

d) Für welche natürlichen Zahlen n gilt: Die Glieder der Folge (s_n) liegen in der ε-Umgebung $(\varepsilon = 10^{-3})$ von g.

e) Geben Sie die Glieder a_1, a_2 und a_3 an! Ermitteln Sie eine explizite Zuordnungsvorschrift für die Zahlenfolge (a_n) !

f) Beweisen Sie durch vollständige Induktion, daß (s_n) die dazugehörige Partialsummenfolge der Zahlenfolge (a_n) ist!

BA 57

Die Summe der ersten drei Glieder einer geometrischen Folge, in der alle Glieder positive Zahlen sind, betrage 221. Das dritte Glied dieser Folge sei um 136 größer als das erste. Ermitteln Sie die Summe der ersten sechs Glieder der Folge!

BA 58

Die Summe einer unendlichen fallenden geometrischen Folge sei 6. Die Summe ihrer ersten vier Glieder ist $5\frac{5}{8}$. Wie heißt das erste Glied dieser Folge?

BA 59

An einem Schenkel eines Winkels von 45° ist in einer Entfernung a vom Scheitel ein Punkt eingezeichnet. Von diesem Punkt aus ist ein Lot auf den anderen Schenkel des Winkels gefällt, und von dem Fußpunkt des Lotes wird ein neues Lot auf den ersten Schenkel gefällt usw. Ermitteln Sie den Grenzwert der Partialsummenfolge für die Längen dieser Lote!

BA 60

Es sei (a_n) eine geometrische Folge mit $|q| < 1$. Ermitteln Sie den Grenzwert ihrer Partialsummenfolge für $n \to \infty$!

BA 61

Berechnen Sie unter Verwendung des Ergebnisses aus Aufgabe ***BA 60*** folgende Ausdrücke:

a) $1 + \frac{1}{2} + \frac{1}{4} + \frac{1}{8} + \ldots$

b) $-1 + \frac{1}{3} - \frac{1}{9} + \frac{1}{27} - \ldots$

BA 62

Schreiben Sie die folgenden periodischen Dezimalbrüche jeweils als Summe der Glieder einer geometrischen Folge, und berechnen Sie den Grenzwert ihrer Partialsummenfolge:

a) 0,333 . . . b) 0,161616 . . . c) 0,125125 . . .

BA 63

Einem Quadrat mit der Seitenlänge a und dem Flächeninhalt A_1 ist ein zweites so einbeschrieben, daß dessen Ecken in der Mitte der Seiten des ersten Quadrats liegen. Dieser Prozeß wird fortgesetzt. Berechnen Sie den Grenzwert der Partialsummenfolge A_1; $A_1 + A_2$; . . . !

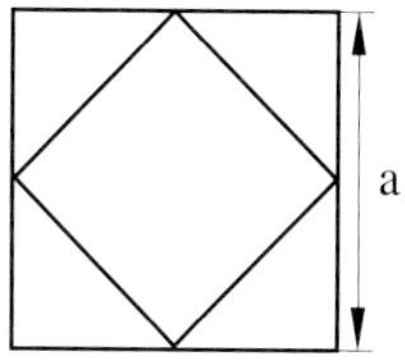

BA 64

Einem Quadrat mit der Seitenlänge a ist ein Kreis, diesem wieder ein Quadrat usw. einbeschrieben. Ermitteln Sie die Grenzwerte der entstehenden Partialsummenfolgen für

a) die Umfänge der Quadrate,
b) die Kreisumfänge,
c) die Quadratflächeninhalte und
d) die Kreisflächeninhalte!

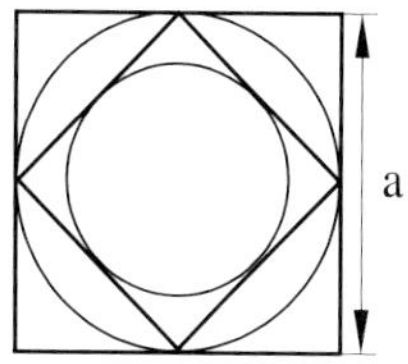

BA 65

Vier Zahlen bilden eine arithmetische Folge. Wenn man zur dritten Zahl 4 und zur vierten Zahl 16 addiert, erhält man eine geometrische Folge. Wie heißen die Zahlen, die die arithmetische Folge bilden?

BA 66

Jemand übermittelt zwei Bekannten eine Nachricht. Diese teilen ihrerseits diese Nachricht auch wieder je zwei Bekannten mit usw. Angenommen, jede Übermittlung dauerte eine halbe Stunde und wurde jedem Menschen einzeln mitgeteilt, wieviel Zeit war dann notwendig, um 2 Millionen Einwohner einer Stadt zu benachrichtigen? (*Die Lösung ist mit einer Genauigkeit von einer Stunde anzugeben.*)

C Grenzwert und Stetigkeit von Funktionen

C 1 Grenzwert von Funktionen

CA 1 (↗ *Beispiele C 1/C 2, S. 76/77*)

Gegeben sei die Funktion f mit $f(x) = \frac{x^2 - 1}{x + 1}$, $x \neq -1$. Untersuchen Sie, ob die Funktion an der Stelle $x_0 = -1$ einen Grenzwert besitzt!

CA 2

Die nachstehenden Grenzwerte $\lim\limits_{x \to x_0} f(x)$ sind durch Einsetzen des allgemeinen Glieds einer geeigneten Folge (x_n), die gegen x_0 konvergiert, in f(x) zu bestimmen.

a) $\lim\limits_{x \to 2} x^2 + 1$ b) $\lim\limits_{x \to 1} |x|$ c) $\lim\limits_{x \to -3} \frac{x^2 - 9}{x + 3}$ d) $\lim\limits_{x \to -3} \frac{x^2 + 6x + 9}{x + 3}$

CA 3

Zeigen Sie, daß die Funktion $f(x) = \frac{1}{x - 1}$ an der Stelle x_0 keinen Grenzwert besitzt! Verwenden Sie dazu Folgen (x_n), die sich von links bzw. rechts der Stelle $x_0 = 1$ nähern, z.B. $(x_n) = (1 - \frac{1}{n})$ bzw. $(x'_n) = (1 + \frac{1}{n})$.

CA 4

Das Verhalten der Funktion $f(x) = \frac{x + 1}{x}$ soll an der Stelle $x_0 = 0$, an der die Funktion nicht definiert ist, untersucht werden. Als spezielle Untersuchungsfolgen wähle man $(x_n) = (\frac{1}{n})$ und $(x'_n) = (-\frac{1}{n})$.

CA 5

Ermitteln Sie Unterschiede und Gemeinsamkeiten der Funktionen f und g mit $f(x) = x^2 + 1$ bzw. $g(x) = \frac{x^3 + x}{x}$ (Definitions- und Wertebereich, Graph, Grenzwert an der Stelle $x_0 = 0$)!

CA 6 (↗ *Beispiel C 5, S. 78*)

Der Grenzwert der Funktion $f(x) = \frac{x^2 - 5x}{x^2 + 8x}$, $x \neq 0$, an der Stelle $x_0 = 0$ ist mit Hilfe der Grenzwertsätze für Funktionen zu berechnen!

CA 7

Ermitteln Sie mit Hilfe der Grenzwertsätze für Funktionen die Grenzwerte folgender Funktionen an den jeweils angegebenen Stellen x_0:

a) $f_1(x) = x^2 + 1$, $x_0 = 1$ b) $f_2(x) = x^3 - 3x^2 + 2x - 7$, $x_0 = 2$

c) $f_3(t) = \frac{2t + t^2}{t}$, $t_0 = 0$ d) $f_4(x) = x^4$, $x_0 = 2$

CA 8

Berechnen Sie folgende Grenzwerte!

a) $\lim\limits_{x \to -2} \frac{x}{1 + x^2}$ b) $\lim\limits_{x \to -1} (4x^4 + 2x^3 - x^2 + 1)$

c) $\lim\limits_{h \to 0} \frac{(x_0 + h)^2 - x_0^2}{h}$ d) $\lim\limits_{x \to -1} (1 - x^2)$

CA 9

Gegeben sei die Funktion $f(x) = \frac{|x|}{x}$, $x \in \mathbb{R}\setminus\{0\}$. Ermitteln Sie $\lim\limits_{x \to 0} f(x)$ sowie $\lim\limits_{x \to \pm\infty} f(x)$, und zeichnen Sie den Graph der Funktion!

CA 10

Gegeben sei die Funktion $f(x) = \frac{3x+8}{x+2}$, $x \in \mathbb{R}$, $x \neq -2$.

a) Berechnen Sie f(100), f(1 000) sowie f(10000), und stellen Sie eine Vermutung für $\lim_{x \to \infty} f(x)$ auf!

b) Bestätigen Sie durch Rechnung die Richtigkeit Ihrer Vermutung!

c) Untersuchen Sie das Verhalten der Funktion an der Stelle $x_0 = -2$!

d) Zeigen Sie, daß $\lim_{x \to -\infty} f(x) = 3$ gilt!

e) Skizzieren Sie den Graph der Funktion!

CA 11 *(↗ Beispiel C 6, S. 79)*

Berechnen Sie die Grenzwerte der nachfolgenden Funktionen für ständig wachsendes x ($x \to +\infty$)!

a) $f_1(x) = \frac{x+3}{4x-5}$ b) $f_2(x) = \frac{3x^2+x}{4x^2-2x+1}$ c) $f_3(x) = \frac{x^2-1}{x^4}$

d) $f_4(x) = \frac{x^4}{5x^4-3}$ e) $f_5(x) = \frac{\frac{1}{2}x^3-2x^2+1}{-2x^3+x-1}$ f) $f_6(x) = \frac{1}{x} - 3$

CA 12

Untersuchen Sie das Verhalten der Funktionen im Unendlichen ($x \to +\infty$, $x \to -\infty$)!

a) $f_1(x) = \frac{1}{x^2-1}$ b) $f_2(x) = \frac{x+2}{x^2}$ c) $f_3(x) = \frac{x+1}{|x|}$

d) $f_4(x) = \frac{x^2-1}{x-1}$ e) $f_5(x) = \frac{1}{x^2+3}$ f) $f_6(x) = 2^x \cdot 4^{-x}$

CA 13

Bestimmen Sie die Stellen x_0, an denen die Funktion $f_i(x)$ nicht definiert ist, und untersuchen Sie, ob $f_i(x)$ dort einen Grenzwert hat!

a) $f_1(x) = \frac{5x}{x-2}$ b) $f_2(x) = \frac{2-x^2}{x+1}$ c) $f_3(x) = 3^{\frac{1}{x}}$ d) $f_4(x) = \frac{x^2+x}{|x|}$

CA 14

Untersuchen Sie die folgende Funktion auf einen Grenzwert an der Stelle $x_0 = 2$:

$$f(x) = \begin{cases} 1,5x\,; & \text{für } x > 2 \\ 0,5x + 2\,; & \text{für } x \leq 2 \end{cases}$$

C 2 Stetigkeit von Funktionen

CA 15

Untersuchen Sie an Hand der Graphen, ob die dargestellten Funktionen im Intervall [a; b] und an der Stelle x_0 stetig sind! Begründen Sie knapp Ihre Entscheidung!

a)

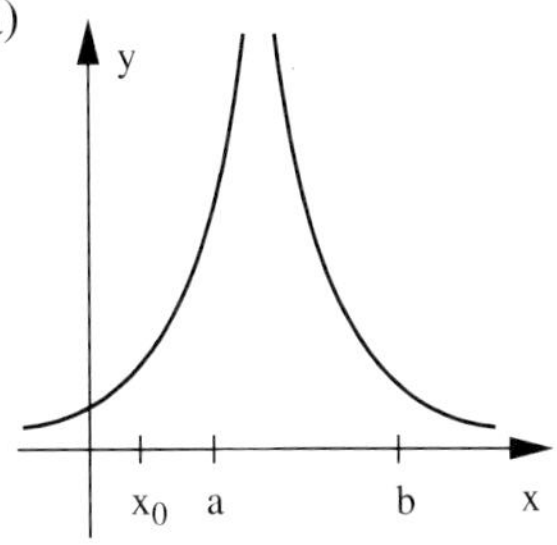

b)

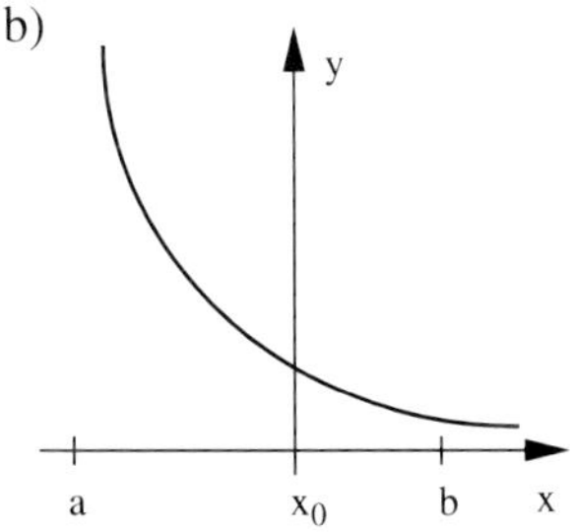

c)

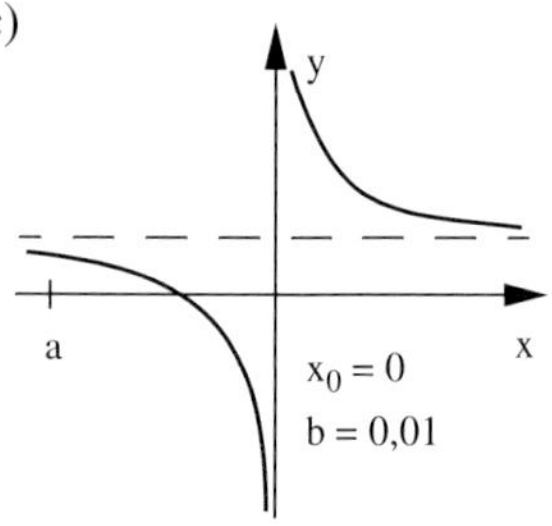

d)

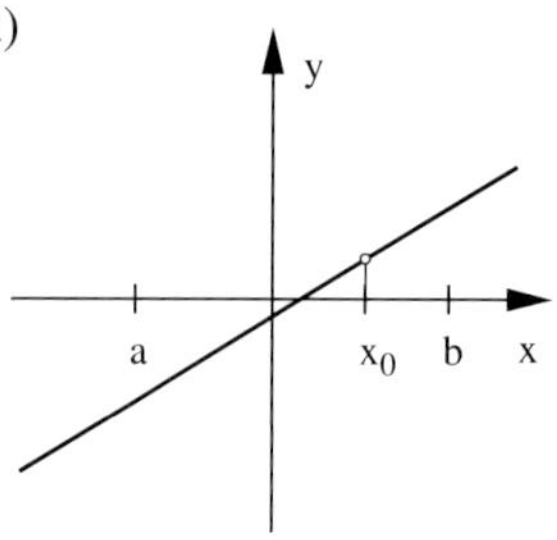

e)

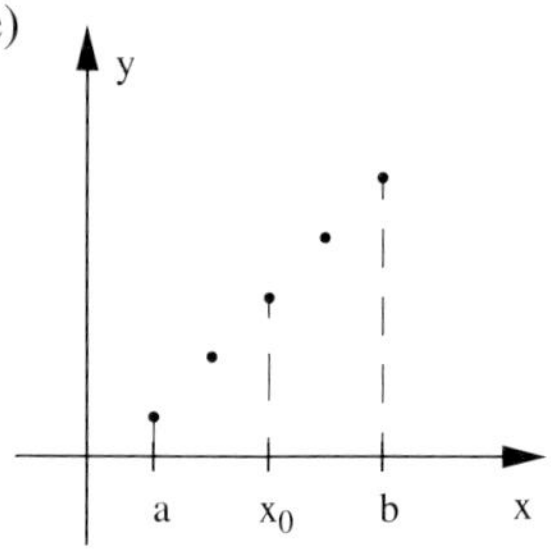

f)

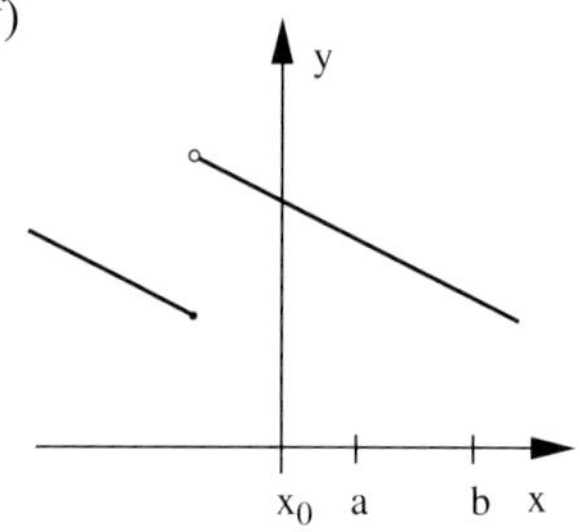

g)

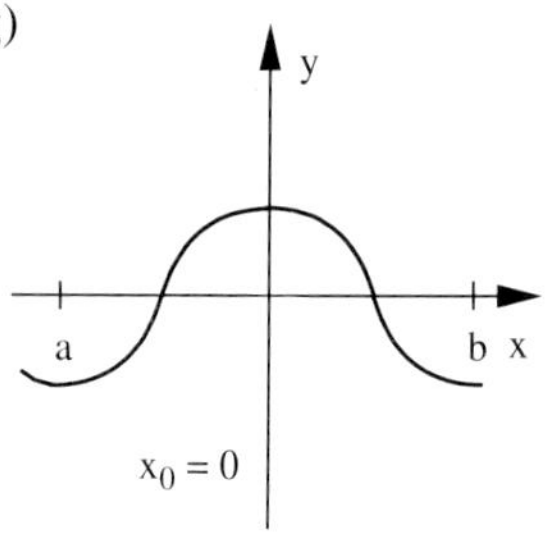

h)

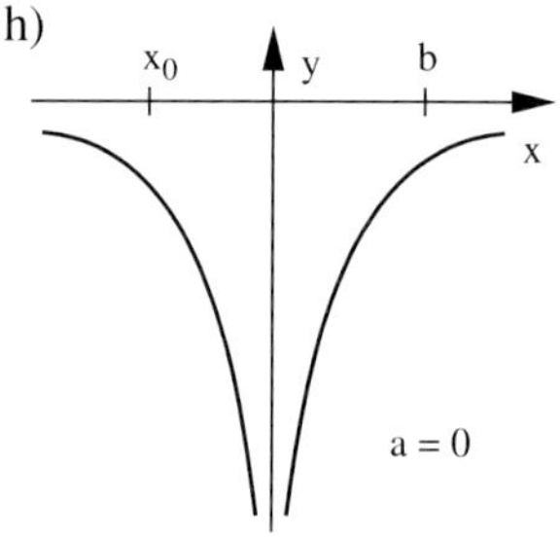

CA 16 *(↗ Beispiele C 7 bis C 9, S. 81)*

Untersuchen Sie die Funktion $f(x) = \frac{x^2 + 2x - 1}{2x^2 - 3}$ an der Stelle $x_0 = 2$ auf Stetigkeit!

CA 17

Untersuchen Sie die nachstehenden Funktionen auf Stetigkeit an der Stelle x_0!

a) $f_1(x) = \frac{(3 + x)\,(2 - x)}{x^2 - 4}$ $\quad x_0 = 1$

b) $f_2(x) = \frac{x^3 + 3x}{x}$ $\quad x_0 = 0$

c) $f_3(x) = \begin{cases} \frac{4x^2 - 16}{2x - 4} & \text{für } x \neq 2 \\ 8 & \text{für } x = 2 \end{cases}$ $\quad x_0 = 2$

d) $f_4(x) = \sqrt{x} + x - 1$ $\quad x_0 = 0$

CA 18

Man zeige, daß die Funktion

a) $f(x) = |x|$ an der Stelle $x_0 = 0$ stetig ist und

b) $g(x) = \begin{cases} \frac{1}{2}x + 1 & \text{für } x < 3 \\ \frac{1}{2} & \text{für } x \geq 3 \end{cases}$ an der Stelle $x_0 = 3$ nicht stetig ist!

CA 19

Skizzieren Sie die Graphen nachfolgender Funktionen, und bestimmen Sie die Stellen, an denen die jeweilige Funktion nicht stetig ist!

a) $f(x) = \begin{cases} x-1, & x \in \mathbb{R}\setminus\{0\} \\ 2, & x = 0 \end{cases}$ b) $g(x) = \begin{cases} -x^{-1}, & -\infty < x < 0 \\ x, & x \geq 0 \end{cases}$ c) $h(x) = \begin{cases} 1, & x < 0 \\ 0, & x = 0 \\ -1, & x > 0 \end{cases}$

C 3 Sätze über stetige Funktionen

CA 20 *(↗ Satz C 5, S. 83)*

Man zeige, daß die Funktion $f(x) = x^3 - 9x^2 - 8x - 3$, $D_f = \mathbb{R}$, die Zahl 16 als Funktionswert annimmt!

CA 21

Zeigen Sie, daß die Funktion $f(x) = x^3 - 70$ im Intervall [4; 4,5] eine Nullstelle besitzt!

CA 22

Untersuchen Sie, ob folgende Funktionen im angegebenen Intervall ein Maximum bzw. ein Minimum besitzen, und geben Sie diese (falls vorhanden) an:

a) $f_1(x) = 6 - x$ [5; 8] b) $f_2(x) = (x-2)^2 - 2$ [0; 3]

c) $f_3(x) = x^2 - 6x + 2$ [−1; 4] d) $f_4(x) = \frac{1}{x}$ [1; 2]

CA 23

Die Funktionen f(x) und g(x) seien stetig auf [a; b]. Es gelte: $f(a) < g(a)$ und $f(b) > g(b)$.
Man beweise: Es gibt ein $x_0 \in [a; b]$ mit $f(x_0) = g(x_0)$.
(*Hinweis:* Bilden Sie $h(x) = f(x) - g(x)$, und untersuchen Sie h(a) und h(b).)

CA 24

Man zeige mit Hilfe von Aufgabe ***CA 23***, daß die Gleichung $x^3 = x^2 + 1$ in $\mathbb{R}$ wenigstens eine Lösung hat.
(*Hinweis*: Betrachten Sie $f(x) = x^3$ und $g(x) = x^2 + 1$ auf [0; 2].)

D Differentialrechnung

D 1 Grundbegriffe

D 1.1 Der Begriff *Ableitung einer Funktion*

DA 1

Gegeben seien die Punkte

a) P(1; 2) und Q(3; 6) b) P($\sqrt{2}$; –2) und Q($\frac{1}{2}\sqrt{2}$; 1)

c) P(1; 4) und Q(2; –1)

Zeichnen Sie die Geraden durch P und Q, und bestimmen Sie jeweils den Anstieg der Geraden! Welchen Winkel bilden die Geraden mit der positiven x-Achse?

DA 2

Welchen Winkel bildet der Graph folgender Funktion mit der positiven x-Achse?

a) $f(x) = 2x - 1$ b) $g(x) = -0{,}5x + 2$

DA 3

Zeichnen Sie die Graphen der folgenden Funktionen:

a) $f(x) = 2x - 1$ b) $g(x) = -0{,}5x + 2$ c) $h(x) = \frac{1}{2}x$ d) $k(x) = -3x - 1$

DA 4 *(↗ Abschnitt A 2.1, S. 13)*

a) Welchen Einfluß haben die Zahlen m und n auf den Verlauf des Graphen linearer Funktionen mit einer Gleichung der Form $f(x) = mx + n$?

b) Bestimmen Sie die Funktionsgleichungen für die nebenstehend durch ihre Graphen gegebenen linearen Funktionen!

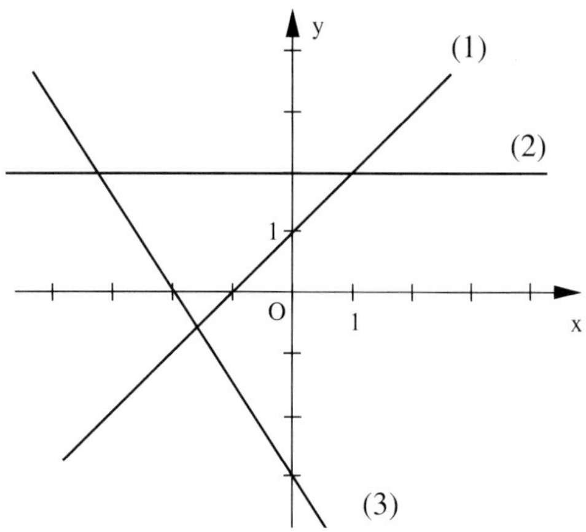

DA 5

Berechnen Sie mit Hilfe des Differenzenquotienten den Anstieg der Sekante durch die Punkte $P_0(0{,}5; f(0{,}5))$ und $P_h(0{,}5 + h; f(0{,}5 + h))$ des Graphen der Funktion $f(x) = x^2$ für $h = -1$ (–0,1; 0,1; 1)! Stellen Sie den Sachverhalt graphisch dar!

DA 6 *(↗ Beispiel D 1, S. 87)*

Zeigen Sie, daß die Funktion $f(x) = x^3$ an der Stelle $x_0 = 1{,}5$ differenzierbar ist und daß für die Ableitung der Funktion an dieser Stelle gilt: $f'(1{,}5) = 6{,}75$.

DA 7

Bestimmen Sie jeweils die Ableitung nachfolgender Funktion an der Stelle x_0 mit Hilfe der Definition des Differentialquotienten!

a) $f(x) = x^3 - 2x^2 + 1 \quad x_0 = 2$ b) $g(x) = x^2 - 2 \quad x_0 = -1$

c) $h(x) = 2x - 2 \quad x_0 = -\frac{1}{2}$ d) $k(x) = 4x^3 \quad x_0 = 2$

DA 8

Zeigen Sie, daß die folgenden Funktionen an jeder Stelle x_0 ihres Definitionsbereiches differenzierbar sind!

Hinweis: Bilden Sie den Differenzenquotienten an einer beliebigen Stelle x_0, und bestimmen Sie $f'(x_0)$.

a) $f(x) = 2x$ b) $g(x) = \frac{1}{2}x^2$ c) $h(x) = -x^2$ d) $k(x) = x^2 + 2$

DA 9

Bestimmen Sie den Differentialquotienten der Funktion $f(x) = x^3 + x^2$ an einer beliebigen Stelle x_0! Berechnen Sie $f'(1)$; $f'(-1)$; $f'(0)$; $f'(1{,}5)$, und geben Sie eine geometrische Interpretation der Ergebnisse!

DA 10 *(↗ Beispiele D 2/D 3, S. 89/90)*

Ermitteln Sie die Gleichung der Tangente an den Graph der Funktion $f(x) = \frac{1}{x}$ $(x \neq 0)$ an der Stelle $x_0 = -1$, und geben Sie den Schnittwinkel der Tangente mit der x-Achse an! (Fertigen Sie zuvor eine Überlegungsskizze an!)

DA 11

Bestimmen Sie für $f(x) = \frac{1}{4}x^3$ die Gleichung der Tangente in $P(2; f(2))$!

DA 12

Ermitteln Sie die Gleichungen der Tangenten in P und Q an die Graphen der Funktionen f(x) bzw. g(x)!

a) $f(x) = 2x^2$ $P(1; 2)$; $Q(-\frac{1}{2}; f(-\frac{1}{2}))$ b) $g(x) = \frac{1}{x}$ $P(2; g(2))$; $Q(-2; g(-2))$

DA 13

Bestimmen Sie die Stellen x_i, an denen der Graph von $f(x) = x^3$ den Anstieg $m = 6$ hat, und ermitteln Sie die Gleichungen der entsprechenden Tangenten!

DA 14

Berechnen Sie diejenigen Stellen x_i, wo die Tangenten an den Graph der Funktion $f(x) = x^3$ parallel zur Sekante durch die Punkte $P_1(-1; f(-1))$ und $P_2(2; f(2))$ verlaufen! (Fertigen Sie zuvor eine Lösungsskizze an!)

DA 15

Zeigen Sie, daß die Gerade g mit der Gleichung $g(x) = -4x - 3$ Tangente an die Funktion f mit $f(x) = \frac{1}{3}x^2 - 2x$ ist, und geben Sie die Koordinaten des Berührungspunktes an!

DA 16

Bestimmen Sie die Stellen x_i, an denen die Graphen der Funktionen $f(x) = -x^3 + 0{,}5x^2 + 2$ und $g(x) = x^3 - 4$ den gleichen Anstieg haben!

DA 17

Bestimmen Sie die Gleichung einer Tangente an den Graph der Funktion $f(x) = \frac{1}{2}x^2$, die parallel zur Geraden g mit $g(x) = \frac{3}{2}x - 1$ verläuft!

DA 18

Ermitteln Sie die Gleichung der Tangenten vom Punkt $P(-1; -2)$ an den Graph der Funktion $f(x) = \frac{1}{4}x^2$! (Fertigen Sie zunächst eine entsprechende Skizze an!)

D 1.2 Differenzierbarkeit einer Funktion; Ableitungsfunktion

DA 19 (↗ Beispiel D 7, S. 91)

Es ist die Ableitungsfunktion f' zu der Funktion f mit $f(x) = x^3$ zu ermitteln!

DA 20

Bilden Sie zur Funktion $f(x) = 0{,}5x^2$ die Ableitungsfunktion f'! Zeichnen Sie die Graphen von f und f' in ein gemeinsames Koordinatensystem!

DA 21

Zeichnen Sie den Graph der Funktion $f(x) = -\frac{1}{2}x^2 + x \quad (x \in \mathbb{R})$, und entwickeln Sie davon ausgehend den Graph der Ableitungsfunktion!

DA 22

Leiten Sie aus dem dargestellten Graph der Ableitungsfunktion f' Aussagen über das Steigungs- und Krümmungsverhalten der Funktion f ab! Welches Verhalten zeigt f an der Stelle $x_1 = -2$?

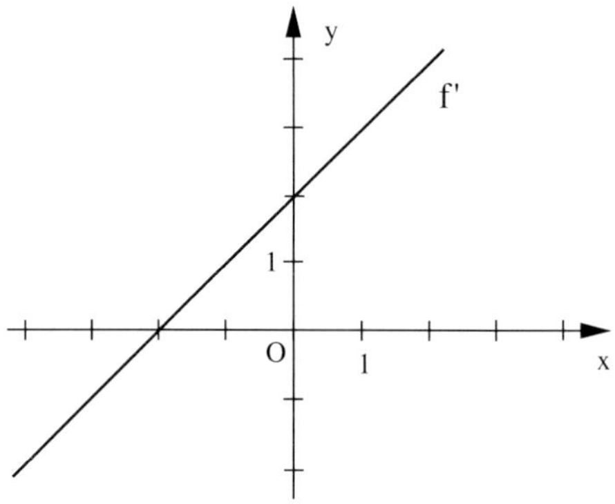

DA 23

a) Der Graph der Ableitungsfunktion f' einer Funktion f mit $y = f(x)$ hat die Nullstellen $x_1 = -1$ und $x_2 = 3$. Was folgt daraus für den Verlauf des Graphen von f?
b) Welche Aussage über f läßt sich treffen, wenn f'(x) in $]-1;\, 3[$ negativ ist?
c) Der Graph von f steigt in den Intervallen $]-\infty;\, -1[$ und $]3;\, +\infty[$.
   Welches Vorzeichen hat dort f'(x)?

D 1.3 Zusammenhang zwischen Differenzierbarkeit und Stetigkeit

DA 24 (↗ Abschnitt D 1.3, S. 92)

Die Funktion $f(x) = \sqrt[3]{|x|} \quad (x \in \mathbb{R})$ ist auf Stetigkeit und Differenzierbarkeit an der Stelle $x_0 = 0$ zu untersuchen. Zeichnen Sie den Graph der Funktion!

DA 25

Zeichnen Sie den Graph der Funktion f mit $f(x) = |x - 1|$, und untersuchen Sie die Funktion auf Stetigkeit und Differenzierbarkeit an der Stelle $x_0 = 1$!

DA 26

Skizzieren Sie die Graphen nachfolgender Funktionen, und untersuchen Sie die Funktionen auf Stetigkeit und Differenzierbarkeit an der Stelle x_0:

a) $f(x) = x^2 + 1 \quad x_0 = 1$ b) $g(x) = |x| - 1 \quad x_0 = 0$

c) $h(x) = \begin{cases} x^2 + 2x + 3 & \text{für } -1 \leq x \leq 1 \\ (x-1)^2 + 1 & \text{für } 1 < x \leq 2 \end{cases}$ $x_0 = 1$ d) $k(x) = -x^2 + 4|x-1| + 3$ $x_0 = 1$

DA 27

Entscheiden Sie, ob die nachfolgenden Aussagen über Funktionen f mit der Gleichung $y = f(x)$ wahr oder falsch sind, und begründen Sie Ihre Entscheidung:

a) Die Differenzierbarkeit einer Funktion f(x) an einer Stelle x_0 ist keine notwendige Bedingung für deren Stetigkeit an dieser Stelle.
b) Die Stetigkeit einer Funktion f(x) an einer Stelle x_0 ist eine notwendige Bedingung für deren Differenzierbarkeit an dieser Stelle.
c) Die Stetigkeit einer Funktion f(x) an einer Stelle x_0 ist eine hinreichende Bedingung für deren Differenzierbarkeit an dieser Stelle.
d) Die Stetigkeit von f(x) im Intervall [a; b] ist eine notwendige Bedingung für die Existenz eines Maximums im Intervall [a; b].
e) $f'(x_0) = 0$ ist eine notwendige Bedingung dafür, daß die Tangente an den Graphen von f(x) in $P(x_0; f(x_0))$ parallel zur x-Achse verläuft.

D 2 Regeln zur Ableitung von Funktionen

D 2.1 Konstantenregel, Faktorregel und Potenzregel

DA 28

Bestimmen Sie die Ableitung $f_i'(x)$ für folgende Funktionen:

a) $f_1(x) = 2$ b) $f_2(x) = \sqrt{2}$ c) $f_3(x) = -1$
d) $f_4(x) = 2x$ e) $f_5(x) = -\sqrt{3}\,x$ f) $f_6(x) = \frac{1}{2x}$

DA 29 *(↗ Beispiel D 8, S. 94)*

Bilden Sie die Ableitung von $f(x) = 3x^4$!

DA 30

Ermitteln Sie für die Funktionen $f_i(x)$ mit Hilfe der Faktorregel und Potenzregel die Ableitung $f_i'(x)$!

a) $f_1(x) = x$ b) $f_2(x) = 8x^3$ c) $f_3(x) = 4x^5$ d) $f_4(x) = \frac{1}{2}x^2$

DA 31

An welcher Stelle x_0 des Graphen der Funktion f(x) bzw. g(x) hat die Ableitung den angegebenen Wert?

a) $f(x) = x^3$ $f'(x_0) = 27$ b) $g(x) = 5x^4$ $g'(x_0) = 20$

DA 32

Bilden Sie die Ableitung der nachfolgenden Funktionen! Alle Exponenten sind natürliche Zahlen.

a) $f_1(x) = x^z$ b) $f_2(x) = x^{n+3}$ c) $f_3(x) = x^{t-3}$ d) $f_4(x) = x^0$

DA 33

Bestimmen Sie zu den gegebenen Ableitungen von Potenzfunktionen jeweils die zugehörige Ausgangsfunktion:

a) $f_1'(x) = 4x^3$ b) $f_2'(x) = 8x^7$ c) $f_3'(x) = 0$ d) $f_4'(t) = 5t^4$

e) $f_5'(z) = (n-1)z^{n-2}$ f) $f_6'(x) = 15x^4$ g) $f_7'(b) = 4ab$

D 2.2 Summenregel, Produktregel und Quotientenregel

DA 34 *(↗ Beispiel D 9, S. 96)*

Differenzieren Sie die folgenden Funktionen:

a) $f(x) = x^3 + 2x^2 - 7$ b) $g(x) = (x^2 - 7x)(x^3 + 5)$ c) $h(x) = \frac{2x^2+1}{x}, \quad x \neq 0$

DA 35

Bestimmen Sie jeweils die Ableitung folgender Funktionen, und geben Sie die verwendeten Regeln an!

a) $f_1(x) = x^3 + \frac{1}{2}x^2 - 4$ b) $f_2(z) = \frac{1}{3}z^3 + z^2 - \sqrt{2}$ c) $f_3(x) = x + \frac{1}{x}$

d) $f_4(x) = \frac{1}{4}x^2 + x$ e) $f_5(x) = 2x^2 + 1$ f) $f_6(t) = t(t+1)(t-2)$

DA 36

Beweisen Sie durch vollständige Induktion, daß die Summenregel für endlich viele Summanden gilt!

Hinweis: Voraussetzung: 1) $S(x) = \sum_{i=1}^{n} u_i(x)$ 2) u_i differenzierbar in x_0

Behauptung: 1) $S(x)$ ist differenzierbar 2) $S'(x_0) = \sum_{i=1}^{n} u_i'(x_0)$

DA 37

Bilden Sie $f_i'(x)$ mit Hilfe der Produktregel!

a) $f_1(x) = x(x+1)$ b) $f_2(x) = x^5(x^2 + 2x)$

c) $f_3(x) = (x^2+1)(x^3-1)$ d) $f_4(x) = (\frac{1}{x} + x)(3x^2 - 2x + 1)$

DA 38

Leiten Sie folgende Funktionen ab:

a) $h(s) = as^2$ b) $f(r) = c\sqrt{2}\,r^3$ c) $f(x) = 2x^3x^4$

d) $f(z) = 0{,}6z^4$ e) $r(s) = 3\sqrt{2}\,s + s^5$ f) $f(x) = ax^3 + bx^2 + cx + d$

g) $f(x) = at^3x^2 + t^2x - t^3$ h) $f(t) = -t^2 + 2t$ i) $o(r) = 2\pi r^2 + 2\pi rh$

DA 39

Bestimmen Sie die Ableitung folgender Funktionen

1. nach dem Ausmultiplizieren, 2. durch Anwenden der Produktregel:

a) $f(x) = (2+x)(x^2-1)$ b) $g(x) = (\frac{1}{2}x + 1)(3x^3 - 1)$

c) $h(x) = x(x^2 - x - 1)$ d) $f(s) = s^2(s-1)(2 - 0{,}5s)$

e) $g(t) = (1-t)(t+1)(2t+3)$ f) $k(x) = (a - bx)(c + dx)$

DA 40

Bilden Sie die Ableitung folgender Funktionen mit Hilfe der Quotientenregel:

a) $f(x) = \frac{x+1}{x-1}, \quad x \neq 1$

b) $g(x) = \frac{x^2 - x - 6}{3x + 6}, \quad x \neq -2$

c) $h(x) = \frac{4}{x^2 + 1}$

d) $k(x) = \frac{x^2 + 1}{4}$

DA 41

Beweisen Sie die Produktregel (Satz D 5) und die Quotientenregel (Satz D 6)!

Hinweis:
1. Differenzenquotienten für p bzw. q aufstellen;
2. Differenzenquotienten so umformen, daß Differenzenquotienten von u und v genutzt werden können;
3. Grenzwert des Differenzenquotienten bilden

DA 42

Zeigen Sie, daß die Produktregel auch für drei (allgemein: n) Faktoren gilt!

Hinweis: Voraussetzung: $u(x)$, $v(x)$, $w(x)$ sind in x_0 differenzierbar

Behauptung: $p(x) = u(x) \cdot v(x) \cdot w(x)$ ist in x_0 differenzierbar, und es ist

$p'(x_0) = u'(x_0) \cdot v(x_0) \cdot w(x_0) + u(x_0) \cdot v'(x_0) \cdot w(x_0) + u(x_0) \cdot v(x_0) \cdot w'(x_0)$

DA 43

Bilden Sie jeweils die Ableitung folgender Funktionen: (Die Exponenten sind natürliche Zahlen.)

a) $f(x) = x^{n-1}$

b) $g(x) = x^{k+1} + x^{k-1}$

c) $h(x) = x^{2n} + x^r$

d) $k(x) = \frac{x^{n+1}}{n+1}$

DA 44

Bilden Sie die Ableitung folgender Funktionen, und geben Sie die Stellen an, an denen die Funktionen möglicherweise nicht differenzierbar sind:

a) $f(x) = \frac{7}{x^3 + 1}$

b) $g(x) = \frac{6 - x}{x^2 + 2}$

c) $h(x) = \frac{1}{4x^3}$

d) $j(r) = \frac{4 - r^2}{r^2 - 4}$

e) $k(x) = \frac{1}{x^7}$

f) $m(t) = \frac{1}{t^4} + \frac{1}{t^2}$

DA 45

Berechnen Sie jeweils den Anstieg folgender Funktionen an der Stelle x_0:

a) $f(x) = \frac{x^4 + 1}{2x - 1}, \quad x_0 = 2$

b) $g(x) = \frac{1 - x^2}{x}, \quad x_0 = -1$

DA 46

Bestimmen Sie jeweils die Ableitung der Funktion $f_i(x)$ an der Stelle $x_1 = -1$ und $x_2 = 2$! Geben Sie die Gleichung der Tangenten in $P(-1;\, f(-1))$ und $Q(2;\, f(2))$ an!

a) $f_1(x) = \frac{1}{x}$

b) $f_2(x) = \frac{3}{2x^2}$

c) $f_3(x) = \frac{x}{x-1}$

DA 47

Gegeben sei die Funktion $f(x) = x^2 - 9$.

a) Für welches x_0 gilt $f'(x_0) = 0$?
b) Bestimmen Sie die Koordinaten der Schnittpunkte des Graphen von f(x) mit der x-Achse!
c) Bestimmen Sie die Gleichungen der Tangenten an den Graphen von f(x) in diesen Schnittpunkten!
d) Ermitteln Sie die Winkel, den die Tangenten mit der positiven x-Achse bilden!

DA 48

Bestimmen Sie die Punkte des Graphen der Funktion $f(x) = 0{,}1x^4 + 0{,}4x^3 - 0{,}8x^2 - 5{,}8x + 8$, in denen die Tangente mit der x-Achse einen Winkel von 135° bildet!

DA 49

An welchen Stellen verlaufen die Tangenten an die Graphen der folgenden Funktionen parallel zur x-Achse?

a) $f(x) = 2x^3 - 4x^2 + 2x - 5$ b) $g(x) = x^5 - x^3 + \frac{1}{4}x - 3$

DA 50

Vergleichen Sie die Ableitungen von $f(x) = \frac{2x}{x-1}$ und $g(x) = \frac{x+1}{x-1}$, und begründen Sie ihre Feststellung!

D 2.3 Kettenregel

DA 51 (↗ *Beispiel D 11, S. 98*)

Ermitteln Sie die Ableitung der Funktion f mit $f(x) = (5x^3 + 3x^2 - 7x + 4)^{15}$!

DA 52

Bilden Sie die Ableitung folgender Funktionen unter Benutzung der Kettenregel:

a) $f_1(x) = (2 + 3x)^2$ b) $f_2(x) = (4 - x)^2$ c) $f_3(x) = (1 - x + \frac{1}{3}x^3)^2$

d) $f_4(x) = \sqrt{2x}$ e) $f_5(x) = 2(x^2 - 3\sqrt{x}\,)^2$ f) $f_6(x) = \frac{\sqrt{2}}{3\,(x + 2x^2)^3}$

DA 53

Bilden Sie die Ableitung folgender Funktionen:

a) $f(t) = \frac{t^2 + 1}{(t^2 + 1)^3}$ b) $g(x) = (4 + x)^3(x - 5)^4$

c) $h(r) = (\frac{2r + 5}{3r - 1})^3$ d) $k(x) = [(x^2 + 1)(x - 7)]^4$

DA 54

Bestimmen Sie von folgenden Funktionen die Ableitungsfunktion:

a) $f(x) = (px + q)^n, \quad n \in \mathbb{N}^*$ b) $g(x) = \sqrt[n]{px + q}, \quad n \in \mathbb{N}^*, \quad px + q > 0$

DA 55

Bestimmen Sie den Anstieg des Graphen von f(x) bzw. g(x) an der Stelle x_0!

a) $f(x) = (x^2 - 1)^{13}, \quad x_0 = 2$ b) $g(x) = \sqrt{x^2 + 1}, \quad x_0 = 1{,}5$

DA 56

a) Bestimmen Sie f'(x) zu $f(x) = \sqrt{25 - x^2}$, und geben Sie D_f und $D_{f'}$ an!
b) Stellen Sie die Gleichung der Tangente t im Punkt P(r; s) des Graphen von f(x) auf!
c) Zeichnen Sie f(x) und t für $r = 3$ und $s = 4$!

D 3 Ableitungen elementarer Funktionen

D 3.1 Ableitung von Potenzfunktionen

DA 57 (↗ *Beispiele D 12/D 13, S. 99*)

Ermitteln Sie jeweils die Ableitung folgender Funktionen:

a) $f(x) = \frac{4}{3x^3}$ b) $f(x) = \sqrt[3]{x^2}, \; x > 0$

DA 58

Bilden Sie jeweils die Ableitung folgender Funktionen, und geben Sie jeweils den Definitionsbereich der Funktion und ihrer Ableitung an:

a) $f_1(x) = \frac{2}{x^4}$ b) $f_2(x) = \frac{a}{x^3}$ c) $f_3(x) = \sqrt[4]{x^7}$

d) $f_4(x) = \frac{a}{\sqrt[n]{x}}$ e) $f_5(t) = (t - \sqrt{t})^2$ f) $f_6(z) = 2 \cdot \sqrt{z} + 3\sqrt[3]{z} + 4\sqrt[4]{z}$

g) $f_7(x) = (x^2 + 1) \cdot \sqrt[3]{x}$ h) $f_8(x) = \frac{x + \sqrt{x}}{x}$

DA 59

Berechnen Sie den Anstieg des Graphen der Funktion f(x) bzw. g(x) an der Stelle x_0!

a) $f(x) = \sqrt{x}$, $x > 0$, $x_0 = 1; 10; 100$ b) $g(x) = \sqrt[3]{x^2}$, $x > 0$, $x_0 = 1; 10; 100$

D 3.2 Ableitung von Exponential- und Logarithmusfunktionen

DA 60 *(↗ Beispiele D 15/D 16, S. 101/102)*

Bilden Sie die Ableitungsfunktion folgender Funktionen:

a) $f(x) = 4^x \cdot x^4$ b) $g(x) = x^2 \cdot \lg x$

DA 61

Bilden Sie jeweils die Ableitung $f_i'(x)$!

a) $f_1(x) = 3^x$ b) $f_2(x) = \frac{1}{2} \cdot 3^x$ c) $f_3(x) = x^3 \cdot 3^x$ d) $f_4(x) = \frac{3^x}{x^2}$

DA 62

Bilden Sie jeweils die Ableitung folgender Funktionen:

a) $f_1(x) = \lg x$ b) $f_2(x) = \lg x^3$ c) $f_3(x) = x \cdot \log_{10} x$ d) $f_4(x) = \ln x^n$

e) $f_5(x) = (\lg x)^2$ f) $f_6(x) = x \cdot \ln x$

DA 63

Differenzieren Sie folgende Funktionen:

a) $f_1(x) = e^x$ b) $f_2(x) = e^{-x}$ c) $f_3(x) = x^2 \cdot e^x$ d) $f_4(x) = \frac{x^2}{e^x}$

e) $f_5(x) = \frac{e^z - 1}{e^z + 1}$ f) $f_6(x) = (e^x - 2)(2 + x^2)$

DA 64

Differenzieren Sie!

a) $f_1(x) = 2\ln x$ b) $f_2(x) = x^2 \cdot \ln x$ c) $f_3(x) = \frac{\ln x}{x}$ d) $f_4(x) = \frac{1}{x^2} + 3\ln x - \frac{\ln x}{x}$

DA 65

Ermitteln Sie mit Hilfe der Beziehung $\log_a x = \frac{\ln x}{\ln a}$ jeweils die Ableitung folgender Funktionen:

a) $f_1(x) = \log_3 x$ b) $f_2(x) = \log_3(x - 1)$ c) $f_3(x) = \log_2 3x$ d) $f_4(x) = \log_2 x^4$

DA 66

Die Punkte R(1; 0) und S(e; 1) sind Punkte des Graphen der Funktion $f(x) = \ln x$. Bestimmen Sie die Koordinaten des Berührungspunktes P(x; y) der zu $\overline{RS}$ parallelen Tangente!

DA 67

Bestimmen Sie den Anstieg von $f(x) = e^x$ sowie die Gleichung der Tangente an den Graphen in $x_0 = 0$ an!

D 3.3 Ableitung trigonometrischer Funktionen

DA 68 *(↗ Beispiel D 17, S. 105)*

Zu den nachfolgenden Funktionen sind jeweils die Ableitungen zu bilden:

a) $f_1(x) = x^3 - 3\sin x$ b) $f_2(x) = \cos 2x$ c) $f_3(x) = x \cdot \tan x$

DA 69

Bilden Sie jeweils die Ableitung folgender Funktionen:

a) $f_1(x) = 1 + \sin x$ b) $f_2(x) = 2\cos x$ c) $f_3(x) = \frac{3}{4}\sin(1{,}2x)$

d) $f_4(x) = 2x^3 \cdot \cos(3x)$ e) $f_5(z) = \frac{1}{2}\sin(\pi \cdot z)$ f) $f_6(t) = k \cdot \cos\frac{t}{2}$

DA 70

Differenzieren Sie!

a) $f_1(x) = 2\tan x$ b) $f_2(x) = x^2 \cdot \tan x$ c) $f_3(x) = \frac{x}{\tan x}$ d) $f_4(x) = \frac{2\cos x}{x^2}$

DA 71

Bestimmen Sie den Anstieg der Funktionen $f(x) = \sin x$ und $g(x) = \cos x$ an den Stellen $x_0 = 0; \frac{\pi}{2}; \pi; \frac{3}{2}\pi; 2\pi$!

DA 72

Berechnen Sie den Schnittpunkt $S(x_s; y_s)$ der Graphen der Funktion $f(x) = \sin x$ und $g(x) = \cos x$ im Intervall $[0; \frac{\pi}{2}]$, und bestimmen Sie über den Anstieg der Funktion in x_s den Schnittwinkel beider Funktionen an dieser Stelle!

DA 73

Bestimmen Sie die Stellen x_0, für die gilt:

a) $f'(x_0) = (\sin x_0)' = 1$ b) $f'(x_0) = (\cos x_0)' = 0{,}5$

DA 74

Ermitteln Sie die Gleichung der Tangente an den Graphen der Funktion $f(x) = \sin(2x + \frac{\pi}{4})$ im Punkt $P(0; f(0))$!

DA 75

Ermitteln Sie jeweils eine Gleichung der Tangente an den Graph der Funktion $f_i(x)$ im Punkt $P_0(x_0; f(x_0))$!

a) $f_1(x) = \cos x, \quad x_0 = \frac{\pi}{2}$ b) $f_2(x) = \tan x, \quad x_0 = 0$

c) $f_3(x) = \cos(2x - \frac{\pi}{4}), \; x_0 = \frac{\pi}{8}$ d) $f_4(x) = \sin(x + \frac{\pi}{4}), \; x_0 = \frac{\pi}{4}$

D 3.4 Ableitungen höherer Ordnung

DA 76 *(↗ Beispiel D 19, S. 105)*

Gegeben ist die Funktion $f(x) = x^4 + 3x^2 + 2x - 1$. Es ist die 3. Ableitung von f(x) zu bestimmen.

DA 77

Bilden Sie von folgenden Funktionen $f_i(x)$ die 1., 2. und 3. Ableitung:

a) $f_1(x) = x^3 - 3x^2 - 0{,}5x + 1$ b) $f_2(x) = x^7 - 3x^4 - \frac{1}{4}x^2$

c) $f_3(x) = x^2 - 0{,}5x + 1$ d) $f_4(x) = 6x^3 + 4x - 10$

DA 78

Wie viele von 0 verschiedene Ableitungen hat die Funktion $f(x) = 3x^5 + 4x^4 - 3x^2 + \sqrt{2}\,x + 1$? Ermitteln Sie diese!

DA 79

Bilden Sie $f_i'(x)$ und $f_i''(x)$ von

a) $f_1(x) = x^2 - 4x + 1$ b) $f_2(x) = \frac{1}{2}x^2 - 2x + 8$.

Zeichnen Sie die Graphen von $f_i(x)$, $f_i'(x)$ und $f_i''(x)$ jeweils in ein und dasselbe Koordinatensystem!

DA 80

Die Funktion $f(x) = \begin{cases} 1, & 0 \le x \le 1 \\ x^2 - 2x + 2, & x > 1 \end{cases}$ ist für $x \ge 0$ differenzierbar.

Bilden Sie $f'(x)$, und machen Sie Aussagen über die Differenzierbarkeit an der Stelle $x_0 = 1$!

DA 81

Bilden Sie die 1., 2. und 3. Ableitung von

a) $v_1(r) = \frac{4}{3}\pi \cdot r^3$ b) $v_2(a) = a^3$ c) $v_3(r) = \frac{1}{3}\pi \cdot r^2 \cdot h$ d) $v_4(a) = \frac{1}{3}a^2 \cdot h$.

DA 82

Bestimmen Sie die Stellen $x_0 \in [0; 2\pi]$, für die gilt:

a) $(\sin x)'' = 0$ b) $(\cos x)'' = 1$ c) $(\sin x)''' = -1$

DA 83

Bilden Sie die ersten drei Ableitungen von

a) $f_1(x) = e^{-x}$ b) $f_2(x) = e^x \cdot x^2$ c) $f_3(x) = 16\,e^{\frac{1}{2}x + 3}$

d) $f_4(x) = a \cdot e^{bx + c}$ e) $f_5(x) = 3\sin x$ f) $f_6(x) = \cos x - \frac{1}{2}\sin(2x)$

g) $f_7(x) = \ln x$ h) $f_8(x) = 3^x$.

DA 84

Bilden Sie die ersten vier Ableitungen der Funktion $f(x) = x \cdot e^{a \cdot x}$! Stellen Sie davon ausgehend eine Vermutung über die Bildungsvorschrift für die n-te Ableitung $f^{(n)}(x)$ auf!

DA 85

Bestimmen Sie die Funktion $g_1(x)$ aus der Schar der Funktionen $g(x) = -\frac{6}{x}(1 - \ln ax)$, ($x \in \mathbb{R}$ und $x > 0$; $a \subset \mathbb{R}$ und $a > 0$), die an der Stelle $x_1 = 1$ den Anstieg 0 hat!

DA 86

Weisen Sie nach, daß für alle Funktionen $f(x) = ax^2e^{-bx}$ ($x, a, b \in \mathbb{R}$) die Gleichung $f''(x) + 2b \cdot f'(x) + b^2 \cdot f(x) - 2a\,e^{-bx} = 0$ erfüllt ist!

D 4 Sätze über differenzierbare Funktionen

DA 87 *(↗ Beispiel D 20, S. 107)*

Gegeben sei die Funktion $f(x) = 0{,}1x^3 - 0{,}2x^2 - x + 1{,}5$ auf dem Intervall $[-4; 4]$. Bestimmen Sie eine Stelle x_0 ($x_0 \in\ ]-4; 4[$) so, daß die Tangente in $P(x_0; f(x_0))$ an den Graphen der Funktion parallel zur Sekante durch $Q(3; f(3))$ und $R(0; f(0))$ verläuft! Zeichnen Sie die Graphen von Funktion, Se-kante und Tangente!

DA 88

Gegeben sei die Funktion $f(x) = x^2 - 1$.
Bestimmen Sie x_0 so, daß die Tangente an den Graphen von f(x) parallel zur Sekante durch die Punkte $R(-1; f(-1))$ und $S(2; f(2))$ verläuft!

DA 89

Gegeben ist eine im Intervall $[-2; 3]$ differenzierbare Funktion f, deren Graph durch die Punkte $A(-1; 0)$ und $B(2{,}5; 0)$ verläuft. Welche Zahl kommt dann mit Sicherheit im Wertebereich von f' vor?

DA 90

Bestimmen Sie Intervalle, in denen Nullstellen der Ableitung f'(x) liegen!

a) $f(x) = (x + 3)(x - 1)(2x - 5)$
b) $f(x) = x(x + 1)(x - 2)(x + 3)$

D 5 Anwendungen der Differentialrechnung

D 5.1 Untersuchung von Funktionen

D 5.1.1 Monotonieverhalten

DA 91 *(↗ Beispiel D 21, S. 109/110)*

Gegeben ist die Funktion $f(x) = \frac{1}{3}x^3 - \frac{3}{2}x^2 - 4x + 3$. Untersuchen Sie die Funktion f auf Monotonie!

DA 92

Untersuchen Sie folgende Funktionen auf Monotonie:

a) $f_1(x) = \frac{1}{3}x^3 + x^2 - \frac{5}{4}x - 2$
b) $f_2(x) = \frac{1}{6}x^3 - 2x^2 + 6x + 1$
c) $f_3(x) = \frac{3}{4}x^4 + x^3 - 3x^2$
d) $f_4(x) = -x^3 + 2x^2 - 4x$

DA 93

Untersuchen Sie folgende nichtrationale Funktionen auf Monotonie:

a) $f_1(x) = x(2 - \ln x)$
b) $f_2(x) = e^x(x - 4)$
c) $f_3(x) = 1 - 2\cos x$ in $[0; 2\pi]$
d) $f_4(x) = 2\sin\frac{x}{3} + 1$ in $[0; 6\pi]$

DA 94

Welche Aussagen kann man über das Monotonieverhalten der Funktion f_i treffen, wenn folgendes gilt:

a) f_1' besitzt zwei Nullstellen.
b) Der Graph von f_2' verläuft vollständig oberhalb der x-Achse.
c) $f_3'(x) = 0$ ist erfüllt für $x = -3$.
d) Der Graph von f_4' berührt die x-Achse an der Stelle $x_1 = 0$ und schneidet sie bei $x_2 = 4$.

Veranschaulichen Sie jeweils den entsprechenden Sachverhalt!

D 5.1.2 Extremstellen

DA 95 *(↗ Beispiel D 24, S. 114)*

Gegeben ist die Funktion f mit der Gleichung $f(x) = x^3 - 5x^2 - 8x + 2$.
Ermitteln Sie lokale Extremstellen der Funktion f, und bestimmen Sie die Art der Extrema! Geben Sie die Koordinaten der lokalen Extrempunkte an!

DA 96

Untersuchen Sie die Graphen nachfolgender Funktionen auf lokale Extrempunkte! Verfahren Sie wie in ***DA 95***!

a) $f_1(x) = (x + 4)(x - 3)$
b) $f_2(x) = \frac{1}{3}x^3 - 2x^2 - 5x$
c) $f_3(x) = \frac{3}{4}x^4 - x^3 - 3x^2$
d) $f_4(x) = 30 - 24x + 9x^2 - x^3$
e) $f_5(x) = 2x^4 - 32x^2 - 10$
f) $f_6(x) = \frac{1}{5}(x^5 - \frac{19}{3}x^3 - 4x)$

DA 97

Bestimmen Sie von folgenden gebrochenrationalen Funktionen lokale Extrema, und untersuchen Sie die Art der Extrema!

a) $f_1(x) = \frac{x^2 - 1}{x^2 + 1}$
b) $f_2(x) = \frac{2x^2 - 8}{x^2 + 2}$
c) $f_3(x) = \frac{x - 1}{x^2 + 4x - 2}$
d) $f_4(x) = \frac{x^2 - 3}{2x - 5}$

DA 98

Die Graphen nachfolgender Funktionen besitzen jeweils einen lokalen Extrempunkt. Berechnen Sie seine Koordinaten, und entscheiden Sie, ob es ein Maximumpunkt oder ein Minimumpunkt ist!

a) $f_1(x) = x \cdot e^x$
b) $f_3(x) = x^2 \cdot \ln x$
c) $f_2(x) = 3 - x + 2\sqrt{x}$
d) $f_4(x) = \sqrt{2x + 3} - x$

D 5.1.3 Wendestellen

DA 99 *(↗ Beispiel D 25, S. 116)*

Gegeben ist die Funktion f mit der Gleichung $f(x) = x^3 - 5x^2 - 8x + 2$. Untersuchen Sie f auf mögliche Wendestellen, und geben Sie die Koordinaten der Wendepunkte des Graphen von f an!

DA 100

Untersuchen Sie nachfolgende Funktionen auf Existenz von Wendestellen, und geben Sie die Koordinaten der Wendepunkte ihres Graphen an!

a) $f_1(x) = (x + 4)(x - 3)$
b) $f_2(x) = \frac{1}{3}x^3 - 2x^2 - 5x$
c) $f_3(x) = \frac{3}{4}x^4 - x^3 - 3x^2$
d) $f_4(x) = 30 - 24x + 9x^2 - x^3$
e) $f_5(x) = 2x^4 - 32x^2 - 10$
f) $f_6(x) = \frac{1}{5}(x^5 - \frac{19}{3}x^3 - 4x)$

DA 101 *(↗ Beispiel D 26, S. 117)*

Ermitteln Sie von den Graphen der folgenden Funktionen die Koordinaten der Wendepunkte, und geben Sie die Gleichung der Wendetangente an!

a) $f_1(x) = -\frac{1}{3}x^3 + \frac{2}{3}x^2 + 8x$
b) $f_2(x) = \frac{1}{2}x^4 + x^3$
c) $f_3(x) = x \cdot e^x$
d) $f_4(x) = \sin(2x + \frac{\pi}{4})\ ;\ 0 \le x \le \frac{\pi}{2}$

DA 102

Ermitteln Sie für die Graphen folgender Funktionen die lokalen Extrempunkte und die Wendepunkte! Untersuchen Sie die Art der Extrempunkte und das Krümmungsverhalten der Graphen in der Umgebung der Wendepunkte! Fertigen Sie eine Skizze der Graphen unter Nutzung der bisherigen Ergebnisse an!

a) $f_1(x) = 2x^3 + 4x^2 + 2x + 3$

b) $f_2(x) = x^4 - \frac{4}{3}x^3 - 4x^2$

c) $f_3(x) = \frac{4x^2 - 16}{4 + x^2}$

d) $f_4(x) = \frac{x^3 - 3x + 2}{x^2}$

DA 103

Durch die Graphen der Ableitungsfunktionen f', f'' und f''' wird eine Funktion f bezüglich ihrer Monotonie, der lokalen Extrema und der Wendestellen beschrieben.
Skizzieren Sie den möglichen Verlauf des Graphen von f !

a)

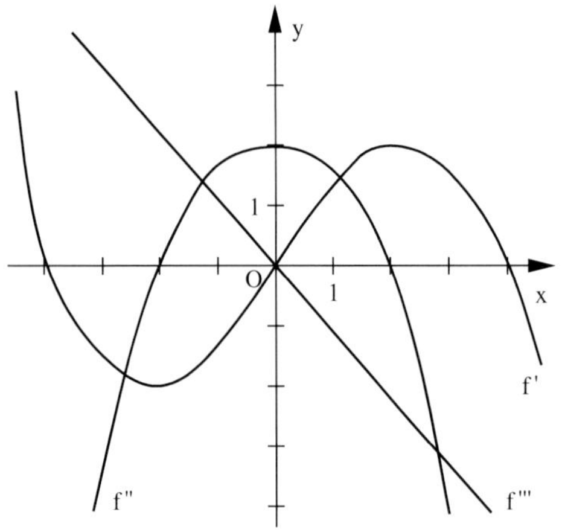

b)

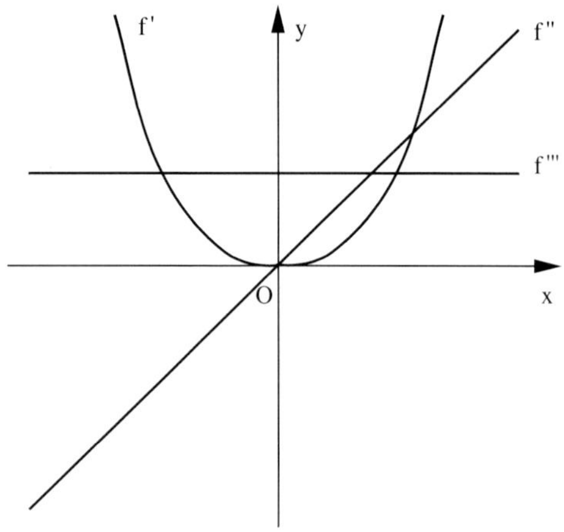

D 5.1.4 Verhalten im Unendlichen

DA 104 *(↗ Abschnitt D 5.1.4, S. 118; Beispiel D 27, S. 119)*

Untersuchen Sie das Verhalten der Funktion f(x) im Unendlichen!

a) *f(x) ist ganzrationale Funktion*
$f(x) = 3x^3 - 4x^2 + 7x$

b) *f(x) ist gebrochenrationale Funktion*
$f(x) = \frac{2x^3 + 4x^2 - 4}{4x^3 + 6x + 3}$

DA 105

Untersuchen Sie das Verhalten nachfolgender Funktionen im Unendlichen!

a) $f_1(x) = (x + 4)(x - 3)$

b) $f_2(x) = \frac{1}{3}x^3 - 2x^2 - 5x$

c) $f_3(x) = \frac{3}{4}x^4 - x^3 - 3x^2$

d) $f_4(x) = 30 - 24x + 9x^2 - x^3$

e) $f_5(x) = 2x^4 - 32x^2 - 10$

f) $f_6(x) = \frac{1}{5}(x^5 - \frac{19}{3}x^3 - 4x)$

DA 106

Untersuchen Sie das Verhalten folgender Funktionen im Unendlichen!

Geben Sie die Gleichung der Asymptoten an!

a) $f_1(x) = \frac{x^2 - 1}{x^2 + 1}$

b) $f_2(x) = \frac{2x^2 - 8}{x^2 + 2}$

c) $f_3(x) = \frac{x - 1}{x^2 + 4x - 2}$

d) $f_4(x) = \frac{x^2 - 3}{2x - 5}$

DA 107

Untersuchen Sie das Verhalten folgender Funktionen im Unendlichen! Besimmen Sie die Gleichungen der Asymptoten!

a) $f_1(x) = 3x^2 - x^3 - 2x^5$ b) $f_2(x) = \frac{4x - 3x^2}{3 + 4x}$

c) $f_3(x) = \frac{x^2 - 2}{3 - x^2}$ d) $f_4(x) = \frac{3}{10}\left(\frac{1}{2}x^4 - \frac{3}{8}x^2 + 9\right)$

e) $f_5(x) = \frac{2x^3 + 4x - 1}{5x^4 - 2x^2 + 1}$ f) $f_6(x) = \frac{2x^4 + x^3 - 1}{4x^3 - x^2}$

D 5.1.5 Definitionslücken

DA 108 *(↗ Beispiel D 28, S. 120)*

Untersuchen Sie die folgenden gebrochenrationalen Funktionen auf Existenz von Polstellen! Ermitteln Sie durch geeignete Funktionswertberechnungen das Verhalten der Funktion in der Umgebung der Polstellen!

a) $f_1(x) = \frac{x - 2}{x + 3}$ b) $f_2(x) = \frac{x^2 + x}{2x - 4}$

c) $f_3(x) = \frac{x}{x^3 + 2x^2}$ d) $f_4(x) = \frac{3x + 4}{x^2 + 2}$

e) $f_5(x) = \frac{2x - 1}{x^2 - 4}$ f) $f_6(x) = \frac{x^3 - 6x^2 + 9x - 4}{x^2 + 2x - 3}$

g) $f_7(x) = \frac{x + 1}{x^2}$ h) $f_8(x) = \frac{x^2 - 1}{x + 1}$

i) $f_9(x) = \frac{x^2 - 4}{x^3 + 2x^2}$

DA 109

Die in den oben angegebenen Teilaufgaben ***DA 108*** f, h und i genannten Funktionen besitzen Definitionslücken, die keine Polstellen sind. Untersuchen Sie das Verhalten der Funktionen in der Umgebung dieser Stellen!

D 5.1.6 Kurvendiskussion an Beispielen

DA 110 *(↗ Abschnitt D 5.1.6, S. 123 bis 125)*

Untersuchen Sie die Funktion $f(x) = x^4 - 5x^2 + 4$ und deren Graphen!

DA 111

Untersuchen Sie wie in Aufgabe ***DA 110*** folgende Funktionen:

a) $f_1(x) = 2x^2 - x^3 + 3x$ b) $f_2(x) = \frac{1}{10}(x^3 - 3x^2 - 24x + 26)$

DA 112

Stellen Sie von den in den Aufgabe ***DA 96***, ***DA 100*** und ***DA 105*** gegebenen Funktionen die bisher ermittelten Eigenschaften zusammen, ergänzen Sie die Nullstellen, und fertigen Sie eine Skizze der Graphen der Funktion an!

DA 113 *(↗ Abschnitt D 5.1.6, S. 125 bis 127)*

Untersuchen Sie die Funktion $f(x) = \frac{x^2 - 2}{3 - x^2}$!

DA 114

Untersuchen Sie wie in Aufgabe ***DA 113*** folgende Funktionen:

a) $f_1(x) = \frac{9 - x^2}{x^2 + 3}$ b) $f_2(x) = \frac{x^2 + 2x + 1}{x^2 + 1}$ c) $f_3(x) = \frac{x^2 - 5}{x - 3}$

DA 115

Vervollständigen Sie die in Aufgabe ***DA 97*** begonnene und in Aufgabe ***DA 106*** fortgesetzte Untersuchung von Funktionen durch die Berechnung von Nullstellen und Polstellen, und zeichnen Sie jeweils den Graphen der Funktion!

DA 116

Bestimmen Sie von den folgenden Funktionen Nullstellen, Koordinaten lokaler Extrempunkte und Wendepunkte! Zeichnen Sie die Graphen!

a) $f_1(x) = e^x(x^2 - 2x)$ b) $f_2(x) = x^2(\ln x - 1)$

c) $f_3(x) = e^{\frac{1}{2}x} + e^{-x}$ d) $f_4(x) = e^x(x - 4)$

e) $f_5(x) = x(2 - \ln x)$ f) $f_6(x) = (\ln x)^2$

DA 117

Berechnen Sie von den gegebenen Funktionen Nullstellen sowie lokale Extrempunkt- und Wendepunktkoordinaten im jeweils angegebenen Intervall! Zeichnen Sie den Graphen!

a) $f_1(x) = 2\sin x + \sin 2x \quad (-2\pi \leq x \leq 2\pi)$

b) $f_2(x) = \sin^3 x \quad (0 \leq x \leq 2\pi)$

c) $f_3(x) = \cos^2 x - \frac{1}{4} \quad (0 \leq x \leq 2\pi)$

d) $f_4(x) = \sin 2x + 2\cos x \quad (0 \leq x \leq 2\pi)$

DA 118

Ermitteln Sie von den folgenden Funktionen Definitionsbereich, Nullstellen und Koordinaten lokaler Extrempunkte! Untersuchen Sie jeweils das Verhalten der Funktion im Unendlichen, und zeichnen Sie den Graphen!

a) $f_1(x) = (x - 2) \cdot \sqrt{5 - x}$

b) $f_2(x) = x \cdot \sqrt{x + 2}$

c) $f_3(x) = (x - 3) \cdot \sqrt[3]{x^2}$

D 5.1.7 Ermittlung von Funktionsgleichungen

DA 119 *(↗ Beispiel D 31, S. 129)*

Wie lautet die Funktionsgleichung einer ganzrationalen Funktion 3. Grades, die an der Stelle $x_e = 2$ eine lokale Extremstelle hat, deren Punkt W(3; 8) Wendepunkt ist und die an der Stelle $x_t = 0$ eine Tangente mit dem Anstieg m = 24 besitzt?

DA 120 *(↗ Beispiel D 31, S. 129)*

Wie heißt die Funktionsgleichung einer ganzrationalen Funktion 4. Grades, die an der Stelle $x_s = 0$ einen Sattelpunkt und an der Stelle $x_e = 2$ eine lokale Extremstelle hat. Außerdem hat diese Funktion im Punkt P(1; –0,5) eine Tangente mit dem Anstieg m = –6.

DA 121

Ermitteln Sie die Funktionsgleichung!

a) Vom Graphen einer ganzrationalen Funktion dritten Grades sind folgende Punkte gegeben: $P_1(0; 1)$, $P_2(1; 0)$, $P_3(-1; -4)$, $P_4(2; -1)$.

b) Vom Graphen einer ganzrationalen Funktion dritten Grades sind folgende Punkte bekannt: $P_1(0; 3)$, $P_2(1; 1)$, $P_3(2; -3)$, $P_4(4; 7)$.

c) Vom Graphen einer ganzrationalen Funktion dritten Grades kennt man den lokalen Maximumpunkt H(1; 5) und den lokalen Minimumpunkt T(–1; 1).

d) Vom Graphen einer ganzrationalen Funktion dritten Grades kennt man den lokalen Maximumpunkt H(1; 6) und den lokalen Minimumpunkt T(3; 2).

e) Der Graph einer ganzrationalen Funktion dritten Grades hat im Koordinatenursprung einen Wendepunkt. Der Anstieg der Wendetangente ist $m = -0{,}9$. Gegeben ist außerdem der Punkt P(3; 0) dieser Funktion.

f) Beim Graphen einer ganzrationalen Funktion dritten Grades ist W(0; 3) ein Wendepunkt. Der Anstieg der Tangente im Punkt P(2; 9) ist $m = 11$.

g) Vom Graphen einer ganzrationalen Funktion dritten Grades sind der Wendepunkt W(3; –10) und der lokale Minimumpunkt T(5; –26) bekannt.

h) Vom Graphen einer ganzrationalen Funktion vierten Grades sind der Punkt P(0; 2) und der lokale Minimumpunkt T(1; 1) bekannt. Außerdem weiß man, daß der Graph achsensymmetrisch zur y-Achse liegt.

i) Der Graph einer ganzrationalen Funktion dritten Grades geht durch P(0; 1) und hat in W(1; –1) einen Wendepunkt; der Anstieg der Wendetangente ist $m = 2$.

j) Beim Graphen einer ganzrationalen Funktion vierten Grades ist T(–2; –5) lokaler Minimumpunkt, der Punkt S(0; 1) Terrassen- oder Sattelpunkt.

k) Der punktsymmetrisch zum Koordinatenursprung liegende Graph einer ganzrationalen Funktion dritten Grades hat in T(1; –3) einen lokalen Minimumpunkt.

l) Der punktsymmetrisch zum Koordinatenursprung liegende Graph einer ganzrationalen Funktion dritten Grades hat in P(2; 6) einen Tangentenanstieg von $m = 19$.

m) Eine ganzrationale Funktion f vierten Grades besitzt eine lokale Extremstelle $x_1 = 0$. Der Graph von f hat einen lokalen Minimumpunkt T(1; 0) sowie an der Stelle $x_2 = 2$ eine Tangente mit der Gleichung $y = 24x - 39$.

n) Eine ganzrationale Funktion vierten Grades hat bei $x_1 = -2$ eine lokale Extremstelle, ihr Graph in T(1; 1) einen lokalen Minimumpunkt sowie an der Stelle $x_m = 0$ eine Tangente mit der Gleichung $y = -4x + 5$.

o) Von einer ganzrationalen Funktion vierten Grades ist die Stelle $x_1 = 0$ eine lokale Extremstelle und die Stelle $x_2 = -1$ eine Terrassenpunktstelle. Außerdem besitzt der Graph der Funktion an der Stelle $x_m = -2$ eine Tangente mit der Gleichung $y = -24x - 47$.

D 5.2 Extremwertprobleme

DA 122 *(↗ Beispiele D 32/D 33, S. 130 bis 132)*

Vor einer Werkhalle soll ein rechteckiger Lagerplatz mit einer Fläche von 450 m^2 angelegt werden. Dazu ist der Platz an 3 Seiten zu umzäunen, an der vierten Seite begrenzt ihn die Werkhalle. Die Abmessungen des Lagerplatzes sollen so gewählt werden, daß die Gesamtlänge des Zaunes minimal wird. Berechnen Sie für diesen Fall Länge und Breite des Platzes und die Gesamtlänge des Zaunes!

DA 123

Es sind quaderförmige Behälter mit einem Volumen von 12 m^3 herzustellen, bei denen die Breite halb so groß wie ihre Länge ist. Welche Maße muß ein solcher Behälter haben, damit zu seiner Herstellung möglichst wenig Material verbraucht wird?

DA 124

Auf einem Baugrundstück, das die Form eines rechtwinkligen Dreiecks mit den Kathetenlängen 80 m und 100 m hat, soll eine Halle mit rechteckiger Grundfläche errichtet werden. Bei welchen Abmessungen wird die Hallenfläche am größten?

DA 125

Von einer rechteckigen Marmorplatte ist an einer Ecke ein Stück abgebrochen. Aus dieser Restplatte soll wieder ein rechteckiges Stück mit möglichst großer Fläche geschnitten werden. Wie groß sind dabei die Seiten zu wählen? (Maße siehe Skizze!)

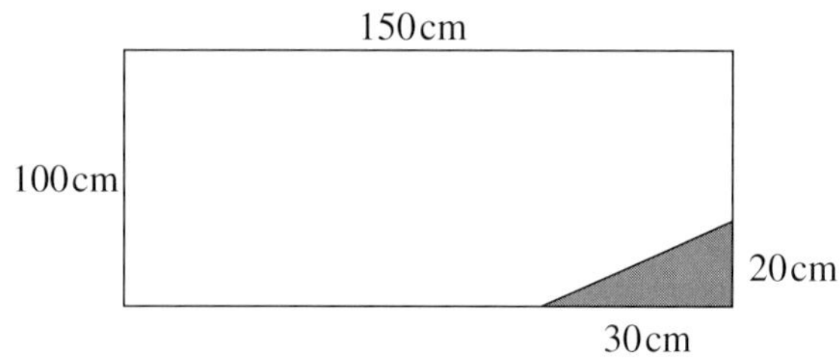

DA 126

Der Querschnitt eines 25 m langen Tunnels besteht aus einem Rechteck mit aufgesetztem Halbkreis (siehe Skizze). Der Umfang der Querschnittsfläche beträgt 18 m. Wie ist der Radius des Halbkreises zu wählen, damit das Tunnelvolumen möglichst groß ist?

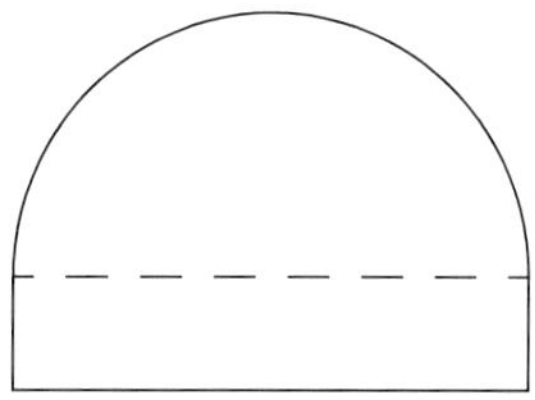

DA 127

Ein Kreisausschnitt PQM habe einen Flächeninhalt von $A = 100\,cm^2$. Bestimmen Sie den Radius r und die Länge des Kreisbogens b für den Fall, daß der Umfang des Kreisbogens minimal wird!

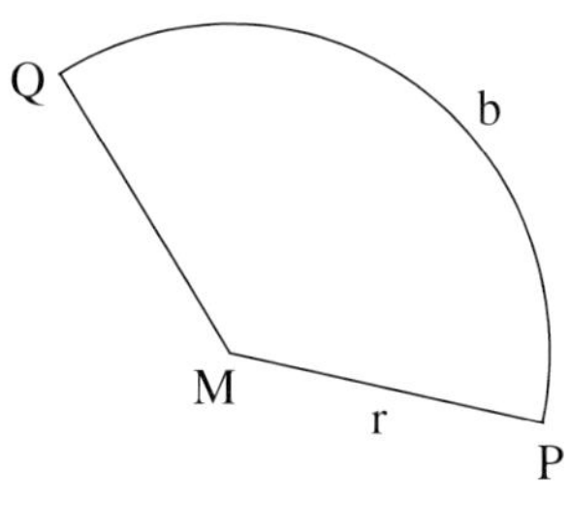

DA 128

An zwei geradlinig verlaufenden Straßen, die sich unter einem Winkel von 60° schneiden, liegen die Orte A 30 km und B 45 km von der Kreuzung S entfernt. Von A fährt ein Radfahrer R_1 mit einer Geschwindigkeit $v_1 = 10\ \text{km} \cdot \text{h}^{-1}$ in Richtung der Kreuzung. Von B fährt ein Radfahrer R_2 mit einer Geschwindigkeit $v_2 = 12\ \text{km} \cdot \text{h}^{-1}$ in Richtung der Kreuzung.

a) Bestimmen Sie die Abstände der beiden Radfahrer von der Kreuzung und den Abstand voneinander nach 40 Minuten !
b) Nach welcher Zeit ist der Abstand der Radfahrer voneinander am geringsten? Geben Sie diesen Abstand an! (Auf einen Nachweis des lokalen Extremums wird verzichtet)

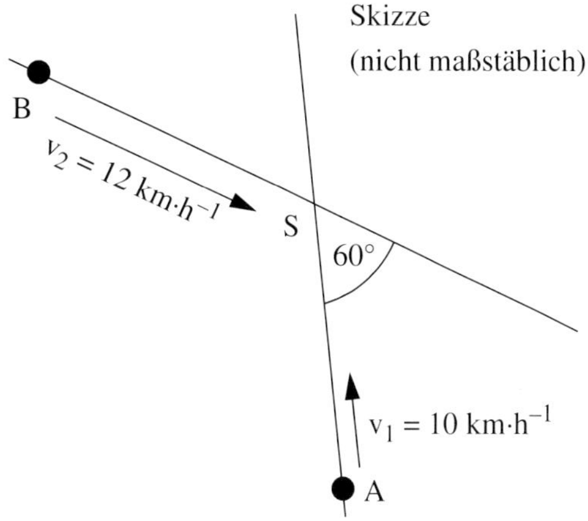

DA 129

Einem geraden Kreiskegel mit gegebenem Grundkreisdurchmesser d und Höhe h soll der gerade Kreiszylinder mit größtmöglichem Volumen einbeschrieben werden, so daß sein Grundkreis auf dem des Kreiskegels liegt. Bestimmen Sie für diesen Fall den Grundkreisradius, die Höhe des Kreiskegels und das Volumen!

DA 130

Einem geraden Kreiszylinder mit gegebenem Grundkreisdurchmesser d und Höhe h soll der Kreiskegel mit dem kleinsten Volumen umbeschrieben werden. Bestimmen Sie für diesen Fall Grundkreisradius, Höhe und Volumen des Kegels!

DA 131

Bestimmen Sie Grundkreisradius, Höhe und Volumen des Zylinders mit dem größtmöglichen Volumen, der sich in eine Kugel mit gegebenem Radius R einbeschreiben läßt!

DA 132

Ein zwei Meter langer Draht soll zu einem Kreissektor mit maximalem Flächeninhalt geformt werden. Welche Länge muß dann der Radius dieses Kreissektors haben?

DA 133

Ein Stück Draht, das den Umfang eines Kreises mit einem Radius von 12 cm bildet, soll so zerschnitten werden, daß mit ihm zwei Kreise geformt werden können. Wie groß sind die Radien dieser beiden Kreise, wenn die Summe der Flächeninhalte dieser beiden Kreise ein Minimum werden soll?

DA 134

Drei Bretter, die die gleiche Breite b haben, sollen zu einer Wasserrinne zusammengebaut werden, deren Querschnitt ein gleichschenkliges Trapez ist. Unter welchem Winkel müssen die Bretter zusammenstoßen, wenn das Fassungsvermögen maximal werden soll?

D 5.3 Näherungsverfahren zum Lösen von Gleichungen

DA 135 *(↗ Beispiel D 34, S. 133/134)*

Zeichnen Sie die Funktion $f(x) = \ln x - \frac{x}{4}$ im Intervall [0,1; 10] ! Bestimmen Sie die beiden Nullstellen auf 6 Stellen nach dem Komma genau! (Wählen Sie dazu zwei geeignete Startnäherungen, und arbeiten Sie nach dem Newtonverfahren!)

DA 136

Zeichnen Sie den Graphen der Funktion $y = f(x) = x^3 - 0{,}26x^2 - 0{,}28x + 5{,}568$ im Intervall [–3; 2]! Bestimmen Sie mittels Newtonverfahren die Nullstelle auf 6 Stellen nach dem Komma!

DA 137

Bestimmen Sie nach dem Newtonverfahren für die Funktion $y = f(x) = e^{0{,}5x} - 4\cos x$ die Nullstelle im Intervall [–2; –1] auf 6 Stellen nach dem Komma genau!

DA 138 *(↗ Beispiel D 35, S. 136)*

Bestimmen Sie mittels des allgemeinen Iterationsverfahrens die beiden Nullstellen der Funktion $f(x) = \ln x - \frac{x}{4}$ im Intervall [0,01; 10]! (Das Verfahren ist abzubrechen, wenn sich die vierte Stelle nach dem Komma stabilisiert hat.)

DA 139

Wie hoch stehen 500 Liter Flüssigkeit in einem kugelförmigen Behälter, dessen innerer Radius $r = 1$ m beträgt? Die Höhe h ist durch Näherung auf Zentimeter genau zu bestimmen!

DA 140

Ein Behälter besitzt die Form eines Kreiszylinders (mit quadratischem Achsenschnitt) mit aufgesetztem Kreiskegel. Die Gesamthöhe beträgt 12,00 m, das Volumen $192\pi\ \text{cm}^3$. Wie groß sind der Radius und die Höhe von Zylinder bzw. Kegel? (Näherung auf Zentimeter genau.)

DA 141

Ein Flächenstück, welches durch die Kurve der Funktion $f(x) = 2x^2 + 4x + 1$, ein Intevall der x-Achse, die Ordinate an der Stelle $x_1 = 1$ und eine zweite Ordinate (an einer Stelle $x_c > 1$) begrenzt wird, hat die Größe 35 LE. Wo befindet sich die zweite Ordinate? (Näherung auf 2 Stellen nach dem Komma genau.)

Hinweis: Das Lösen dieser Aufgabe setzt Kentnisse aus Abschnitt E 4 voraus.

DA 142

Bestimmen Sie mittels des allgemeinen Iterationsverfahrens die Nullstelle der Funktion $f(x) = x^3 - 0{,}26x^2 - 0{,}28x + 5{,}568$ im Intervall [–3; 2] auf 4 Stellen nach dem Komma genau!

DA 143

Bestimmen Sie mittels des allgemeinen Iterationsverfahrens die Nullstelle der Funktion $f(x) = e^{0{,}5x} - 4\cos x$ im Intervall [–2; –1] auf 4 Stellen nach dem Komma genau!

E Integralrechnung

E 1 Das unbestimmte Integral

E 1.1 Der Begriff *Stammfunktion*

EA 1 *(↗ Beispiel E 1, S. 137)*

Bestimmen Sie je eine Stammfunktion zu den Funktionen mit den folgenden Gleichungen, und überprüfen Sie das Ergebnis durch Differentiation:

a) $f(x) = x^4$ b) $f(x) = 3x^2$

EA 2

Ermitteln Sie je eine Stammfunktion zu den Funktionen mit den folgenden Gleichungen, und überprüfen Sie das Resultat. [1)]

a) $f_1(x) = 10x$ b) $f_2(x) = -4x$ c) $f_3(a) = 0{,}4a$ d) $f_4(a) = -5b$

e) $f_5(x) = 4x + 1$ f) $f_6(b) = -3b - 2$ g) $f_7(x) = 4(x + 3)$ h) $f_8(b) = -6(b - 3)$

i) $f_9(x) = (x - 1)(x + 1)$ j) $f_{10}(k) = 3k + x$ k) $f_{11}(x) = \frac{1}{2\sqrt{x}}$ l) $f_{12}(z) = \frac{3}{2\sqrt{z}}$

m) $f_{13}(x) = \frac{1}{3\sqrt[3]{x^2}}$ n) $f_{14}(p) = \frac{4}{3\sqrt[3]{p^2}}$ o) $f_{15}(x) = \frac{x^4 - x^2 - 1}{x^2}$ p) $f_{16}(r) = \frac{ar^2 + a^2 r}{r}$

q) $v(t) = g \cdot t$ r) $a(t) = g$

EA 3

Die Funktion F mit der nachfolgend angegebenen Gleichung sei jeweils Stammfunktion von Funktion f. Ermitteln Sie f!

a) $F_1(x) = \frac{1}{5}x^5 - 2x - \frac{1}{3x^3}$ b) $F_2(a) = \frac{3}{4}x^4 - ax$ c) $F_3(t) = \frac{5}{2}t^2 + 4t - \frac{1}{t^2}$

d) $F_4(x) = (a + x)\cdot(b + x)$ e) $F_5(s) = (1 - x)\cdot s$

EA 4

Überprüfen Sie, ob die nachfolgend angegebene Funktion F_i jeweils eine Stammfunktion von f_i ist:

a) $F_1(x) = \frac{1}{2}x^6 - \frac{1}{3}x^3 + x^2 + 1$ $f_1(x) = x(3x^4 - x + 2)$

b) $F_2(x) = \frac{1}{2}\sqrt{x} + 7x$ $f_2(x) = \frac{1}{4\sqrt{x}} + 7$

c) $F_3(a) = x^5 a - 3$ $f_3(a) = 5x^4 a$

d) $F_4(t) = \frac{x^2 - 5}{x - 3}t$ $f_4(t) = \frac{x^2 - 5}{x - 3}$

e) $F_5(x) = \frac{1}{3}x^3 - \frac{1}{2}x^2 - 12x + a$ $f_5(x) = (x - 4)(x + 3)$

f) $F_6(d) = 2d^5 - 2d^4 + 3d^2 - 3d$ $f_6(d) = 10d^4 - 8d^3 + 6d$

[1)] Wir setzen hier und im folgenden – wenn nicht anders vermerkt – stets voraus:

- Nenner $\neq 0$
- Basis von Potenzen mit gebrochenen Exponenten > 0

g) $F_7(x) = \frac{x^2+2}{3x}$ $f_7(x) = \frac{x^2-2}{3x^2}$

h) $F_8(x) = \frac{x+2}{3x^2}$ $f_8(x) = \frac{-x-4}{3x^3}$

EA 5

Geben Sie je drei Stammfunktionen zu den Funktionen f_i an, und skizzieren Sie deren Graphen in jeweils ein gemeinsames Koordinatensystem!

a) $f_1(x) = 2x - 3$ b) $f_2(x) = 3x^2$ c) $f_3(x) = 4$ d) $f_4(x) = 4x^3$

EA 6

Zeigen Sie, daß $F_1(x) = x(\frac{3}{2}x + 4)$ und $F_2(x) = \frac{3}{2}x^2 + 4x - \frac{9}{2}a$ Stammfunktionen von $f(x) = 3x + 4$ sind!
Gilt diese Aussage auch für $F_3(x) = x(x^2 - 9)$ und $F_4(x) = x(x+3)(x-3) - 3$ bezüglich $f(x) = 3x^2 - 9$?

E 1.2 Der Begriff *unbestimmtes Integral*

E 1.3 Regeln für das Ermitteln von unbestimmten Integralen

E 1.4 Beispiele für das Ermitteln von unbestimmten Integralen

EA 7 *(↗ Beispiele E 4 bis E 7, S. 139 bis 142)*

a) Ermitteln Sie die Menge aller Stammfunktionen für die Funktion f mit der Gleichung $f(x) = x^2 - 2x + 3$!
b) Ermitteln Sie das folgende unbestimmte Integral: $\int (3x + a)\,dx =$

EA 8

Ermitteln Sie jeweils die Menge aller Stammfunktionen für die Funktionen mit nachfolgenden Gleichungen:

a) $f(x) = \frac{1}{2} - 3x + 4x^3$ b) $f(a) = a^2x - \frac{a}{x}$ c) $g(t) = t - \frac{1}{\sqrt{t}} - 3$

d) $f(r) = (r + \frac{1}{r})(r - \frac{1}{r})$ e) $f(x) = 4x(x^2 - 5)$ f) $h(s) = ax + as - 3$

g) $f(b) = ab + ax$ h) $f(x) = x^3 - 3x^2 - x$ i) $g(h) = \frac{3}{ch^2}$

j) $f(r) = (r-1)(r+1)$ k) $g(t) = \frac{1}{t^2} - \frac{1}{t^3} + t$ l) $f(x) = 2x^{10} - 5x^4$

EA 9

Bestimmen Sie folgende unbestimmte Integrale:

a) $\int (x^2 - 1)\,dx$ b) $\int at\,dt$ c) $\int (x^2 + 3x + 1)\,dx$

d) $\int (\sqrt{a} - x\sqrt{b})\,dx$ e) $\int \frac{1}{2}\sqrt{x}\,dx$ f) $\int (x + \frac{1}{x^2} + \frac{1}{x^3})\,dx$

g) $\int \frac{dx}{\sqrt[3]{x^2}}$ h) $\int (\sqrt{x} + \sqrt[3]{x} - \sqrt[4]{x} + 4)\,dx$ i) $\int (\frac{3}{x^4} + \frac{2}{x^3} + \frac{1}{x^2})\,dx$

j) $\int (ab + b^4)\,db$ k) $\int (t-2)^2\,dt$ l) $\int \frac{12dx}{5x^5}$

EA 10

Bestimmen Sie den Integranden in folgenden Gleichungen:

a) $\int f(x)\,dx = 7x^2 - c$ b) $\int f(x)\,dx = \frac{-1}{\sqrt{x}} + b$ c) $\int f(x)\,dx = \sqrt{x} + a$

d) $\int f(a)\,da = \sqrt{x} + a$ e) $\int f(t)\,dt = t^{-5} + 2t^2 - c$ f) $\int f(x)\,dx = ax + c$

g) $\int f(b)\,db = b^2 + 2b + c$ h) $\int f(x)\,dx = \frac{1}{x^4} - \frac{1}{x^2} + c$ i) $\int f(x)\,dx = \frac{x}{\pi} - \pi$

j) $\int f(s)\,ds = 7s^3 - \frac{s^2}{4} + c$ k) $\int f(x)\,dx = \sqrt{x} + \frac{1}{\sqrt{a}}$ l) $\int f(x)\,dx = \sqrt{x} + a$

EA 11

a) Beweisen Sie die Summenregel für unbestimmte Integrale (Satz E 4, Teil 2)!

b) Beweisen Sie durch vollständige Induktion die Gültigkeit dieser Summenregel für n Summanden $(n > 2)$!

EA 12

Stellen Sie die Funktionen $F_1(x) = -x^2$, $F_2(x) = -x^2 + 1$, $F_3(x) = -x^2 - 1$ und $F_4(x) = -x^2 + 3$ graphisch dar ! Zeigen Sie, daß die Tangenten in Punkten mit demselben Abszissenwert x bei allen vier Graphen parallel zueinander verlaufen und den Anstieg $f(x) = -2x$ besitzen!

EA 13

Ermitteln Sie die Gleichung derjenigen Stammfunktion von $f(x) = 2x - 3$, die an der Stelle -1 den Funktionswert $\frac{9}{2}$ hat!

EA 14

Bestimmen Sie diejenige Stammfunktion von f, welche die angegebene Bedingung erfüllt!

a) $f(x) = x^2 + 3$ $F(1) = 4$ b) $f(x) = \frac{x}{10}$ $F(0) = 4$

c) $f(x) = (x^2 - 1)(x^2 + 1)$ $F(1) = \frac{3}{5}$ d) $f(x) = \sqrt[4]{x}$ $F(1) = \frac{4}{5}$

e) $f(t) = \frac{\pi}{2}t - \frac{\pi}{3}$ $F(1) = \pi$ f) $f(a) = 0{,}6a^2 - \frac{1}{5}a + 1$ $F(0) = 0$

g) $f(x) = \frac{1}{2\sqrt{x}}$ $F(9) = 2$ h) $f(b) = \frac{1}{b^2}$ $F(7) = \frac{6}{7}$

EA 15

Geben Sie zu der Funktion f die Stammfunktionen F_1 und F_2 mit $F_1(0) = 0$ bzw. $F_2(0) = 2$ an!

a) $f(x) = -x^2 + 4x$ b) $f(x) = 2x$

c) $g(t) = x^3 + x^2 - 2x$ d) $f(x) = \frac{1}{\sqrt{x}} + 2x$

e) $f(x) = x^2 - 2x + 1$ f) $f(x) = (x - 1)^2$

EA 16

Die Funktion f mit $f(x) = x^3 - 2x^2 + 1$ hat eine Stammfunktion, deren Graph durch den Punkt P (1; 2) verläuft. Ermitteln Sie die Gleichung dieser Stammfunktion!

EA 17

Geben Sie Stammfunktionen von f mit $f(x) = -2x + 3$ an, die nur negative Funktionswerte annehmen!

EA 18

Gegeben ist die Funktion $f(x) = x^2 - 2x$.

a) Ermitteln Sie die Stammfunktion F_1 von f, die an der Stelle 1 den Funktionswert $\frac{1}{3}$ annimmt!

b) Welchen Anstieg hat F_1 im Punkt $P(1; \frac{1}{3})$?

c) Ermitteln Sie die Stammfunktion F_2 von f, deren Graph auf der Geraden y = 1 einen Wendepunkt hat!

EA 19

Berechnen Sie den Parameter a ($a \in \mathbb{R}$) so, daß F eine Stammfunktion von f ist!

a) $F(x) = ax^3 + 3x^2 + 7x$

$f(x) = (x + 3)^2 - 2$

b) $F(x) = \frac{1}{3}ax^3 - ax^2$

$f(x) = \frac{x^4 - 2x^3}{5x^2}$

E 2 Das bestimmte Integral

E 2.1 Inhalt der Fläche unter der Normalparabel / E 2.2 Der Begriff *bestimmtes Integral*

EA 20 *(↗ Beispiel E 9, S. 151)*

Berechnen Sie das bestimmte Integral $\int_{-1}^{2} (x^2 + 2)\,dx$! Verwenden Sie dazu die Definition E 3!

EA 21

Berechnen Sie analog zu Aufgabe EA 20 die folgenden bestimmten Integrale:

a) $\int_{-2}^{2} (-x^2 + 4)\,dx$ b) $\int_{0}^{2} (2x + 1)\,dx$ c) $\int_{0}^{1} (x^3 + 1)\,dx$ d) $\int_{1}^{3} 4x^2\,dx$

EA 22

Berechnen Sie elementargeometrisch den Inhalt der jeweils markierten Fläche:

a)

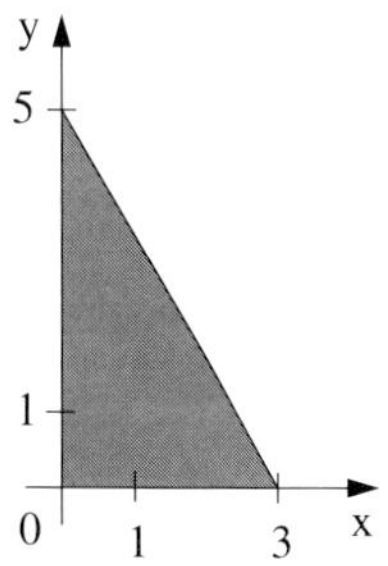

b)

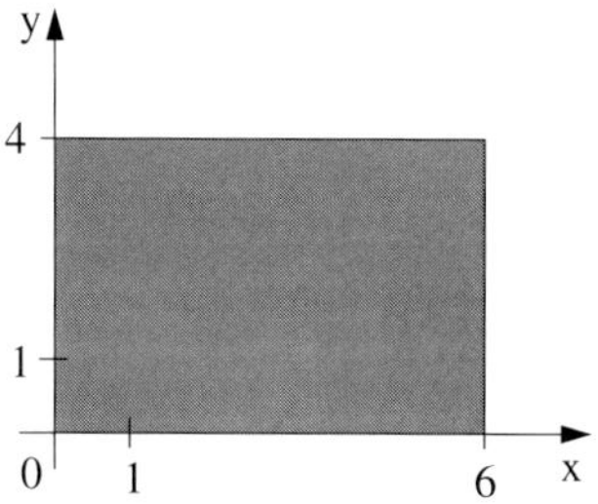

c)

EA 23

Berechnen Sie den Inhalt der Fläche unter der Normalparabel (Graph der Funktion $f(x) = x^2$) in folgenden Intervallen. Verwenden Sie dazu die Ihnen bekannte Formel $A = A_2 - A_1 = \frac{b^3}{3} - \frac{a^3}{3}$.

a) [1; 3] b) [0; 5] c) [–2; 0] d) [–1; 1]

EA 24
(↗ *Beispiel E 10, S. 152)*

Überprüfen Sie, ob sich die folgenden bestimmten Integrale als Flächeninhalt deuten lassen. Begründen Sie knapp Ihre Entscheidung!

a) $\int_1^3 (-3x + 3)\,dx$ b) $\int_1^4 (\frac{1}{2}x - 1)\,dx$ c) $\int_{-2}^1 (x^2 + 2)\,dx$

EA 25
(↗ *Beispiel E 11, S. 153)*

Geben Sie den Inhalt der markierten Fläche mit Hilfe bestimmter Integrale an:

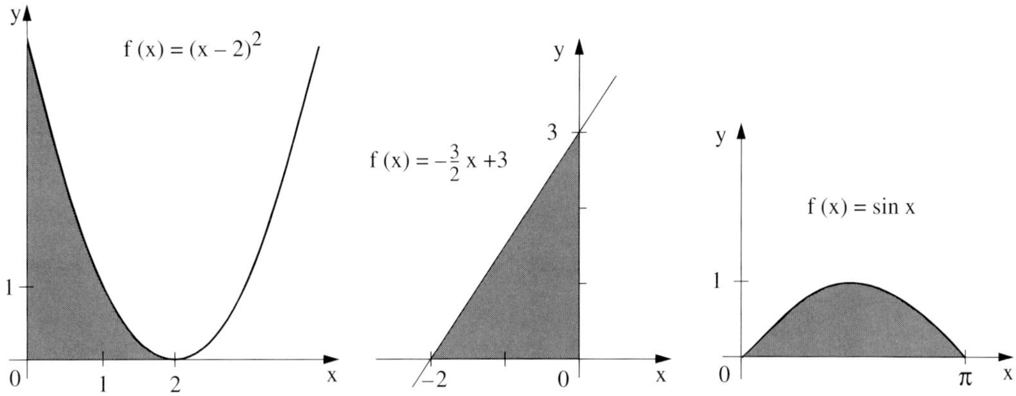

EA 26

Geben Sie den Inhalt der markierten Flächen aus Aufgabe EA 22 mit Hilfe bestimmter Integrale an!

EA 27

Wie verändert sich der Flächeninhalt unter dem Graphen der Funktion f im Intervall [0; a] mit $a > 0$, wenn die Intervallänge auf [0; 2a] verdoppelt wird?

a) $f(x) = x$ b) $f(x) = x^2$ c) $f(x) = 2x$ d) $f(x) = x^3$

EA 28

Gegeben ist die Funktion $f(x) = x^2$. Welchen Wert hat b, wenn

a) die Fläche unter dem Graphen der Funktion f im Intervall [0; b] den Inhalt 72 FE besitzt,

b) die Fläche unter dem Graphen der Funktion f im Intervall [2; b] den Inhalt 39 FE hat?

EA 29

Überprüfen Sie, ob folgende Gleichungen wahre Aussagen sind, und begründen Sie knapp Ihre Entscheidung:

a) $\int_2^3 x(x^2 - x)\,dx - \int_4^3 \frac{x^5 - x^4}{x^2}\,dx + \int_4^2 x^2(x - 1)\,dx = 0$

b) $\int_0^5 (x^2 - 1)\,dx = -\int_5^0 (x + 1)(x - 1)\,dx$

c) $\int_2^4 \frac{x^4 - x^2}{x^2}\,dx - \int_4^2 x^2(1 - \frac{1}{x^2})\,dx = 0$

E 2.3 Begriffserweiterung und Eigenschaften des bestimmten Integrals

EA 30 *(↗ Beispiel E 14, S. 156)*

Berechnen Sie unter Anwendung von Definition E 5 und E 6 sowie Satz E 7:

a) $\int_c^d (x-c)^2\,dx + \int_d^c x^2\,dx - c\int_c^d (-2x+c)\,dx =$

b) $\int_{-2}^3 (2x+4)\,dx - 2\cdot\int_7^4 (x+2)\,dx - \frac{1}{2}\cdot\int_4^3 (4x+8)\,dx =$

EA 31

Berechnen Sie - auf möglichst günstige Weise - die folgenden bestimmten Integrale:

a) $\int_1^1 x\,dx$

b) $\int_0^0 t^7\,dt$

c) $\int_\pi^\pi x^2\,dx$

d) $\int_{-3}^{-3} (a^2+a+2)\,da$

e) $\int_0^x b\,db$

f) $\int_b^0 x\,dx$

g) $\int_0^b z\,dz$

h) $\int_0^0 (x^4+1)\,dx$

i) $\int_1^3 (x^2+1)\,dx + \int_3^1 (x^2+1)\,dx$

j) $\int_2^5 (\frac{1}{x}+2)\,dx + \int_5^2 (\frac{1}{x}+2)\,dx$

k) $\int_1^4 x\,(x^2+x+1)\,dx + \int_4^7 (x^3+x^2+x)\,dx + \int_7^1 (x^3+x^2+x)\,dx$

l) $\int_0^1 x^3\,dx - \int_3^1 x^3\,dx + \int_3^5 x^3\,dx$

E 3 Beziehungen zwischen bestimmtem und unbestimmtem Integral

E 3.1 Das bestimmte Integral als Funktion der oberen Integrationsgrenze

E 3.2 Hauptsatz der Differential- und Integralrechnung

EA 32 *(↗ Abschnitt E 3.1, S. 157/158)*

Ermitteln Sie jeweils das bestimmte Integral als Funktion der oberen Integrationsgrenze!

a) $\Phi(x) = \int_0^x t\,dt$

b) $\Phi(a) = \int_0^a 3x^2\,dx$

EA 33

Ermitteln Sie für nachfolgende Integrale die Integralfunktion:

a) $\int_0^a dx =$ b) $\int_0^x (-3)\, da =$ c) $\int_0^t (ax^2 + bx + c)\, dx =$

d) $\int_0^x (2 + v^3 + v^4 + v^5)\, dv =$ e) $\int_0^c k \cdot \frac{1}{x^5}\, dx =$ f) $\int_0^a \frac{x^3 - x^2 + 4}{x^2}\, dx =$

g) $\int_0^x (a-1)(a+1)\, da =$ h) $\int_0^x \left(\frac{2}{z^4} - \frac{3}{z^5} + \frac{1}{z^6}\right) dz =$ i) $\int_0^t x \cdot x^{-4}\, dx =$

j) $\int_0^a \frac{w^4}{z^2}\, dz =$ k) $\int_0^x \frac{t}{10}\, dt =$ l) $\int_0^a x^n\, dx =$

EA 34

Berechnen Sie folgende bestimmte Integrale nach dem Hauptsatz der Differential- und Integralrechnung:

a) $\int_a^x t^2\, dt =$ b) $\int_2^b (a-2)\, da =$

EA 35

Berechnen Sie folgende bestimmte Integrale:

a) $\int_a^b \pi\, dx =$ b) $\int_r^s (3x-4)\, dx =$ c) $\int_1^x at^2\, dt =$ d) $\int_2^a ct \cos\alpha\, dc =$

e) $\int_a^5 (x+2)^2\, dx =$ f) $\int_0^x (t^2-1)(t^2+1)\, dt =$ g) $\int_1^3 (x^2+ax)^2\, da =$ h) $\int_5^7 \sqrt{a}\, dx =$

EA 36

Berechnen Sie möglichst rationell:

a) $\int_1^2 (x+2)^2\, dx - \int_1^2 (x-2)^2\, dx =$

b) $\int_1 (a+bx)\, dx - \int_1 (a-bx)\, dx =$

c) $\int_0^3 (1-3t)\, dt + \int_0^3 (1+3t)\, dt =$

d) $2 \cdot \int_{-1}^2 (x+2)\, dx - \int_{-1}^2 (2x-4)\, dx =$

e) $\int (\frac{1}{3}x^3 - 2x^2 + \frac{1}{6}x + 2)\, dx - \int (\frac{1}{3}x^3 + 2x^2 - \frac{1}{6}x + 2)\, dx =$

f) $\int \frac{1}{x^4}\, dx + \int \frac{2}{x^4}\, dx =$

E 4 Berechnung bestimmter Integrale

EA 37 *(↗ Beispiele E 16/E 17, S. 160/161)*

Berechnen Sie folgende bestimmte Integrale:

a) $\int_3^5 (x^2 - 3)\,dx$

b) $\int_{-1}^4 t \cdot \sin\alpha\,dt$

EA 38

Berechnen Sie die folgenden bestimmten Integrale:

a) $\int_0^2 x\,dx =$

b) $\int_0^3 dx =$

c) $\int_0^1 \frac{1}{3}x\,dx =$

d) $\int_{-1}^0 -2\,da =$

e) $\int_{-5}^1 x^2\,dx =$

f) $\int_1^2 \frac{3}{x^2}\,dx =$

g) $\int_1^3 4t^{-3}\,dx =$

h) $\int_0^1 (5a + a)\,da =$

i) $\int_0^3 (3x^2 + 4x + 5)\,dx =$

j) $\int_1^2 (x^3 - 3x^2 + 3x - 1)\,dx =$

EA 39

Berechnen Sie die folgenden bestimmten Integrale:

a) $\int_{-2}^1 (5x^4 - \frac{1}{5}x^2 - 3)\,dx =$

b) $\int_0^b ab\,da =$

c) $\int_1^4 \frac{1}{2\sqrt{x}}\,dx =$

d) $\int_1^4 (\sqrt{x} + x)\,dx =$

e) $\int_1^4 5\sqrt[4]{x}\,dx =$

f) $\int_0^2 \cos\alpha\,dt =$

g) $\int_0^1 2v^{\frac{1}{4}}\,dv =$

h) $\int_{-3}^{-1} (5 + b)\,db =$

i) $\int_{-1}^0 (x^3 + x^2)\,dx =$

j) $\int_{-1}^2 (t - 2)^2\,dt =$

k) $\int_0^a ab^2\,db =$

l) $\int_0^a ab^2\,dx =$

EA 40

Ermitteln Sie k ($k \in \mathbb{R}$) so, daß gilt:

a) $\int_1^k (x - 2)\,dx = \frac{3}{2}$

b) $\int_1^k 2(2x - 1)\,dx = \frac{1}{2}$

EA 41

Bestimmen Sie aus nachfolgenden Gleichungen jeweils k ($k \in \mathbb{R}$):

a) $\int_0^k x\,dx = 8$

b) $\int_0^k (x + 3)\,dx = 8$

c) $\int_0^k dx = 3\int_0^1 dx$

d) $\int_{-k}^0 t^2\,dt = 2$

EA 42

Bestimmen Sie aus nachfolgenden Gleichungen jeweils k ($k \in \mathbb{R}$):

a) $\int_0^3 (x^2 + k)\,dx = 15$

b) $\int_{-2}^0 (x^4 + k)\,dx = \frac{2}{5}$

c) $\int_0^2 2a\,da = \int_0^k x^3\,dx$

d) $\int_1^5 kt\,dt = 60$

EA 43

Ermitteln Sie die Nullstellen der folgenden Funktionen, und berechnen Sie das bestimmte Integral dieser Funktionen in dem durch die Nullstellen gegebenen Intervall:

a) $f(x) = -2\,[(x-2)^2 - 16]$
b) $f(x) = (x^2 + 4)(x^2 - 4)$
c) $f(x) = x^3 + 3x^2$
d) $f(x) = \frac{1}{2}x^2 - 4x + \frac{15}{2}$

EA 44

Beweisen Sie a) die Faktorregel b) die Summenregel der Integralrechnung (Satz E11)!

E 5 Weitere Integrationsmethoden

E 5.1 Integration durch lineare Substitution

EA 45 (↗ Beispiel E 19, S. 163)

Ermitteln Sie folgende unbestimmte Integrale (Geben Sie zuvor in Kurzform die bei derartigen Integranden verwendbare Regel an!):

a) $\int (2x-1)^{10}\,dx =$
b) $\int \frac{1}{(ax+b)^5}\,dx =$

EA 46

Bestimmen Sie:

a) $\int (3x-2)^4\,dx =$
b) $\int \frac{1}{(2x+1)^2}\,dx =$
c) $\int \sqrt{5a-1}\,da =$
d) $\int (1 - \frac{1}{5}x)^3\,dx =$
e) $\int \frac{dt}{(3-2t)^3} =$
f) $\int 2 \cdot \sqrt[3]{1-x}\,dx =$

EA 47

Berechnen Sie folgende bestimmte Integrale:

a) $\int_0^2 (2x+1)^2\,dx =$
b) $\int_{-1}^0 \frac{1}{(1-x)^2}\,dx =$
c) $\int_{-1}^2 (4a+1)^3\,da =$
d) $\int_0^1 \sqrt{5x+3}\,dx =$
e) $\int_0^3 (\frac{1}{6}x+2)^4\,dx =$
f) $\int_{-1}^1 \frac{dt}{(2-t)^3} =$
g) $\int_{-1}^1 \sqrt{(2x+5)^3}\,dx =$
h) $\int_{-2}^3 (\frac{1}{2} - z)^3\,dz =$
i) $\int_1^3 \sqrt[3]{(4x-3)^2}\,dx =$
j) $\int_{-3}^2 \frac{dt}{\sqrt{7-3t}} =$
k) $\int_{-1,5}^{0,5} (\sqrt{1-2x} + 4)\,dx =$
l) $\int_0^1 (\frac{1-3a}{2})\,da =$

EA 48

Es sei f eine gerade Funktion. Zeigen Sie, daß dann $\int_{-a}^{a} f(x)\,dx = 2 \cdot \int_0^a f(x)\,dx$ gilt.
Veranschaulichen Sie diese Formel an Hand geeigneter Beispiele!

EA 49

Es sei g eine ungerade Funktion. Zeigen Sie, daß dann $\int_{-a}^{a} g(x)\,dx = 0$ gilt! Veranschaulichen Sie diese Formel an Hand geeigneter Beispiele!

EA 50

Überprüfen Sie, ob eine der folgenden beiden Aussagen wahr ist:

a) „Die Integralfunktion einer geraden Funktion ist stets eine gerade Funktion."

b) „Die Integralfunktion einer ungeraden Funktion ist stets eine gerade Funktion."

EA 51

Bestimmen Sie k (k ∈ ℝ), so daß gilt:

a) $\int_k^1 (3x-1)^4\,dx = \frac{32}{15}$ b) $\int_{-2}^k (2t-3t^2)\,dt = -12$ c) $\int_1^2 (k-2x)^3\,dx = 10$

E 5.2 Partielle Integration

EA 52 *(↗ Beispiel E 20, S. 163)*

Bestimmen Sie das folgende unbestimmte Integral mittels partieller Integration:

$\int (1-x^3)\cdot 3x^2\,dx =$

EA 53

Berechnen Sie mittels partieller Integration:

a) $\int (5x^2-2)\cdot 4x\,dx =$ b) $\int_1^3 4x^3\cdot(7-\frac{1}{4}x^2)\,dx =$ c) $\int_{-2}^1 2a^3\cdot(6a^3-4)\,da =$

E 6 Anwendungen der Integralrechnung

E 6.1 Berechnung von Flächeninhalten

EA 54 *(↗ Beispiel E 21, S. 164)*

Berechnen Sie den Inhalt der Fläche zwischen dem Graphen der Funktion f_i und der x-Achse im angegebenen Intervall!

a) $f_1(x) = 4x - \frac{1}{2}x^2$; [1; 6] b) $f_2(x) = \sqrt{x} - 2{,}5$; [1; 5] c) $f_3(x) = -x^3 + 3x^2 + 4x$; [– 1; 3]

EA 55

Berechnen Sie den Inhalt der Fläche zwischen dem Graphen der Funktion f_i und der x-Achse im angegebenen Intervall!

a) $f_1(x) = 5x + 15$ [–2; –1]

b) $f_2(x) = \frac{1}{4}x^2 + x - 3$ [–4; –1]

c) $f_3(x) = 0{,}5x^2 - 2x - 2{,}5$ [1; 7]

d) $f_4(x) = x^3 - 9x$ [–2; 2]

e) $f_5(x) = -x^3 + 3x^2 + 4x$ [1; 6]

f) $f_6(x) = 3 - \sqrt{x}$ [3; 5]

g) $f_7(x) = \sqrt{x} - 2{,}5$ [1; 5]

h) $f_8(x) = \sqrt{x-2} - 1{,}5$ [3; 6]

i) $f_9(x) = \frac{1}{(x+3)^2} - 1$ [0; 5]

EA 56 *(↗ Beispiel E 22, S. 165 bis 167)*

Durch den Graphen der Funktion f_i und die x-Achse wird ein Flächenstück vollständig begrenzt. Berechnen Sie den Inhalt dieser Fläche!

a) $f_1(x) = (\frac{1}{2}x - 1)^2 - \frac{9}{4}$ b) $f_2(x) = 2x^3 - 8x$

EA 57

Der Graph der Funktion f_i und die x-Achse begrenzen eine Fläche vollständig. Berechnen Sie den Inhalt dieser Fläche!

a) $f_1(x) = -x^2 + 4$ b) $f_2(x) = -\frac{1}{2}x^2 + 4{,}5$ c) $f_3(x) = -x^2 - 6x - 5$

d) $f_4(x) = 5x^2 - x^3$ e) $f_5(x) = x^4 - 8x^2 + 16$ f) $f_6(x) = x^2 - 4x - 5$

g) $f_7(x) = x^2 - 6x$ h) $f_8(x) = x(x + 4)$ i) $f_9(x) = x^3 - 3x^2$

j) $f_{10}(x) = (x - 4)\sqrt{x}$

EA 58

Berechnen Sie den Inhalt der Fläche, die durch den Graphen der Funktion f_i und der x-Achse vollständig begrenzt wird!

a) $f_1(x) = 3x^3 - 12x$ b) $f_2(x) = -x^3 + 6x^2 - 5x$ c) $f_3(x) = x^3 - 8x^2 + 15x$

d) $f_4(x) = x^4 - 10x^2 + 9$ e) $f_5(x) = x^5 + x^3 - 12x$ f) $f_6(x) = x^3 - 9x$

g) $f_7(x) = (\sqrt{5 - x})(x - 2)$ h) $f_8(x) = x^5 - 10x^3 + 9x$ i) $f_9(x) = x^3 - 6x^2 + 8x$

j) $f_{10}(x) = x^3 - x^2 - 4x + 4$

EA 59

Der Graph der gegebenen Funktion, die x-Achse und die Gerade x = a begrenzen ein Flächenstück vollständig. Berechnen Sie den Inhalt der Fläche!

a) $f(x) = x^2 - 2$ $a = -1$ b) $g(x) = 0{,}5x^3 + 4$ $a = 2$

c) $h(x) = \sqrt{x + 2}$ $a = 4$ d) $k(x) = (x^2 - 9)(x + \frac{1}{2})$ $a = -1$

e) $m(x) = \frac{1}{4}x^4 - 4$ $a = 1$

EA 60

Der Graph der Funktion f_i und die Koordinatenachsen begrenzen ein Flächenstück vollständig. Berechnen Sie den Inhalt dieser Fläche!

a) $f_1(x) = -\frac{1}{2}x + 4$ b) $f_2(x) = \sqrt{2 + x}$ c) $f_3(x) = 3 - \frac{1}{3}x$

d) $f_4(x) = \sqrt[3]{1 - x}$ e) $f_5(x) = x - 3\sqrt{x}$ f) $f_6(x) = (x - 1)(x - 2)(x - 3)$

g) $f_7(x) = 8 - x^3$

EA 61

Der Graph der Funktion f_i, die x-Achse und die Gerade x = a begrenzen eine Fläche vollständig. Für welches $a \in \mathbb{R}$, $a < 0$ hat die Fläche den vorgegebenen Inhalt?

a) $f_1(x) = x^3$; A = 2 (FE) b) $f_2(x) = -2x + 2$; A = 9 (FE) c) $f_3(x) = -3x^2 + 12$; A = 27 (FE)

EA 62

Die Fläche, die vom Graphen der Funktion $f(x) = \sqrt{x}$, der x-Achse und der Geraden x = 4 eingeschlossen wird, soll durch eine Parallele zur y-Achse in zwei flächengleiche Teilflächen zerlegt werden. In welchem Abstand zur y-Achse ist diese Parallele zu zeichnen?

EA 63

Berechnen Sie den Inhalt der markierten Fläche!

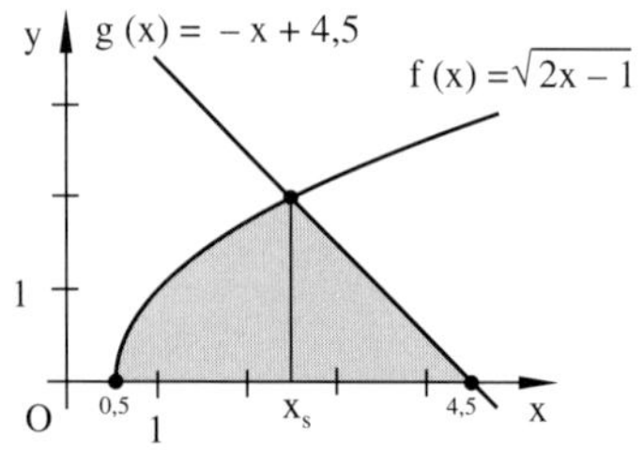

EA 64

Berechnen Sie den Inhalt der markierten Flächen!

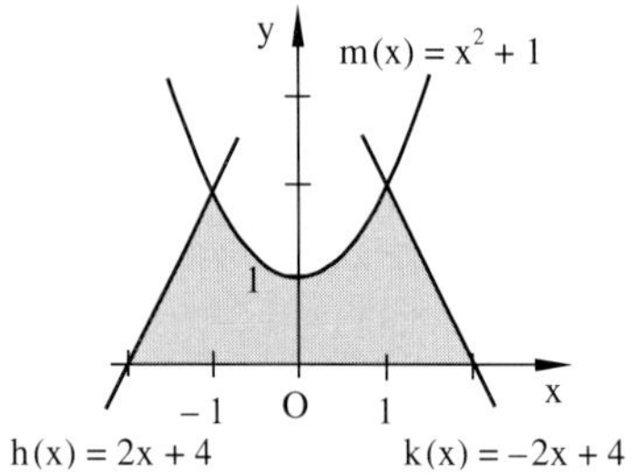

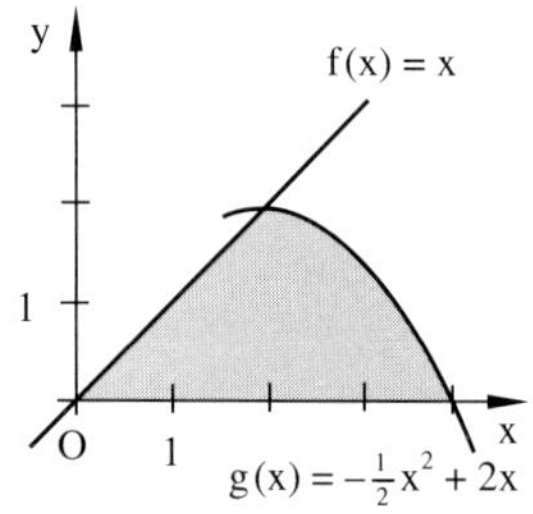

EA 65

Der Graph der Funktion $f(x) = -x^2 + 4$ und die x-Achse begrenzen eine Fläche (ein Parabelsegment) vollständig.

a) Berechnen Sie den Inhalt dieser Fläche!

b) Dem Parabelsegment soll ein Quadrat einbeschrieben werden, dessen eine Seite auf der x-Achse liegt. Berechnen Sie die Seitenlänge und den Flächeninhalt dieses Quadrates!

EA 66

Berechnen Sie in den nachfolgenden Funktionsgleichungen den Parameter $k \in \mathbb{R}$ so, daß der Graph der Funktion und die x-Achse im angegebenen Intervall eine Fläche mit vorgegebenem Inhalt A einschließen.

a) $f(x) = kx + 1$,	$[1; 3]$,	$A = 14$ (FE),	$k > 0$
b) $g(x) = kx^2 + 2k$,	$[0; 2]$,	$A = \frac{80}{3}$ (FE),	$k > 0$
c) $f(x) = kx^3$,	$[1; 3]$,	$A = 40$ (FE),	$k > 0$

EA 67

Eine Potenzfunktion 3. Grades hat ein Minimum bei (1; 0) und einen Wendepunkt bei (0; 1). Stellen Sie die Gleichung dieser Funktion auf, und berechnen Sie den Inhalt der Fläche, die der Graph dieser Funktion und die x-Achse einschließen.

EA 68

Der Graph einer quadratischen Funktion mit einer Gleichung der Form $f(x) = ax^2 + bx + c$ schneidet die x-Achse in den Punkten (–4; 0) und (3; 0). Er schließt mit der x-Achse zwischen diesen Nullstellen eine Fläche mit dem Inhalt $A = 42\frac{7}{8}$ (FE) ein. Bestimmen Sie die Gleichung dieser Funktion!

EA 69

Eine Potenzfunktion 3. Grades hat einen Minimumpunkt bei (1; –2) und einen Wendepunkt bei (0; 0). Bestimmen Sie die Funktionsgleichung, und berechnen Sie den Inhalt der Fläche, die der Graph dieser Funktion und die x-Achse einschließen!

EA 70

Gegeben sei eine Schar von Funktionen f_k mit der Gleichung $f_k(x) = kx + k$ ($k \in \mathbb{R}$, $k > 0$).

a) Skizzieren Sie für $k_1 = \frac{1}{2}$ und $k_2 = 2$ die Graphen der Funktionen f_k!

b) Berechnen Sie für $k_3 = \frac{3}{2}$ den Inhalt der Fläche zwischen dem Graphen der Funktion f_k und der x-Achse im Intervall [–1; 2]!

c) Für welches k hat die Fläche zwischen dem Graphen der Funktion f_k und der x-Achse im Intervall [–1; 4] einen Inhalt von A = 25 (FE)?

EA 71 *(↗ Beispiel E 24, S. 169/170)*

a) Durch die Graphen der Funktionen f und g wird eine Fläche vollständig begrenzt! Berechnen Sie den Inhalt dieser Fläche! $f(x) = -x^2 + \frac{3}{2}x + 4$; $g(x) = \frac{1}{2}x^2 + 1$

b) Berechnen Sie den Inhalt der markierten Fläche!

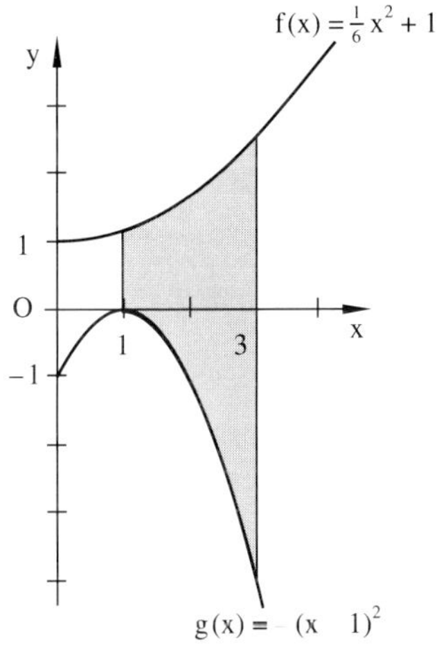

EA 72

Die Graphen der Funktionen f_i und g_i mit den angegebenen Gleichungen schließen jeweils eine Fläche oder mehrere Flächenstücke ein. Berechnen Sie deren Inhalt!

a) $f_1(x) = x^2$, $g_1(x) = 5$

b) $f_2(x) = x^3 - 8$, $g_2(x) = 4x - 8$

c) $f_3(x) = 3 - \frac{1}{2}x^4$, $g_3(x) = 3 - 4x$

d) $f_4(x) = \sqrt{4x}$, $g_4(x) = \sqrt{12x - 72}$

e) $f_5(x) = x^2$, $g_5(x) = x + 2$

f) $f_6(x) = x^3 - 6x^2 + 8x$, $g_6(x) = x^2 - 4x$

g) $f_7(x) = x^3 - 2x^2 - 3x$, $g_7(x) = 5x$

EA 73

Berechnen Sie den Inhalt der Fläche zwischen dem Graphen der Funktionen f_i und g_i im vorgegebenen Intervall!

a) $f_1(x) = -x^2 + 4x,$ $g_1(x) = x - 4,$ $[0; 3]$

b) $f_2(x) = \frac{1}{2}x^3 - 2x^2,$ $g_2(x) = -x^2 + 6x,$ $[1; 3]$

c) $f_3(x) = x^4 - 4x^2 + 4,$ $g_3(x) = 0{,}5x^3 - 2{,}5,$ $[-1; +1]$

d) $f_4(x) = -x^2 - 6x,$ $g_4(x) = \frac{1}{4}x^2 - \frac{5}{2},$ $[-3; 0]$

e) $f_5(x) = \frac{1}{2}x^2 - 4,$ $g_5(x) = \sqrt{2 + x},$ $[-1; 2]$

EA 74

Gegeben sind die Funktionen $f(x) = -(x + 2)^2 + 2$ und $g(x) = x + 2$. Berechnen Sie den Inhalt der markierten Flächen!

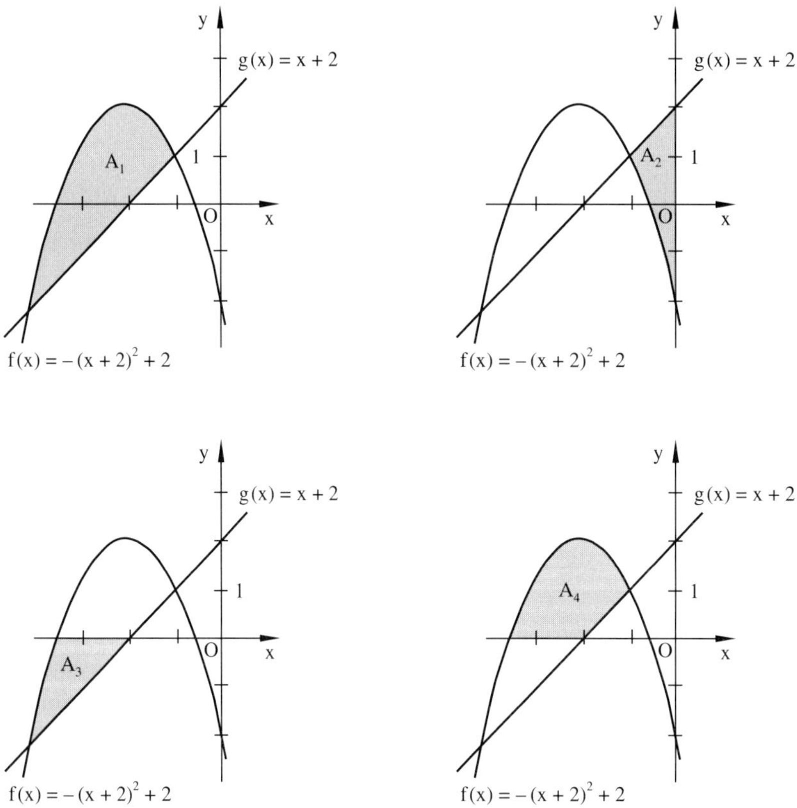

EA 75

Bestimmen Sie den Parameter k_i ($k_i \in \mathbb{R}$) in den nachfolgenden Funktionsgleichungen so, daß die von den Graphen der Funktionen f_i und g_i eingeschlossene Fläche den angegebenen Inhalt A hat.

a) $f_1(x) = x^2$ $g_1(x) = k_1x,$ $k_1 > 0$ $A_1 = \frac{9}{2}$ FE

b) $f_2(x) = -x^2 + k^2,$ $g_2(x) = 3x^2,$ $k_2 > 0$ $A_2 = \frac{16}{3}$ FE

c) $f_3(x) = k^2$ $g_3(x) = -\frac{1}{2}x^2 + 3k^2,$ $k_3 > 0$ $A_3 = \frac{16}{3}$ FE

EA 76

Gegeben sei eine Schar von Funktionen f_s mit der Gleichung $f_s(x) = (1 - a)\,x^2 \quad (a \in \mathbb{R}, a \neq 1)$.

a) Skizzieren Sie für $a_1 = \frac{1}{2}$ und $a_2 = 3$ die Graphen der Funktionen f_s, und berechnen Sie den Inhalt der Fläche zwischen beiden Graphen im Intervall $[-2; 2]$!

b) Für welchen Wert von a hat die Fläche zwischen dem Graphen der Funktion f_{s_1}, der x-Achse und der Geraden $x = 3$ den Inhalt $A = 36$ (FE)?

EA 77

Bestimmen Sie den Inhalt der Fläche A, die von den Graphen der Funktionen f, g und h auf die nebenstehende Weise eingeschlossen wird.

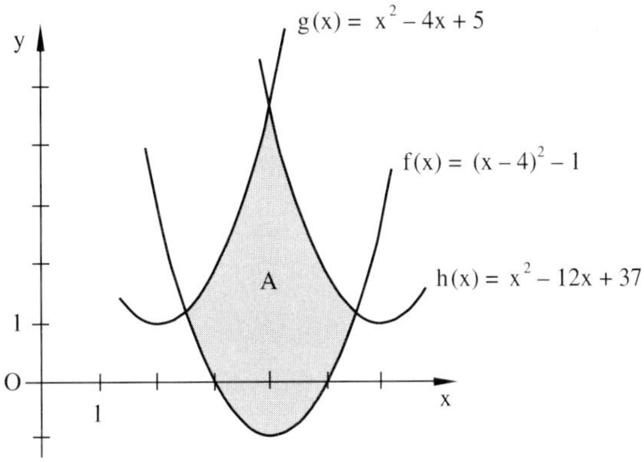

Es sei $f(x) = (x - 4)^2 - 1$
$g(x) = x^2 - 4x + 5$
$h(x) = x^2 - 12x + 37$

EA 78

Für welchen Wert von m sind die beiden markierten Flächen gleich groß?

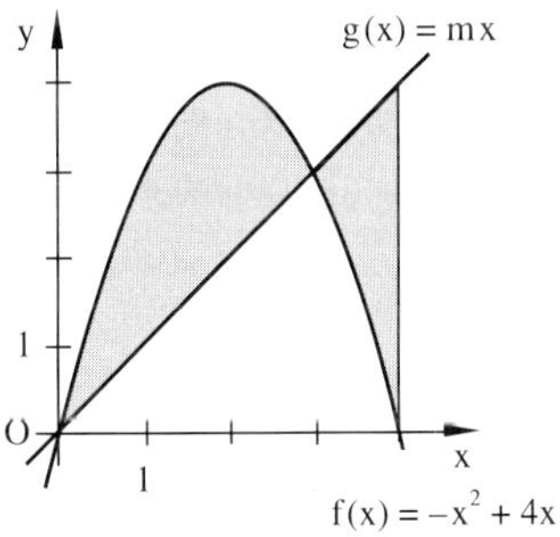

EA 79

Der Graph der Funktion $f(x) = \sqrt{4x}$ wird an der Geraden $f(x) = x$ gespiegelt. Wie groß ist der Inhalt der Fläche, die Original- und Bildgraph einschließen? (Fertigen Sie eine Skizze an!)

EA 80

Zeichnen Sie das Rechteck ABCD mit A(0; 0), B(2; 0), C(2; 4) und D(0; 4). In welchem Verhältnis teilt die Normalparabel (Graph der Funktion $f(x) = x^2$) die Fläche des Rechtecks?

EA 81

In welchem Verhältnis teilt der Graph der Funktion $f(x) = \frac{1}{4}x^2$ den Flächeninhalt des Quadrates mit den Eckpunkten A(0; 0), B(2; 0), C(2; 2) und D(0; 2)?

EA 82

In welchem Verhältnis teilt der Graph der Funktion $f(x) = x + 3$ die von den Graphen der Funktionen $g(x) = -x^2 + 9$ und $h(x) = x^2 - 9$ eingeschlossene Fläche? (Fertigen Sie eine Skizze an!)

EA 83

Beim Bau einer Traglufthalle wird eine parabolische Bogenkonstruktion verwendet. Die Maße sind der untenstehenden Skizze zu entnehmen.

a) Bestimmen Sie die Gleichung dieser Parabel!
b) Berechnen Sie den Inhalt der Querschnittsfläche!
c) Berechnen Sie das Luftvolumen!

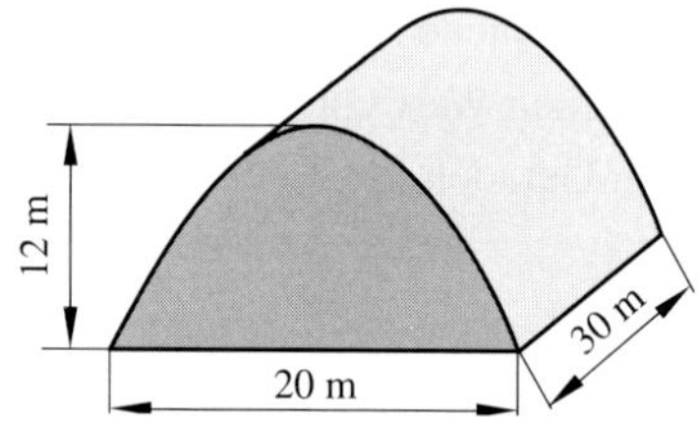

EA 84

Der Querschnitt der Tragfläche eines Leichtbauflugzeuges wird durch Graphen der Funktion $f(x) = \frac{1}{8}x^2$ und $g(x) = \sqrt{\frac{x}{8}}$ begrenzt

Berechnen Sie den Inhalt der Querschnittsfläche!

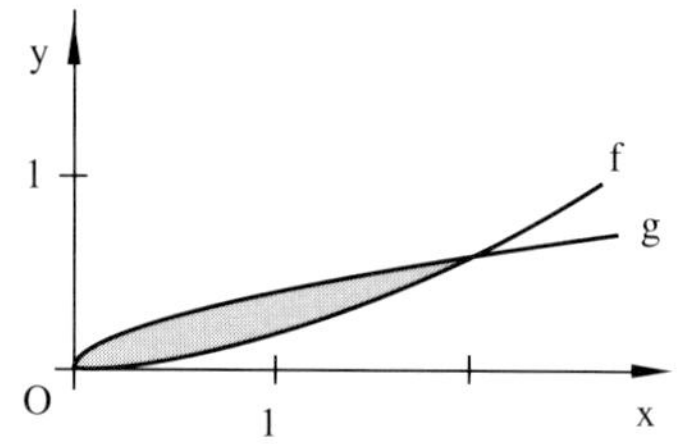

E 6.2 Physikalische Probleme

EA 85

Berechnen Sie die Spannarbeit, die beim Spannen einer Schraubenfeder (Federkonstante $D = 0{,}2\ \mathrm{N} \cdot \mathrm{cm}^{-1}$) von folgenden Dehnungen aufgebracht werden muß!

a) von 0 auf 10 cm b) von 5 auf 15 cm c) von 15 auf 30 cm

EA 86

Berechnen Sie die Arbeit, die beim Transport eines 10 Tonnen schweren Satelliten in eine 5000 km hohe Bahn verrichtet werden muß!

EA 87

Welche Arbeit ist aufzuwenden, um ein Raumschiff mit der Masse $m = 10^4$ kg bis zum Abstand R von der Erdoberfläche zu bringen?

EA 88

Welche Arbeit ist erforderlich, um eine 500 kg schwere Sonde von der Mondoberfläche in 100 km Höhe zu bringen?

EA 89

Auf einem Weg von 25 m wirkt eine konstante Kraft von 20 N auf einen Körper. Berechnen Sie die verrichtete Arbeit!

EA 90

Ein Fahrstuhl fährt über fünf Stockwerke und hält in jedem. Es steigen jeweils Personen ein und aus, wodurch sich die jeweilige Belastung ändert. Der Höhenabstand zwischen zwei Stockwerken sei Δs. Fertigen Sie ein mögliches Kraft-Weg-Diagramm an, und berechnen Sie die verrichtete Arbeit!

EA 91

Ein Körper, der zur Zeit $t_0 = 0$ die Geschwindigkeit $v_0 = 4\ ms^{-1}$ besitzt, erfährt 3 s lang eine linear zunehmende Beschleunigung von 0 auf 6 ms^{-2}. Wie ändert sich in dieser Zeit seine Geschwindigkeit, und wie weit kommt er?

E 6.3 Volumenberechnung von Rotationskörpern

EA 92 (↗ Beispiel E 27, S. 175)

Die Fläche unter dem Graphen der Funktion $f(x) = \sqrt{2x}$ rotiert im Intervall [1; 4] um die x-Achse. Fertigen Sie eine Skizze an, und berechnen Sie das Volumen des entstehenden Rotationskörpers!

EA 93

Die Fläche unter dem Graphen der Funktion f rotiert im angegebenen Intervall um die x-Achse. Berechnen Sie das Volumen des Rotationskörpers! Fertigen Sie jeweils eine Skizze an! Welche der Ihnen bekannten Körper entstehen durch die Rotation?

a) $f_1(x) = 2$ [0; 5]
b) $f_2(x) = \frac{2}{5}x$ [0; 5]
c) $f_3(x) = \sqrt{4 - x^2}$ [–2; 2]
d) $f_4(x) = \frac{2}{3}x + 1$ [2; 6]
e) $f_5(x) = x^2 - 3x$ [0; 3]
f) $f_6(x) = x^2 - 1$ [1; 3]
g) $f_7(x) = \frac{1}{2}x$ [1; 4]
h) $f_8(x) = \sqrt{x}$ [0; 4]
i) $f_9(x) = \sqrt[4]{x - 1}$ [1; 2]
j) $f_{10}(x) = (x - 1)(x + 1)$ [–1; 1]

EA 94

Leiten Sie die Formel für das Volumen eines geraden Kreiskegels mit der Höhe h und dem Radius r durch geeignete Integration her!

EA 95 (↗ Beispiel E 27c, S. 176)

Die Fläche zwischen dem Graphen der Funktion $f(x) = \frac{1}{4}x^2$ und der y-Achse rotiere im Intervall [f(2); f(4)] um die y-Achse. Berechnen Sie das Volumen des Rotationskörpers! (Fertigen Sie zuvor eine Skizze an!)

EA 96

Die Fläche unter dem Graphen der Funktion f rotiere um die y-Achse. Berechnen Sie das Volumen des Rotationskörpers im angegebenen Intervall!

a) $f(x) = \frac{5}{3}x$ [0; 3]
b) $f(x) = \frac{1}{4}x^2$ [1; 3]
c) $f(x) = \sqrt{1 + x^2}$ [1; 2]
d) $f(x) = x^3$ [0; 2]

EA 97

Leiten Sie die Formel für das Volumen einer Kugel mit dem Radius r mit Hilfe der Integralrechnung her! (Wählen Sie eine geeignete Lage des entsprechenden Funktionsgraphen im Koordinatensystem!)

EA 98

Gegeben ist die Funktion $f(x) = \frac{3}{4}x$.

a) Skizzieren Sie den Graphen der Funktion im Intervall [0; 4]!
b) Bei Rotation um die x-Achse entsteht ein Rotationskörper. Berechnen Sie dessen Volumen!
c) In diesen Rotationskörper wird ein Zylinder einbeschrieben. Wie groß sind dessen Höhe h und der Radius r, damit sein Volumen maximal wird?

EA 99

Ein Behälter zur Herstellung von Eis hat ein parabelförmiges Profil mit den nebenstehenden Maßen.

a) Stellen Sie die Gleichung der Parabel auf!

b) Berechnen Sie das Volumen des Behälters!

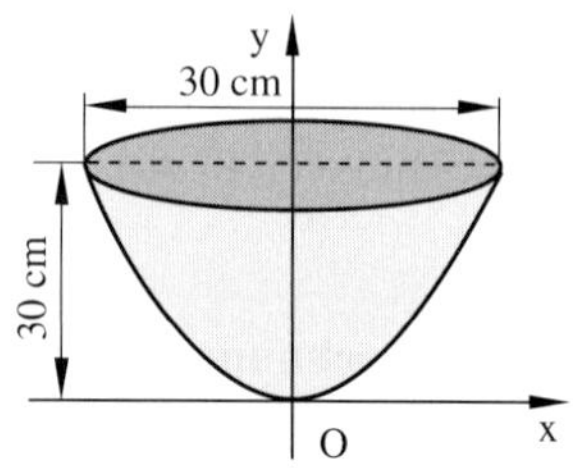

EA 100

Ein Kupferkessel entsteht durch Rotation der markierten Fläche um die x-Achse.

a) Berechnen Sie das Fassungsvermögen!

b) Für welchen Wert a ist der Kessel halb gefüllt?

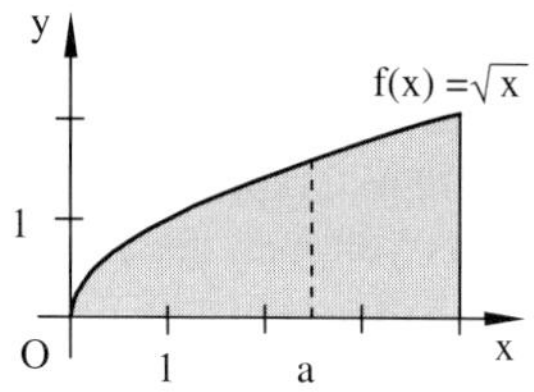

E 7 Integration weiterer Funktionen

E 7.1 Integration von trigonometrischen Funktionen

E 7.2 Integration von Exponential- und Logarithmusfunktionen

EA 101 (↗ Beispiele E 28/E 29, S. 177/178)

Bestimmen Sie für die nachfolgend gegebenen Funktionen f_i je eine Stammfunktion:

a) $f_1(x) = 2 \sin x + \cos x$

b) $f_2(x) = \cos 3x$

c) $f_3(a) = \sin(a + \frac{\pi}{2})$

d) $f_4(x) = \sin \frac{1}{2} x$

e) $f_5(x) = a \sin (bx + c)$

f) $f_6(x) = 2 \sin x - 3 \cos \frac{1}{3} x$

g) $f_7(x) = e^{4x}$

h) $f_8(z) = 3e^{3t + 2}$

i) $f_9(x) = \frac{1}{2} e^{-x+1}$

j) $f_{10}(x) = x^2 + e^x$

k) $f_{11}(x) = e^x + 2e$

l) $f_{12}(t) = 2e^{-t} + 1$

m) $f_{13}(x) = 2 \cdot 3^x$

n) $f_{14}(a) = 2^{a+1}$

o) $f_{15}(x) = (5^{\frac{1}{2}x})^4$

p) $f_{16}(v) = 2^{3x}$

EA 102

Ermitteln Sie die folgenden unbestimmten Integrale:

a) $\int a \cdot e^{-a}\, da$

b) $\int x \cdot \sin 2x\, dx$

c) $\int 2x \cdot \ln x\, dx$

d) $\int t \cdot \cos(2t + 1)\, dt$

e) $\int x \cdot e^{5x+2}\, dx$

f) $\int \frac{\ln 2x}{x}\, dx$

EA 103

Berechnen Sie folgende bestimmte Integrale:

a) $\int_1^4 \frac{x^2}{2\sqrt{x}}\,dx$

b) $\int_1^2 x \cdot \ln x\,dx$

c) $\int_{-\pi}^0 x \cdot \sin x\,dx$

d) $\int_1^2 x \cdot e^x\,dx$

e) $\int_{0,25}^1 x \cdot \ln 4x\,dx$

f) $\int_{0,5}^1 \frac{2a-1}{e^a}\,da$

g) $\int_1^3 \frac{\ln x}{x^2}\,dx$

h $\int_{-1}^1 (1+t) \cdot e^t\,dt$

i) $\int_0^2 x\sqrt{2x+1}\,dx$

j) $\int_{\frac{\pi}{2}}^{\frac{3}{2}\pi} x \cdot \cos x\,dx$

k) $\int_0^2 z \cdot e^{2z-1}\,dz$

l) $\int_0^2 x \cdot \sqrt{4-2x}\,dx$

EA 104

Berechnen Sie folgende bestimmte Integrale:

a) $\int_0^{\pi} \sin t\,dt$

b) $\int_{\frac{3}{4}\pi}^{\frac{\pi}{2}} (\cos x - \sin x)\,dx$

c) $\int_0^{\frac{\pi}{2}} (1 + \cos a)\,da$

d) $\int_0^1 \sin x\,dx$

e) $\int_{-\frac{\pi}{2}}^{\frac{\pi}{2}} \cos x\,dx$

f) $\int_0^{\frac{\pi}{2}} \frac{1}{4}(1 + \sin 2x)\,dx$

g) $\int_0^1 (e^x + 1)\,dx$

h) $\int_{-1}^0 \frac{1}{4}(e^x + e^{-x})\,dx$

i) $\int_{-3}^3 \frac{1}{2} e^x\,dx$

j) $\int_{-4}^1 e^{2x}\,dx$

k) $\int_0^2 e^{1-2t}\,dt$

l) $\int_0^1 (e^{-x} + x)\,dx$

EA 105

Berechnen Sie den Inhalt der Fläche, die der Graph der Funktion f und die x-Achse im gegebenen Intervall einschließen!

a) $f_1(x) = \sin x$ $[-\pi; 0]$

b) $f_2(x) = \cos x$ $[-\frac{\pi}{2}; \frac{\pi}{2}]$

c) $f_3(x) = \sin(-x + \frac{\pi}{2})$ $[-\frac{\pi}{2}; \frac{\pi}{2}]$

d) $f_4(x) = \frac{1}{2}\sin(x + \pi) + 0{,}5$ $[-\frac{3}{2}\pi; -\frac{5}{2}\pi]$

EA 106

Ermitteln Sie je eine Stammfunktion zu folgenden Funktionen f_i:

a) $f_1(x) = \frac{1}{4x-1}$ b) $f_2(x) = x \cdot \ln 3$ c) $f_3(x) = \frac{1}{ax+b}$

d) $f_4(x) = \frac{1}{3-2x}$ e) $f_5(x) = \frac{2}{5x-1} + 3x$ f) $f_6(x) = \frac{\ln 2}{x}$

EA 107

Berechnen Sie die folgenden bestimmten Integrale:

a) $\int\limits_1^e \frac{e}{x}\,dx =$ b) $\int\limits_1^e (a + \frac{2}{a})\,da =$ c) $\int\limits_1^2 \frac{4}{1+2x}\,dx =$

d) $\int\limits_1^2 \sum\limits_{k=1}^{3} x^{-k}\,dx =$ e) $\int\limits_{10}^{20} \frac{2}{x \ln 10}\,dx =$ f) $\int\limits_1^2 \frac{x+6}{2x}\,dx =$

EA 108

Berechnen Sie den Inhalt der Fläche, die im vorgegebenen Intervall von den Graphen der Funktionen f_i und g_i eingeschlossen wird!

a) $f_1(x) = e^x$, $g_1(x) = x^2$ $[0;\ 1]$

b) $f_2(x) = e^x$, $g_2(x) = x^3$ $[-1;\ 1]$

c) $f_3(x) = e^{-\frac{1}{2}x}$, $g_3(x) = -\frac{3}{4}x$ $[-3;\ 0]$

d) $f_4(x) = e^x$, $g_4(x) = e^{-x}$ $[0;\ 2]$

e) $f_5(x) = x - e^x$, $g_5(x) = 0$ $[-5;\ -1]$

EA 109

Berechnen Sie den Inhalt der Fläche zwischen den Graphen der Funktionen $f(x) = \sin x$ und $g(x) = \cos x$ im Intervall $[-\frac{3}{4}\pi;\ \frac{1}{4}\pi]$. Fertigen Sie eine Skizze an!

EA 110

Berechnen Sie den Inhalt des Flächenstücks, das von den Graphen der Funktionen $f(x) = \sin x$ und $g(x) = x^2$ im Intervall $[0;\ \frac{\pi}{2}]$ eingeschlossen wird. Fertigen Sie eine Skizze an!

EA 111

Gegeben seien die Funktionen $f(x) = e^x$ und $g(x) = (x-4)^2$.

a) Skizzieren Sie die Graphen der Funktionen f und g!

b) Durch die Graphen der Funktionen f und g und die beiden Koordinatenachsen wird ein Flächenstück vollständig begrenzt. Berechnen Sie dessen Flächeninhalt!

EA 112

Ermitteln Sie eine Zahl a ($a \in \mathbb{R}$) so, daß das Flächenstück, das vom Graph der Funktion f, der x-Achse und den Geraden $x = 0$ und $x = a$ begrenzt wird, den Flächeninhalt $A = 1$ FE hat!

a) $f(x) = 2 \sin 2x$ b) $f(x) = \frac{1}{2} \cos \frac{1}{2}x$

EA 113

Berechnen Sie jeweils den Inhalt der markierten Flächen!

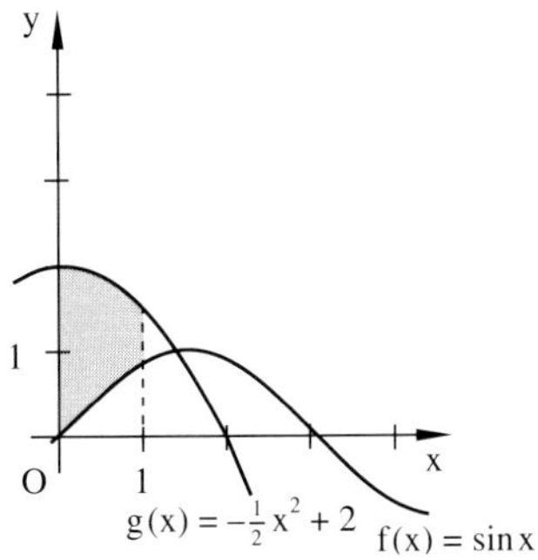

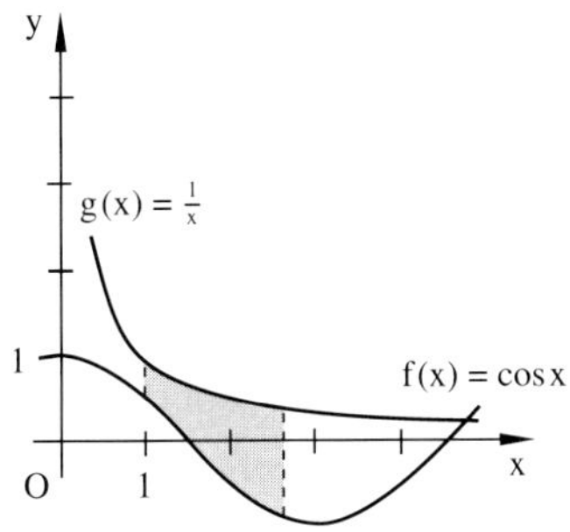

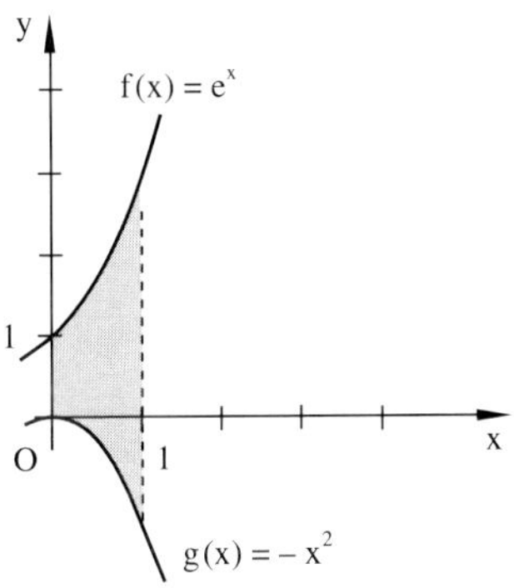

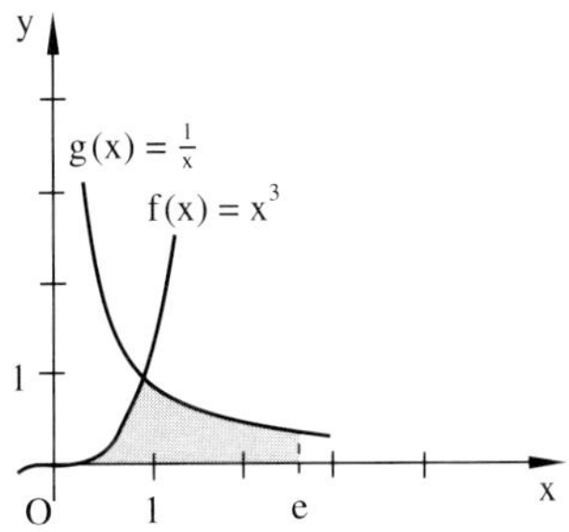

EA 114

Gegeben ist die Funktion $y = f(x) = e^{\sqrt{x}}$.

a) Skizzieren Sie den Graphen dieser Funktion!

b) Der Graph der Funktion f begrenzt mit der x-Achse im Intervall [0; 2] eine Fläche vollständig. Diese Fläche rotiere um die x-Achse. Berechnen Sie das Volumen des Rotationskörpers!

EA 115

Nebenstehend ist der Graph der Funktion $f(x) = e^x$ und einer Parallelen zur x-Achse durch den Punkt $P\,(k;\, f(k))$ mit $0 < k < 2$ skizziert. Bestimmen Sie k so, daß die beiden markierten Flächen gleichen Inhalt haben!

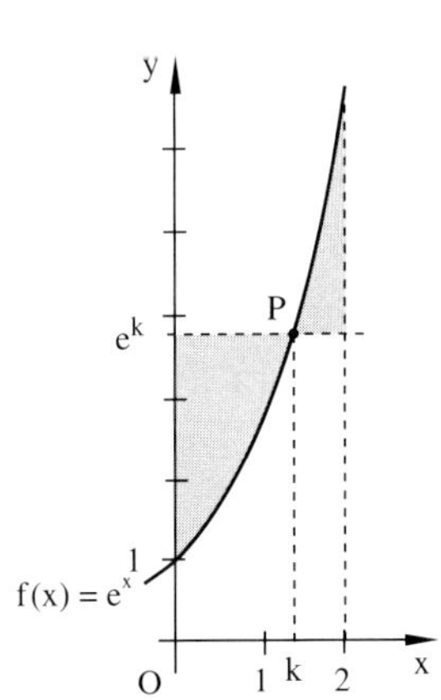

E 8 Einfache Beispiele für numerische Integration

E 8.1 Rechteckmethode

E 8.2 Trapezmethode

EA 116 *(↗ Beispiel E 30, S. 180)*

Berechnen Sie das bestimmte Integral $\int_1^2 \frac{e^x}{x}\,dx$ mit Hilfe der Rechteckformel für n = 5 näherungsweise!

EA 117

Ermitteln Sie einen Näherungswert mit Hilfe der Rechteckformeln für das Integral $\int_0^{\frac{\pi}{2}} \sqrt{\cos x}\,dx$ für n = 10!

EA 118

Ermitteln Sie nach der Trapezmethode einen Näherungswert für das Integral $\int_0^3 e^{2x}\,dx$ für n = 10!

EA 119

Von einer stetigen Funktion f sind folgende geordnete Paare bekannt:

x	−2	−1,5	−1	−0,5	0	0,5	1	1,5	2
f(x)	0	2,1	5,2	9	11,2	7,1	4,8	1,2	0

Bestimmen Sie einen Näherungswert für das bestimmte Integral $\int_{-2}^{2} f(x)\,dx$!

Erweiterung II: Komplexe Zahlen

1 Lösbare und unlösbare Gleichungen

2 Komplexe Zahlen als geordnete Paare reeller Zahlen

EA 120 *(↗ Beispiel E 33, S. 185)*

1) Berechnen Sie:

a) (3; 9) + (−4; 3) = b) (−4; 5) − (−4; 5) = c) (3; 4) · (−2; −1) =

2) Bestimmen Sie a, b so, daß gilt:

a) $(2a; b^2) = (-8; 144)$ b) $(-a; -\frac{2b}{3}) = (-5; 4)$.

EA 121

Vervollständigen Sie die folgende Tabelle:

(a; b)	(3; 4)	(−1; 4)	(4; 0)	(−3; −4)
(c; d)	(1; −2)	(1; 5)	(0; 4)	(5; −6)
(a; b) + (c; d)				
(a; b) − (c; d)				
(a; b) · (c; d)				

3 Algebraische Darstellung komplexer Zahlen

EA 122 *(↗ Beispiel E 34, S. 186)*

Berechnen Sie:

a) $(3 - 2i) + (5 - 5i) =$ b) $(-8 + 0{,}5i) - (-3{,}5 - 0{,}05i) =$ c) $(\frac{1}{2} + \frac{1}{4}i) \cdot (\frac{1}{3} - \frac{2}{3}i) =$

EA 123

Berechnen Sie:

a) $(3 - i) + (-2 + 3i) =$ b) $(\frac{2 - 0{,}5i}{4}) - (\frac{1}{4} - \frac{1}{8}i) =$

c) $3(a + bi) + b(0 - 3i) =$ $a, b \in \mathbb{R}$ d) $(2 + 2i)(\frac{1}{2} - 3i) =$

e) $(\frac{2}{3} - \frac{1}{5}i)(-\frac{1}{2} - 2i) =$ f) $(0{,}25 - \frac{3}{5}i)(\frac{1}{4} + 0{,}6i) =$

EA 124

Bestimmen Sie a ($a \in \mathbb{R}$) so, daß das Produkt $(a + i)(3 - 2i)$ rein imaginär ist! Wie heißt das Produkt dann?

EA 125

Bestimmen Sie k ($k \in \mathbb{R}$) so, daß das Produkt $(2 - i)(-4 + ki)$ reell wird! Wie heißt das Produkt dann?

EA 126

Bestimmen Sie r ($r \in \mathbb{R}$) so, daß das Produkt $(-4 + ri)(8 - 2ri)$ rein imaginär wird! Geben Sie das Produkt an!

EA 127

Bestimmen Sie komplexe Zahlen f_R und f_J so, daß für eine beliebige komplexe Zahl $z = a + bi$, $z \neq 0$, gilt: $z \cdot f_R = a$ und $z \cdot f_J = bi$!

EA 128

Berechnen Sie durch Ausmultiplizieren:

$(a + bi)^2 =$ $(a + bi)^3 =$

EA 129

Bestimmen Sie die komplexe Zahl $z = x + iy$ so, daß gilt: $(3 - 2i) \cdot z = 5 + i$!

EA 130

Leiten Sie eine Regel für die Division $\frac{a + bi}{c + di} = x + iy$, mit $c + di \neq 0$, her, indem Sie wie in Aufgabe ***EA 129*** die komplexe Zahl $z = x + yi$ bestimmen, die die Gleichung $(c + di) \cdot z = (a + bi)$ zu einer wahren Aussage macht!

EA 131

Berechnen Sie unter Nutzung der in Aufgabe ***EA 130*** erhaltenen Regel:

a) $\frac{-2 + 7i}{2 - 3i} =$ b) $\frac{i}{12 + 5i} =$ c) $\frac{1 + i}{1 - i} =$

d) $\frac{3 + i}{i} =$ e) $\frac{1}{i} =$

EA 132

Berechnen Sie die Beträge folgender komplexer Zahlen:

a) $z_1 = 3 - 4i$ b) $z_{21} = 0{,}12 + 0{,}05i$ c) $z_3 = -7$
d) $z_4 = 0{,}3i$ e) $z_5 = i$

EA 133

Bestimmen Sie die reelle Zahl a so, daß das Produkt der komplexen Zahlen $z_1 = a + ai$ und $z_2 = 2 - ai$ den Betrag $\sqrt{10}$ hat!

EA 134

Bestimmen Sie zu folgenden komplexen Zahlen z jeweils die konjugiert komplexen Zahlen $\bar{z}$, stellen Sie z und $\bar{z}$ graphisch dar (außer g) und h)), und bilden Sie jeweils die Summe und das Produkt von z und $\bar{z}$!

a) $z_1 = 2 + 1{,}5i$ b) $z_2 = -\frac{1}{2} - i$ c) $z_3 = -3{,}7 + 0{,}3i$
d) $z_4 = \frac{5}{4} - 1{,}4i$ e) $z_5 = i$ f) $z_6 = 3$
g) $z_7 = 1 + bi$ h) $z_8 = a + bi$

EA 135

Leiten Sie unter Einbeziehung des Ergebnisses der Aufgabe ***EA 134*** h) eine Formel zur Berechnung des Betrages einer komplexen Zahl $z = a + bi$ unter Einbeziehung der zu ihr konjugiert komplexen Zahl $\bar{z}$ her!

EA 136

Machen Sie für die in Aufgabe ***EA 131*** angegebenen Brüche die Nenner reell, indem Sie die Brüche mit der konjugiert komplexen Zahl des jeweiligen Nenners erweitern! Berechnen Sie erneut die Quotienten!

4 Geometrische Veranschaulichung komplexer Zahlen

5 Trigonometrische Darstellung komplexer Zahlen

EA 137 *(↗ Beispiel E 35, S. 188)*

Geben Sie die komplexe Zahl $z = 2 + 2i$ in ihrer trigonometrischen Darstellung $z = z(r; \varphi) = r \cdot (\cos\varphi + i \cdot \sin\varphi)$ an, und stellen Sie die Zahl graphisch dar!

EA 138

Geben Sie die folgenden komplexen Zahlen $z = a + bi$ in ihrer trigonometrischen Darstellung $z = z(r; \varphi) = r \cdot (\cos\varphi + i \cdot \sin\varphi)$ an, und stellen Sie die Zahlen graphisch dar!

a) $z = 1 - i$ b) $z = -1 + 1{,}732i$ c) $z = -5{,}196 - 3i$
d) $z = 1 + 3i$ e) $z = 3i$ f) $z = 5$

EA 139 *(↗ Beispiel E 36, S. 188)*

Wandeln Sie die komplexe Zahl in trigonometrischer Darstellung $z = z(r; \varphi) = z(2; 50°)$ in die algebraische Darstellung $z = a + bi$ um!

EA 140

Wandeln Sie folgende komplexe Zahlen in trigonometrischer Darstellung $z = z(r; \varphi)$ in die algebraische Darstellung $z = a + bi$ um!

a) $z_1 = z_1(1; 215°)$ b) $z_2 = z_2(0{,}75; \frac{3}{4}\pi)$ c) $z_3 = z_3(c; \frac{1}{6}\pi)$

d) $z_4 = z_4(3; 270°)$ e) $z_5 = z_5(1; \pi)$

EA 141 *(↗ Beispiel E 38, S. 189)*

Berechnen Sie unter Anwendung der Regel von MOIVRE:

a) $z_1(5; 130°) \cdot z_2(7; 320°) =$

b) $[z_3(3; 20°)]^4 =$

c) $\sqrt[5]{z_4(32; 150°)} =$ (im Intervall $0 \leq \varphi < 360°$)

d) $\sqrt[3]{2\,(\frac{1}{2}\sqrt{3} + \frac{1}{2}i)} =$ (im Intervall $0 \leq \varphi < 360°$)

EA 142

Berechnen Sie unter Anwendung der Regel von MOIVRE:

a) $z_1(3; 30°) \cdot z_2(2; 60°) =$ b) $z_3(2{,}4; 130°) \cdot z_4(0{,}8; 210°) =$

c) $z_5(5; 100°) \cdot z_6(2{,}5; 80°) =$ d) $z_7(\frac{1}{2}; 300°) \cdot z_8(\frac{4}{3}; 170°) =$

e) $[z_9(7; 110°)]^2 =$ f) $[z_{10}(1; 270°)]^3 =$

g) $[z_{11}(4; 160°)]^{\frac{1}{2}} =$ h) $[z_{12}(16; 40°)]^{-4} =$

EA 143

Berechnen Sie folgende Wurzeln, und stellen Sie das Ergebnis graphisch dar!

a) $\sqrt{-1} =$ b) $\sqrt[3]{-1} =$ c) $\sqrt[4]{-1} =$

d) $\sqrt[5]{-1} =$ e) $\sqrt{i} =$ f) $\sqrt[3]{i} =$

g) $\sqrt[4]{i} =$ h) $\sqrt[5]{i} =$ i) $\sqrt{1 + i} =$

EA 144

Lösen Sie folgende Gleichungen im Bereich der komplexen Zahlen!

a) $z^3 - 1 - 0$ b) $z^2 \quad 2z + 10 = 0$ c) $z^2 - 5z + 7 = 0$

d) $3z^2 - 9z + 12 = 0$ e) $z^5 - z^2 = 0$

F Koordinatengeometrie der Ebene

F 1 Kartesisches Koordinatensystem

FA 1 *(↗ Beispiel F1, S. 191)*

Zeichnen Sie in ein kartesisches Koordinatensystem die folgenden Punkte ein:
$P_1(3; 2)$, $P_2(-3; 2)$, $P_3(3; -2)$, $P_4(-3; -2)$, $P_5(0; -1)$, $P_6(2; 0)$

FA 2

Die Eckpunkte eines Dreiecks ABC sind A(– 2; – 1), B(3; 2) und C(0; 3). A'B'C' sei das zum Dreieck ABC in bezug auf die x-Achse symmetrische Dreieck. Zeichnen Sie A'B'C' in ein Koordinatensystem, und geben Sie die Koordinaten von A', B' und C' an!

FA 3

Gegeben seien die Punkte A und B mit A(1; 0) und B(4; 1). Zeichnen Sie in ein Koordinatensystem die Bildpunkte von A und B bei folgenden Spiegelungen ein:
a) Spiegelung an der x-Achse
b) Spiegelung an der y-Achse
c) Spiegelung am Koordinatenursprung
Ermitteln Sie aus der Abbildung die Koordinaten der entsprechenden Bildpunkte!

FA 4

Ein gleichseitiges Dreieck ABC der Seitenlänge 5 (LE) hat die in der Abbildung dargestellte Lage.
Welche Koordinaten haben die Eckpunkte des Dreiecks?

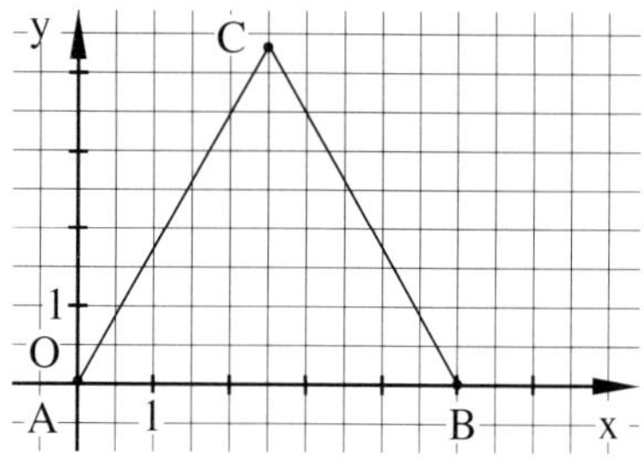

FA 5

Die Abbildung zeigt die Lage eines regelmäßigen Sechseckes ABCDEF mit der Seitenlänge 6 (LE) in einem kartesischen Koordinatensystem.
Welche Koordinaten haben die Eckpunkte des Sechsecks und sein Mittelpunkt M?

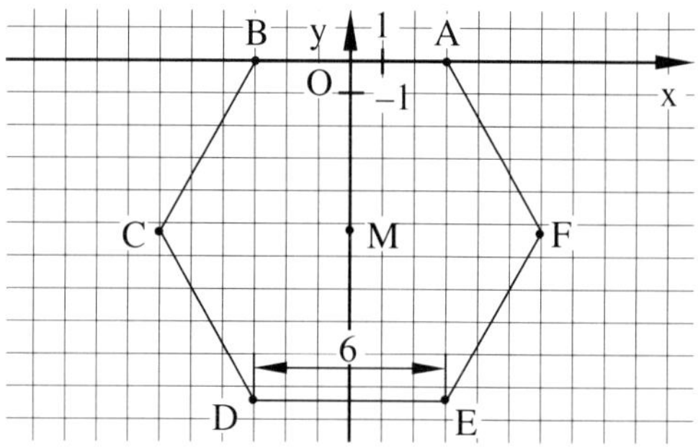

F 2 Länge einer Strecke

FA 6 (↗ Beispiel F2, S. 192)

Berechnen Sie die Länge s_1 der Strecke $\overline{P_1P_2}$ mit $P_1(1; 2)$, $P_2(9; 8)$ und die Länge s_2 der Strecke $\overline{P_3P_4}$ mit $P_3(-2; 4)$, $P_4(7; -2)$!
Zeichnen Sie die Strecken in ein Koordinatensystem, und prüfen Sie durch Messen Ihr Ergebnis!

FA 7

Berechnen Sie die Längen der Strecken, die jeweils durch folgende Punkte begrenzt sind:

a) $P_1(-5; 2)$, $P_2(0; 0)$
b) $P_3(-2; 1)$, $P_4(7; 1)$
c) $P_5(-4; -3)$, $P_6(-7; -5)$
d) $P_7(\frac{1}{4}; -\frac{1}{3})$, $P_8(\frac{4}{5}; \frac{2}{3})$

FA 8

Gegeben sei ein Dreieck ABC mit A(0; 0), B(10; 0) und C(7; 4). Berechnen Sie den Umfang des Dreiecks!

FA 9

Berechnen Sie die Längen der Seiten und die Längen der Diagonalen des Vierecks ABCD!

a) A(– 4; 1), B(– 1; – 3), C(11; 2), D(3; 6)
b) A(1; – 3), B(9; – 3), C(13; 0), D(1; 9)

FA 10

Gegeben seien der Punkt A(5; 2) und die Koordinate $x_B = -3$ eines Punktes B.
Ermitteln Sie die Koordinate y_B von B, so daß A und B den Abstand 10 (LE) haben!

FA 11

Gegeben seien die Punkte A(0; 1) und B(2; 5). Berechnen Sie die Koordinaten eines Punktes C auf der x-Achse, der von A und B gleich weit entfernt ist!

FA 12

Gegeben seien die Punkte A und B mit A(0; 0) und B(1; 1). Ermitteln Sie die Koordinaten von Punkten C_i so, daß die Dreiecke ABC_i gleichseitig sind!

FA 13

Zeigen Sie, daß das Dreieck ABC mit A(– 2; – 1), B(6; 0) und C(0; 3) ein bei C rechtwinkliges Dreieck ist!
Hinweis: Benutzen Sie die Umkehrung des Satzes des Pythagoras!

FA 14

Zeigen Sie, daß das Dreieck ABC mit A(0; 0), B(6; 0) und C(5; $\sqrt{5}$) ein bei C rechtwinkliges Dreieck ist!
Hinweis: Benutzen Sie die Umkehrung des Satzes des Pythagoras, oder verwenden Sie den Satz des Thales (M(3; 0) ist der Mittelpunkt von $\overline{AB}$)!

FA 15

Gegeben seien die Punkte A und B mit A(0; 0) und B(10; 0). Ermitteln Sie die Koordinaten eines Punktes C im ersten Quadranten so, daß Dreieck ABC sowohl gleichschenklig als auch bei C rechtwinklig ist!

FA 16

Gegeben sei das Dreieck ABC mit A(–2; –3), B(5; – 2) und C(1; 6). Berechnen Sie die Koordinaten des Mittelpunktes U des Umkreises von Dreieck ABC und seinen Radius R!
Hinweis: Der Umkreismittelpunkt (Schnittpunkt der Mittelsenkrechten) von Dreieck ABC ist von allen drei Eckpunkten gleich weit entfernt.

F 3 Mittelpunkt einer Strecke

FA 17 (↗ Beispiel F 3, S. 193)

Geben Sie die Koordinaten des Mittelpunktes M der Strecke $\overline{P_1 P_2}$ mit $P_1(1; 1)$ und $P_2(5; 3)$ an! Konstruieren Sie den Mittelpunkt M der Strecken $\overline{P_1 P_2}$!

FA 18

Geben Sie jeweils die Koordinaten des Mittelpunktes M der Strecken $\overline{P_1 P_2}$ an!

a) $P_1(-1; 3), P_2(7; 3)$
b) $P_1(10; 2), P_2(5; 6)$
c) $P_1(-2; -5), P_2(6; -1)$
d) $P_1(\frac{1}{4}; \frac{2}{3}), P_2(\frac{1}{3}; -\frac{1}{6})$

FA 19

Gegeben seien die Punkte A und B mit A(6; 5) und B(– 7; 3,5). Konstruieren Sie die Mittelpunkte der Strecken zwischen dem Koordinatenursprung O und den Punkten A bzw. B, und geben Sie die Koordinaten der Mittelpunkte an!

FA 20

M sei der Mittelpunkt der Strecke $\overline{AB}$. Bestimmen Sie die fehlenden Koordinaten!

a) $A(8; -5)$, $B(-2; 7)$, $M(x_M; y_M)$
b) $A(0{,}5; -1)$, $B(4{,}3; 6{,}6)$, $M(x_M; y_M)$
c) $A(2; 4)$, $B(x_B; y_B)$, $M(3; 6)$
d) $A(x_A; y_A)$, $B(-1; -2)$, $M(2; -4)$
e) $A(-3; 4)$, $B(x_B; y_B)$, $M(-4; -2)$
f) $A(7; y_A)$, $B(x_B; -1)$, $M(0; 0)$

FA 21

Gegeben sei ein Dreieck ABC mit A(– 5; 0), B(– 1; – 3) und C(2; 4). Berechnen Sie die Koordinaten der Bildpunkte von A, B bzw. C bei der Spiegelung am Koordinatenursprung O! Prüfen Sie Ihr Ergebnis zeichnerisch!

FA 22

Von einer Strecke $\overline{P_1P_2}$ sind Koordinaten des Mittelpunktes M und eines Endpunktes gegeben:

a) $M(2; -3), P_1(1; -5)$
b) $M(0; 0), P_1(3; -2)$
c) $M(-2; 1), P_2(3; 2)$

Berechnen Sie die Koordinaten des fehlenden Endpunktes!

FA 23

Berechnen Sie die Koordinaten der Bildpunkte von A(– 3; – 1), B(0; – 2), C(2; 4) und D(– 2; 2) bei der Spiegelung am Punkt M(1; 2)! Stellen Sie den Punkt M, das Viereck ABCD und das Bildviereck A'B'C'D' in einem Koordinatensystem dar!

FA 24

Gegeben sei ein Dreieck ABC mit A(0; – 3), B(7; 0) und C(– 1; 6).

a) Berechnen Sie die Länge der Seitenhalbierenden s_a im Dreieck ABC! Bestimmen Sie dafür zuerst die Koordinaten des Mittelpunktes der Seite a!
b) Geben Sie die Länge der Seitenhalbierenden s_b an!
c) Geben Sie die Länge der Seitenhalbierenden s_c an!

FA 25

Gegeben sei ein Parallelogramm ABCD mit A(0; 0), B(0; a), $C(x_C; y_C)$ und $D(x_C - a; y_C)$. Berechnen Sie die Mittelpunkte von $\overline{AC}$ sowie von $\overline{BD}$, und vergleichen Sie die Ergebnisse!

FA 26

Ein Parallelogramm habe die Eckpunkte A, B, C und D. Bestimmen Sie jeweils die Koordinaten des Mittelpunkts und des vierten Eckpunkts des Parallelogramms!

a) A(– 2; – 2), B(4; 1), C(2; 6)
b) A(1; 0), B(7; 3), C(6; 5)

F 4 Geradengleichungen

FA 27 *(↗ Satz F3, S. 194)*

Punktrichtungsgleichung

Geben Sie in expliziter Form die Gleichung der Geraden g an, die
a) durch den Punkt A(1; – 1) und den Anstieg m = 3
b) durch den Punkt B(0; 0) und den Steigungswinkel $\alpha = 30°$
bestimmt ist!

FA 28

Geben Sie in expliziter Form die Gleichung der Geraden g an, die jeweils durch einen Punkt und ihren Anstieg bzw. ihren Steigungswinkel bestimmt ist!

a) g: A(0; – 2), $m = \frac{1}{2}$ b) g: B(– 1; 3), m = –1
c) g: C(2; 0), $\alpha = 120°$ d) g: D(– 3; – 2), $\alpha = 0°$

FA 29

Geben Sie den Steigungswinkel α (falls möglich) und die Schnittpunkte S_x und S_y von g mit der x- bzw. y-Achse an!

a) g: $y = 3x + 2$ b) g: $y = x - \frac{4}{3}$ c) g: $y = -1$ d) g: $y = -2x + 6$
e) g: $y = -x - 2$ f) g: $x = 2$ g) g: $y = -\frac{1}{3}\sqrt{3}\,x + 2$ h) g: $y = \sqrt{3}\,x + \sqrt{3}$

FA 30

Welche der Punkte $P_1(-8; 3)$, $P_2(2; -2)$, $P_3(-1; -4)$, $P_4(-4; -7)$, $P_5(-4; 4)$, $P_6(1; 5)$, $P_7(0{,}8; -2{,}2)$ sind Punkte der Geraden g_i mit der folgenden Gleichung:

a) g_1: $-x + y + 3 = 0$ b) g_2: $y = 2{,}4x + 2{,}6$ c) g_3: $y = \frac{x}{4} + 5$
d) g_4: $x + 2y + 2 = 0$ e) g_5: $y = -3x + 2$ f) g_6: $x + y = 0$

Zeichnen Sie die Geraden in ein Koordinatensystem, und bestimmen Sie die Schnittpunkte S_x und S_y von g_i mit der x- bzw. y-Achse!

FA 31

Geben Sie eine Gleichung für die Gerade g an, die durch den Punkt $P_0(-2; 3)$ geht und
a) den Anstieg m = 1 hat, b) parallel zur x-Achse ist,
c) parallel zur y-Achse ist, d) parallel zur Geraden h mit der Gleichung h: y = 3x verläuft.

FA 32

Von einer Geraden g sind der Schnittpunkt S_y mit der y-Achse und ein weiterer Punkt bekannt.

a) $S_y(0; 2)$, $P_0(-2; -4)$ b) $S_y(0; -3)$, $P_0(1; 3)$
c) $S_y(0; 0)$, $P_0(-2; 4)$ d) $S_y(0; -2)$, $P_0(2; 0)$

Ermitteln Sie den Schnittpunkt S_x der Geraden g mit der x-Achse!

FA 33 *(↗ Beispiel F4, S. 195)*

Zweipunktegleichung

Eine Gerade g sei durch zwei Punkte P_1 und P_2 bestimmt. Ermitteln Sie eine Gleichung der Geraden g, und geben Sie diese Gleichung in der expliziten Form y = mx + n an! Zeichnen Sie die Gerade in ein Koordinatensystem, und geben Sie deren Achsenabschnittsgleichung an!
g: $P_1(-3; 2)$, $P_2(1; 1)$

FA 34

Eine Gerade g_i sei durch zwei Punkte P_m und P_n bestimmt. Ermitteln Sie eine Gleichung der Geraden g_i, und geben Sie diese Gleichung in der expliziten Form y = mx + n an! Zeichnen Sie die Gerade in ein Koordinatensystem, und geben Sie deren Achsenabschnittsgleichung an!

a) $g_1 : P_1(6; 5), P_2(8; 7)$
b) $g_2 : P_3(\frac{3}{2}; 1), P_4(6; -2)$
c) $g_3 : P_5(2; -\frac{1}{2}), P_6(-3; \frac{1}{3})$
d) $g_4 : P_7(-1; -2), P_8(1; 4)$

FA 35

Stellen Sie eine Gleichung der Geraden g_i auf, die durch den Koordinatenursprung und den nachfolgend jeweils angegebenen Punkt P_i verläuft! Ermitteln Sie den Anstieg m_i und den Steigungswinkel α_i der Geraden g_i:

a) $P_1(7; \frac{7}{2})$
b) $P_2(-2; -6)$
c) $P_3(3; -3)$
d) $P_4(-2; 2 \cdot \sqrt{3})$

FA 36

Eine Gerade g sei jeweils durch zwei Punkte P_1 und P_2 bestimmt. Ermitteln Sie die Achsenabschnittsgleichung von g sowie deren Schnittpunkte S_x und S_y mit der x- bzw. y-Achse!

a) $P_1(-3; 16), P_2(2; \frac{8}{3})$
b) $P_1(-5; 2), P_2(\frac{5}{2}; \frac{1}{2})$
c) $P_1(-1; \frac{3}{2}), P_2(0; 3)$
d) $P_1(-1; 2{,}5), P_2(0{,}5; -5)$

FA 37

Prüfen Sie, ob die jeweils nachfolgend angegebenen drei Punkte auf derselben Geraden liegen!

a) A(4,3; 5,2), B(5,9; 7,6), C(6,7; 8,8)
b) A(– 4,5; – 1,9), B(– 2,1; – 0,3), C(– 0,1;0,9)

FA 38

Beschreiben Sie die Menge aller Punkte P(x; y), deren Koordinaten die Gleichung $|x| + |y| = 1$ erfüllen, und veranschaulichen Sie diese Menge in einem Koordinatensystem!

F 5 Lagebeziehungen zweier Geraden

FA 39 *(↗ Beispiel F6, S. 197)*

Berechnen Sie die Koordinaten des Schnittpunktes der Geraden g_1 und g_2, sofern die Geraden g_1 und g_2 nicht parallel sind! Ermitteln Sie eine Gleichung für die Parallele h zur Geraden g_1, die durch den Koordinatenursprung verläuft!

g_1: $x + \frac{1}{4}y - 4 = 0$
g_2: $x - y + 1 = 0$

FA 40

Berechnen Sie jeweils die Koordinaten des Schnittpunktes der Geraden g_1 und g_2, sofern die Geraden g_1 und g_2 nicht parallel sind! Ermitteln Sie eine Gleichung für die Parallele h_1 zur jeweiligen Geraden g_1, die durch den Koordinatenursprung verläuft!

a) g_1: $y = -\frac{1}{4}x - 1$
g_2: $y = \frac{1}{2}x - 4$

b) g_1: $4x - y + 10 = 0$
g_2: $2x - \frac{1}{2}y + 5 = 0$

c) g_1: $y = -x + \frac{5}{2}$
g_2: $y = -2x + 5$

d) g_1: $y = \frac{7}{3}x + 2$
g_2: $y = \frac{7}{3}x - 2$

e) g_1: $3x - y = -24$
g_2: $x - 3y = 0$

f) g_1: $2x - 3y = -6$
g_2: $y = \frac{2}{3}x + 2$

FA 41

Ermitteln Sie jeweils eine Gleichung für die Parallele h_i zur Geraden g_i, die den Punkt P_i enthält!

a) g_1: $y = \frac{1}{2}x + 3$, $P_1(1; -1)$ b) g_2: $y = -2x - 4$, $P_2(1; 2)$

c) g_3: $y = -\frac{1}{3}x + 5$, $P_3(0; 0)$ d) g_4: $y = \frac{1}{4}x$, $P_4(4; -2)$

Zeichnen Sie die Geraden in ein Koordinatensystem, und konstruieren Sie die zugehörigen Parallelen!

FA 42

Notieren Sie jeweils die Gleichungen der Parallelen zu den Koordinatenachsen durch den angegebenen Punkt!

a) $P_1(3; 4)$ b) $P_2(0; -\frac{5}{7})$ c) $P_3(-\frac{4}{9}; 0)$

d) $P_4(0; 0)$ e) $P_5(-2; -3)$ f) $P_6(0{,}5; -\frac{1}{3})$

FA 43

Welche zwei der jeweils vier Geraden g_1, g_2, g_3 und g_4 mit

a) g_1: $y = -\frac{1}{4}x + 4$ g_2: $x + 4y = -4$ g_3: $x - y = 1$ g_4: $\frac{1}{2}x + 2y = 8$

b) g_1: $y - 2x = 4$ g_2: $y = -2x + 4$ g_3: $2y - x = 4$ g_4: $y = \frac{1}{2}x$

schneiden einander, sind echt parallel zueinander oder fallen zusammen? Begründen Sie knapp Ihre Entscheidung!

FA 44

Die Gerade g hat den Anstieg m und verläuft durch den Punkt P_1. Die Gerade h verläuft durch die Punkte P_2 und P_3. Bestimmen Sie jeweils die gegenseitige Lage von g und h! Berechnen Sie gegebenenfalls den Schnittpunkt!

a) $m = \frac{1}{2}$, $P_1(6; 0)$, $P_2(5; -2)$, $P_3(-1; 4)$ b) $m = 8$, $P_1(1; 1)$, $P_2(-1; -15)$, $P_3(1{,}7; 6{,}6)$

c) $m = -\frac{2}{3}$, $P_1(3; 3)$, $P_2(-3; -3)$, $P_3(0; -5)$ d) $m = -\frac{1}{3}$, $P_1(3; -2)$, $P_2(1; 2{,}4)$, $P_3(\sqrt{5}; \frac{12}{5})$

FA 45

Die Seiten eines Dreiecks werden durch die Geraden g_1, g_2 und g_3 mit

g_1: $y = \frac{1}{3}x$, g_2: $y = -x + 8$, g_3: $y = 5x + 14$ gebildet.

a) Ermitteln Sie die Koordinaten der Eckpunkte des Dreiecks!

b) Bestimmen Sie die Gleichungen der Geraden, auf denen die Seitenhalbierenden liegen!

c) Geben Sie die Koordinaten des Schnittpunktes der Seitenhalbierenden an!

Die Rechnungen unter a) – c) sind durch eine Zeichnung zu überprüfen.

F 6 Schnittwinkel und Orthogonalität zweier Geraden

FA 46 *(↗ Definition F2, S. 198, Beispiel F8, S. 199))*

Bestimmen Sie die Anstiege m_1, m_2 und die Steigungswinkel α_1, α_2 der Geraden g_1 und g_2 mit folgenden Gleichungen:

g_1: $y = \frac{1}{3}x + 1$ g_2: $y = \frac{3}{2}x - 2$

Wie groß ist der Schnittwinkel der Geraden g_1 und g_2?

FA 47

Die Gerade g hat den Anstieg m_1. Bestimmen Sie den Anstieg m_2 einer Orthogonalen zu g!

a) $m_1 = \frac{3}{5}$ b) $m_1 = -\frac{1}{4}$ c) $m_1 = \sqrt{2}$

d) $m_1 = -3$ e) $m_1 = -0{,}75$ f) $m_1 = -0{,}1$

FA 48

Welche zwei der vier Geraden g_1, g_2, g_3 und g_4 mit folgenden Gleichungen sind zueinander parallel bzw. orthogonal?

g_1: $y = \frac{1}{2}x - \frac{3}{2}$ g_2: $y = -2x - 4$ g_3: $y = 3x - 4$ g_4: $y = -2x + 1$

FA 49

Gegeben seien die Gerade g mit g: $y = 3x - 4$ und der auf g liegende Punkt $P_0(2; 2)$. Ermitteln Sie eine Gleichung der in P_0 auf g errichteten Senkrechten!

FA 50

Geben Sie jeweils eine Gleichung für das Lot vom Punkt P_i auf die Gerade g_i an! Berechnen Sie jeweils die Koordinaten des Lotfußpunktes!

a) $P_1(1; 2)$, $g_1: 2x - y + 4 = 0$
b) $P_2(4; 0)$, $g_2: x + 4y - 4 = 0$
c) $P_3(2; \frac{5}{8})$, $g_3: y = -\frac{4}{3}x - 4$
d) $P_4(2{,}5; -1{,}5)$, $g_4: y = -3$

FA 51

Berechnen Sie jeweils den Abstand des Koordinatenursprungs von der Geraden g_i!

a) g_1: $y = \frac{1}{2}x - 3$ b) g_2: $y = -\frac{5}{4}x + 5$ c) g_3: $y = 4$ d) g_4: $\frac{x}{4} + \frac{y}{3} = 1$

FA 52

Gegeben seien Dreiecke ABC mit den folgenden Koordinaten der Eckpunkte:

a) A(–4; 1), B(2; –2), C(2; 5)
b) A(0; 0), B(5; 1), C(1; 5)

Berechnen Sie die Koordinaten des Höhenschnittpunktes von ABC!

FA 53

Gegeben seien jeweils zwei einander schneidende Geraden g_1 und g_2. Berechnen Sie den Schnittwinkel ψ von g_1 und g_2!

a) g_1: $y = \frac{1}{2}x - \frac{1}{2}$; g_2: $y = \frac{3}{2}x - \frac{3}{2}$
b) g_1: $y = 4x + 6$; g_2: $y = \frac{1}{3}x + \frac{7}{3}$
c) g_1: $y = -0{,}1x + 3$; g_2: $y = \frac{1}{3}x - 2$
d) g_1: $y = \frac{2}{3}x - 2$; g_2: $y = 0{,}01x + 3$
e) g_1: $y = -2x + 1$; g_2: $y = \frac{1}{5}x - 2$
f) g_1: $y = -\frac{1}{5}x + 1$; g_2: $y = x - 3$

FA 54

Geben Sie eine Gleichung für die Gerade g_2 an, die die Gerade g_1 mit g_1: $y = 1$ im Punkt $P_0(2; 1)$ unter einem Winkel von $\alpha_1 = 30°$, $\alpha_2 = 45°$, $\alpha_3 = 60°$ schneidet!

F 7 Kreis

F 7.1 Definition und Kreisgleichung

FA 55 *(↗ Beispiel F 10, S. 201)*

In der folgenden Tabelle sind fünf Kreise durch ihre Mittelpunkte und Radien gegeben. Notieren Sie eine Gleichung zu jedem der fünf Kreise, und untersuchen Sie die Lage des Punktes P(1; 3) bezüglich jedes dieser Kreise!

	k_1	k_2	k_3	k_4	k_5
Mittelpunkt	$M_1(3; 4)$	$M_2(0; 0)$	$M_3(3; -2)$	$M_4(-2; -1)$	$M_5(-1; 4)$
Radius	$r_1 = 3$	$r_2 = \sqrt{10}$	$r_3 = 4$	$r_4 = \sqrt{37}$	$r_5 = \sqrt{17}$

FA 56

Notieren Sie eine Gleichung des Kreises k_i mit dem Mittelpunkt M_i und dem Radius r_i! Untersuchen Sie die Lage der Punkte $P(-\frac{1}{2}; 2)$, $Q(0; 2)$, $R(2; -2)$ bezüglich jedes Kreises k_i!

a) $M_1(0; -2)$; $r_1 = 4$ b) $M_2(4; 2)$; $r_2 = 2 \cdot \sqrt{5}$ c) $M_3(-4; 5)$; $r_3 = 5$

FA 57

Durch die drei Punkte P_1, P_2 und P_3 sei jeweils genau ein Kreis bestimmt. Geben Sie den Mittelpunkt, den Radius sowie die Gleichung des Kreises k an!

a) $P_1(0; 0)$, $P_2(6; -8)$, $P_3(7; -1)$ b) $P_1(-18; 6)$, $P_2(-1; 13)$, $P_3(6; -4)$

c) $P_1(5; 9)$, $P_2(7; -5)$, $P_3(-9; 7)$

FA 58

P und $Q(-6; 8)$ seien Punkte ein und desselben Kreises um den Koordinatenursprung. Bestimmen Sie jeweils die Koordinaten von P!

a) $P(x_P; 5 \cdot \sqrt{2})$ b) $P(-5; y_P)$ c) $P(5 \cdot \sqrt{3}; y_P)$ d) $P(\sqrt{91}; y_P)$

FA 59

Geben Sie die Gleichung von jeweils einem Kreis an, der folgender Bedingung genügt:

	P_i ist Punkt des Kreises ...	P_i ist innerer Punkt des Kreises ...	P_i ist äußerer Punkt des Kreises ...
a) $P_1(-3; 7)$			
b) $P_2(\sqrt{2}; \sqrt{3})$			
c) $P_3(-\frac{1}{3}; \frac{4}{5})$			

FA 60

Geben Sie die Gleichung von jeweils einem Kreis (Mittelpunkt (c; d)) an, der folgenden Bedingungen genügt:

	P_i ist Punkt des Kreises ...	P_i ist innerer Punkt des Kreises ...	P_i ist äußerer Punkt des Kreises ...
a) $P_1(-1; -1)$, $c > 0, d > 0$			
b) $P_2(2; -1)$, $c < 0, d < 0$			

FA 61

Geben Sie die Gleichung eines Kreises k mit dem Radius 4,5 an, dessen Mittelpunkt auf der y-Achse liegt und der die x-Achse berührt!

FA 62

Bestimmen Sie die Koordinaten der Schnittpunkte des Kreises $k: (x-3)^2 + (y+2)^2 = 16$ mit der x-Achse und der y-Achse!

FA 63

Geben Sie die Gleichung des Kreises k an, der durch den Punkt $P(-4; 2)$ geht und den Mittelpunkt $M(1; 1)$ hat!

FA 64

Bestimmen Sie die Gleichung eines Kreises k_i, der den Kreis mit der Gleichung $x^2 + y^2 - 10 = 0$

a) in seinem Innern enthält;
b) von innen berührt;
c) von außen berührt;
d) in zwei Punkten schneidet!

FA 65

Beschreiben die folgenden Gleichungen Kreise? Geben Sie im Fall eines Kreises den Mittelpunkt und den Radius an!

a) $x^2 + y^2 - 4x + 2y - 4 = 0$
b) $x^2 + y^2 - 8x + 6y + 25 = 0$
c) $x^2 + y^2 + 2x + 2y + 1 = 0$
d) $x^2 + y^2 + 2x + 2y + 3 = 0$

F 7.2 Kreis und Gerade

FA 66 (↗ *Beispiel F 12, S. 203*)

Berechnen Sie die Schnittpunkte der Geraden g mit dem Kreis k!

g: $y = -\frac{11}{3}x + \frac{9}{2}$ k: $(x + 2)^2 + (y - 1)^2 = 16{,}25$

FA 67

Gesucht sind die Schnittpunkte der Geraden g_i mit dem Kreis k_i:

a) g_1: $y = 0{,}5x + 2$; k_1: $x^2 + y^2 = 16$
b) g_2: $4x - 3y - 8 = 0$; k_2: $(x + 4)^2 + (y - 2)^2 = 36$
c) g_3: $y = 0{,}5\,x + 2$; k_3: $x^2 - 8x + y^2 = 0$
d) g_4: $6x + 7y = 42$; k_4: $x^2 + y^2 = 16$
e) g_5: $y = 3$; k_5: $x^2 + (y + 1)^2 = 25$

FA 68

a) Wie lauten die Gleichungen der Tangenten an dem Kreis k: $x^2 + y^2 - 2x - 24 = 0$ in den Punkten A(4; 4) und B(−3; 3)?
b) Bestimmen Sie das Produkt $m_1 \cdot m_2$ der Anstiege dieser beiden Tangenten! Was schlußfolgern Sie daraus?

FA 69

Bestimmen Sie die Gleichungen der Tangenten an den Kreis k: $(x + 2)^2 + (y - 1)^2 = 16{,}25$ in den Kreispunkten mit der Koordinate $x = 0$!

FA 70

Geben Sie die Gleichungen der vier Tangenten an den Kreis k: $(x - 2)^2 + (y + 1)^2 = 25$ an, die parallel zur x-Achse bzw. zur y-Achse verlaufen!

F 7.3 Zwei Kreise

FA 71 (↗ *Beispiel F 14, S. 204/205*)

Berechnen Sie die Schnittpunkte der beiden Kreise:

k_1: $(x + 2)^2 + (y - 3)^2 = 13$ k_2: $(x - 1)^2 + (y + 12)^2 = 169$

FA 72

Untersuchen Sie, ob die beiden nachfolgend jeweils durch ihre Gleichungen angegebenen Kreise k_1 und k_2 gemeinsame Punkte besitzen! Wenn dies der Fall ist, dann berechnen Sie die Koordinaten dieser Punkte!

a) k_1: $(x - 1)^2 + (y - 2)^2 = 5$;
k_2: $(x - 6)^2 + (y + 3)^2 = 25$

b) k_1: $(x - 1)^2 + (y - 2)^2 = 5$;
k_2: $(x - 5)^2 + (y - 10)^2 = 45$

c) k_1: $(x + 3)^2 + (y + 2)^2 = 13$;
k_2: $(x - 1)^2 + (y - 2)^2 = 5$

d) k_1: $(x + 2)^2 + (y + 1)^2 = 10$;
k_2: $(x - 4)^2 + (y - 3)^2 = 9$

e) k_1: $x^2 + y^2 = 10$;
k_2: $(x - 4)^2 + (y - 3)^2 = 9$

f) k_1: $(x - \frac{1}{2})^2 + (y - \frac{3}{2})^2 = 1$;
k_2: $x^2 - x + y^2 - 3y = 3$

FA 73

Bestimmen Sie die Gleichungen der Tangenten an die beiden Kreise k_1 und k_2 jeweils im Punkt P (2; 4)! Welche Schlußfolgerung ziehen Sie bezüglich des Schnittverhaltens dieser beiden Kreise?
k_1: $(x - 1)^2 + (y - 2)^2 = 5$, k_2: $(x - 1{,}5)^2 + (y - 3)^2 = 1{,}25$

F 8 Ellipse

F 8.1 Definition und Eigenschaften

FA 74 *(↗ Beispiel F 15, S. 207)*

Konstruieren Sie Ellipsenpunkte zu der durch F_1 und F_2 gegebenen Ellipse mit $2a = |\overline{AB}|$ (siehe Bild)! Benutzen Sie die eingetragenen Punkte T_1, T_2, T_3, T_4 und T_5!

F 8.2 Gleichung einer Ellipse

FA 75

Von einer Ellipse sind die Koordinaten der Brennpunkte $F_1(-4; 0)$ und $F_2(4; 0)$ sowie die Länge 10(LE) der großen Achse bekannt. Bestimmen Sie die Gleichung dieser Ellipse!

FA 76

Bestimmen Sie die Brennpunkte der Ellipse mit der Gleichung $\frac{x^2}{100} + \frac{y^2}{64} = 1$!

FA 77

Konstruieren Sie die Ellipsen mit den Gleichungen:

a) $\frac{x^2}{16} + \frac{y^2}{4} = 1$ b) $\frac{x^2}{9} + \frac{y^2}{4} = 1$ c) $\frac{4x^2}{81} + \frac{4y^2}{25} = 1$ d) $\frac{4x^2}{25} + \frac{y^2}{9} = 1$

FA 78

Geben Sie eine Gleichung einer Ellipse an, die folgenden Bedingungen genügt:

a) $a = 5, b = 4$ b) $e = 4, a = 5$ c) $b = 2, e = 6$

d) $a + b = 10, e = \sqrt{20}$ e) $a = 13, F_1(-10; 0), F_2(14; 10)$ f) $b = 1, F_1(-1; 1), F_2(1; 1)$

FA 79

Der Mittelpunkt einer Ellipse, deren Hauptachse parallel zur x-Achse liegt, sei M (3; 2). Der Abstand der Brennpunkte dieser Ellipse beträgt 6 (LE). Die Hauptachse hat eine Länge von 8 (LE). Bestimmen Sie die Gleichung dieser Ellipse!

FA 80

Stellen Sie fest, welche der folgenden Punkte auf der Ellipse $8x^2 + 5y^2 = 77$ liegen bzw. innere oder äußere Punkte dieser Ellipse sind:
$P_1(-2; 3)$, $P_2(2; -2)$, $P_3(2; -4)$, $P_4(-1; 3)$, $P_5(-4; -3)$, $P_6(3; -1)$, $P_7(3; -2)$, $P_8(2; 1)$, $P_9(0; 15)$, $P_{10}(0; -16)$

FA 81

Werden durch die folgenden Gleichungen Ellipsen bestimmt? Geben Sie im Fall der Ellipse den Mittelpunkt, die Brennpunkte und die Längen der Haupt- und Nebenachse an!
a) $4x^2 + 9y^2 - 36 = 0$ b) $4x^2 + 9y^2 - 16x - 36y + 16 = 0$ c) $2x^2 + 2x^2 - 12x + 4y + 19 = 0$

F 8.3 Tangenten an einer Ellipse

FA 82

Gegeben sei eine Ellipse mit der Gleichung $\frac{x^2}{36} + \frac{y^2}{25} = 1$.
a) Prüfen Sie, ob der Punkt $P(3; \frac{5}{2}\sqrt{5})$ zu dieser Ellipse gehört!
b) Bestimmen Sie die Gleichung der Tangente im Punkt $P(3; \frac{5}{2}\sqrt{5})$ an die Ellipse!
c) Konstruieren Sie die in b) genannte Tangente mit Hilfe des Satzes F17!

FA 83

Wie viele Tangenten an die Ellipse $\frac{x^2}{9} + \frac{y^2}{4} = 1$ gehen durch den Punkt $P_1(1; 1)$, durch den Punkt $P_2(9; 1)$ bzw. durch den Punkt $P_3(0; 2)$? Begründen Sie Ihre Aussage!

F 9 Schnittfiguren eines Kegels

FA 84 (↗ *Figuren F35 bis F39, S. 210/211*)

Beschreiben Sie die beim Schnitt eines Doppelkegels durch eine Ebene ε entstehenden Figuren und deren Änderung bei Parallelverschiebung von ε für folgende Fälle (α sei jeweils konstant):
a) $\beta = 0°$ b) $0° < \beta < 90°; \beta < \alpha$ c) $0° < \beta < 90°; \beta = \alpha$
d) $0° < \beta < 90°; \beta > \alpha$ e) $\beta = 90°$

FA 85 (↗ *Figur F35, S. 210*)

Ein Doppelkegel werde von einer Ebene ε so geschnitten, daß die entstehende Figur eine Ellipse ist. ($0° < \beta < \alpha$)
Wie ändert sich die Gestalt der Ellipse, wenn
a) bei konstantem α der Neigungswinkel β der Ebene ε,
b) bei konstantem β der Neigungswinkel α der Mantellinien des Kegels
kontinuierlich geändert wird?

F 10 Hyperbel

FA 86 *(↗ Beispiele F 17, S. 212)*

Konstruieren Sie Punkte zu der durch F_1 und F_2 sowie $2a = |\overline{AB}|$ (siehe Bild) gegebenen Hyperbel! Benutzen Sie die eingetragenen Punkte T_1, T_2, T_3, T_4 und T_5!

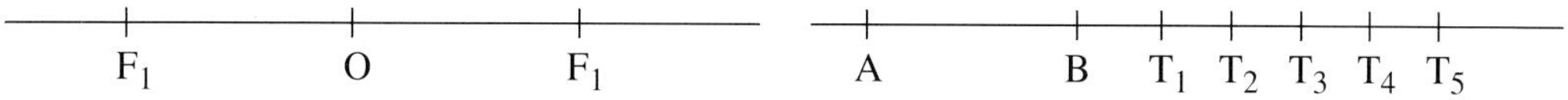

FA 87

Von einer Hyperbel sind die Brennpunkte F_1 und F_2 sowie ein Punkt P gegeben.

a) Konstruieren Sie weitere Hyperbelpunkte! b) Konstruieren Sie die Scheitel der Hyperbel!

FA 88

Geben Sie die Gleichung einer Hyperbel an, die folgenden Bedingungen genügt:

a) $a = 3, b = 4$ b) $a = 12, e = 13$ c) $a = 4, F_1(-6; 0), F_2(6; 0)$

d) $b = \sqrt{2}, e = \sqrt{11}$ e) $e = 5, S_1(-4; 0), S_2(4; 0)$ f) $S_1(-3; 0), S_2(3; 0), b = 5$

FA 89

Stellen Sie die Gleichung einer Hyperbel auf, von der bekannt ist, daß ein Scheitelpunkt von den zwei Brennpunkten einen Abstand von 9 bzw. 1 hat!

FA 90

Gegeben sei die Ellipse $\frac{x^2}{8} + \frac{y^2}{5} = 1$. Stellen Sie die Gleichung der Hyperbel auf, deren Scheitel sich in den Brennpunkten und deren Brennpunkte sich in den Scheiteln der gegebenen Ellipse befinden!

FA 91

Gegeben seien die nachfolgenden Gleichungen von Hyperbeln. Bestimmen Sie jeweils die Gleichungen von deren Asymptoten, berechnen Sie die Koordinaten der Brennpunkte und der Scheitel sowie die Größe der Winkel zwischen den Asymptoten!

a) $\frac{x^2}{9} - \frac{y^2}{16} = 1$ b) $12x^2 - 10y^2 = 60$

FA 92

Von einer Hyperbel sind die Scheitelpunkte $S_1(-1; 0)$ und $S_2(1; 0)$ sowie ein Punkt $P(2; \frac{1}{2}\sqrt{3})$ gegeben.

a) Ermitteln Sie die Gleichung der Hyperbel!
b) Bestimmen Sie die Brennpunkte der Hyperbel!
c) Fertigen Sie ein Bild dieser Hyperbel an!
d) Ermitteln Sie die Gleichungen der Asymptoten dieser Hyperbel!
e) Zeigen Sie, daß $Q(\frac{3}{2}; \frac{1}{4}\sqrt{5})$ ein Hyperbelpunkt ist, und geben Sie die Gleichung der Tangente in diesem Punkt an die Hyperbel an!

F 11 Parabel

FA 93 *(↗ Figuren F45/F46, S. 214)*

Konstruieren Sie zu der im Bild durch die Leitlinie l und den Brennpunkt F gegebenen Parabel die Parabelpunkte, die auf den eingezeichneten Parallelen zu l liegen! Bestimmen Sie weiterhin den Scheitel der Parabel!

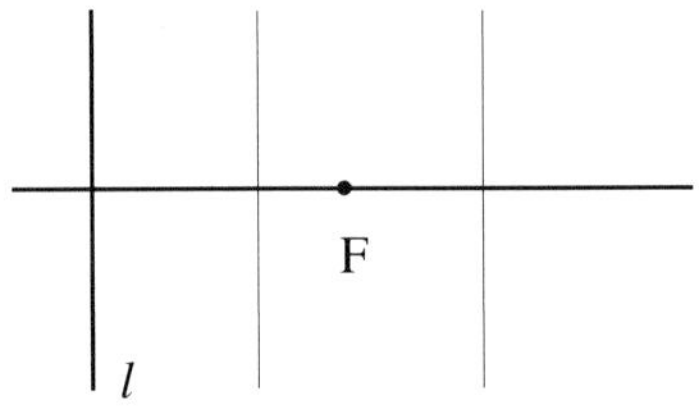

FA 94

Geben Sie die Koordinaten der Brennpunkte folgender Parabeln an:

a) $y^2 = 6x$ b) $y^2 = -5x$ c) $y^2 = \frac{7}{3}x$

d) $0 = 0{,}5x - y^2$ e) $0 = \frac{1}{3}x + 2y^2$ f) $0 = x + 8y^2$

Bestimmen Sie jeweils die Gleichung der Leitlinie!

FA 95

Gegeben sei die Gleichung der Leitlinie einer Parabel, die zur x-Achse symmetrisch ist und deren Scheitelpunkt im Koordinatenursprung liegt. Bestimmen Sie jeweils die Gleichung der Parabel sowie die Koordinaten des Brennpunktes!

a) $x = -3$ b) $x = \frac{1}{2}$ c) $x = -1{,}2$

FA 96

Gegeben sind in einem Koordinatensystem zwei Parabelpunkte $P_1(1; 4)$, $P_2(4; 1)$ und die Leitlinie l durch ihre Gleichung $y = -x + 1$.

a) Konstruieren Sie den Brennpunkt dieser Parabel!
b) Bestimmen Sie die Gleichung der Symmetrieachse dieser Parabel!

FA 97

Eine Parabel ist durch ihre Gleichung $y^2 = 2x$ gegeben.

a) Geben Sie die Koordinaten des Brennpunktes an!
b) Wie lautet die Gleichung der Leitlinie l?
c) Überprüfen Sie, ob $P(1; \sqrt{3})$ ein Parabelpunkt ist!
d) Geben Sie die Gleichung der Tangente in $Q(1; -\sqrt{2})$ an die Parabel an!
e) Zeichnen Sie das Bild der Parabel, und tragen Sie dort auch die Tangente in Q an die Parabel ein!

FA 98

Untersuchen Sie, ob nachfolgende Gleichungen einen Kreis, eine Ellipse, eine Hyperbel, eine Parabel (oder keinen dieser Kegelschnitte) beschreiben! Ermitteln Sie ggf. die charakteristischen Größen (Mittel- bzw. Scheitelpunktskoordinaten; a, b, e bzw. r, p)!

a) $15x^2 - 16y^2 = 20$ b) $3x^2 + 3y^2 = 9$

c) $(x-5)^2 + (y-3)^2 = 1$ d) $2x^2 + 2y^2 - 8x + 2y + 7 = 0$

e) $2x^2 + 4y^2 = 4$ f) $2x - y^2 = 0$

g) $\frac{1}{2}x^2 - \frac{1}{2}y^2 = \frac{1}{4}$ h) $4x^2 + 4y^2 - 4x + 32y = -65$

G Vektorrechnung

G 1 Vektoren

G 1.1 Vektoren im Anschauungsraum

GA 1 *(↗ Beispiele G1/G2, Definition 61, S. 216/217)*

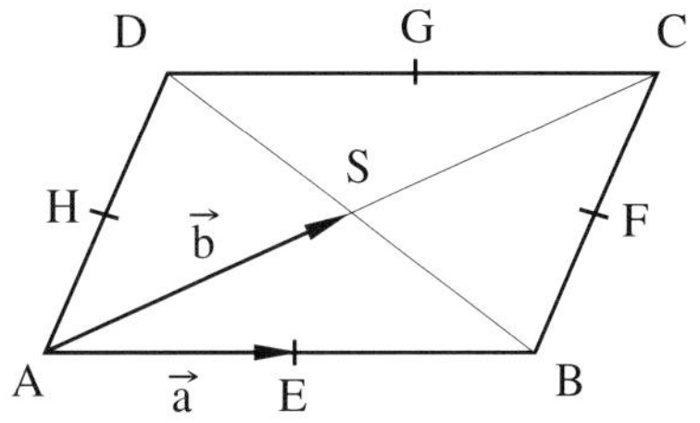

Im Parallelogramm ABCD bezeichnen E, F, G und H die Seitenmitten und S den Diagonalenschnittpunkt. Stellen Sie alle diejenigen Pfeile zusammen, die den bezeichneten Vektor repräsentieren!

a) $\vec{a} = \overrightarrow{AE}$

b) $\vec{b} = \overrightarrow{AS}$

GA 2

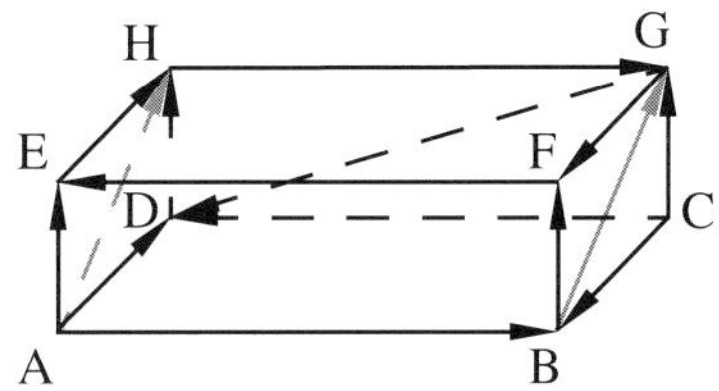

Geben Sie an, welche der auf dem Quader eingezeichneten Pfeile jeweils den Vektor $\vec{a}$ repräsentieren!

a) $\vec{a} = \overrightarrow{EH}$ b) $\vec{a} = \overrightarrow{DH}$

c) $\vec{a} = \overrightarrow{CD}$ d) $\vec{a} = \overrightarrow{AH}$

e) $\vec{a} = \overrightarrow{HG}$ f) $\vec{a} = \overrightarrow{AF}$

Begründen Sie außerdem, warum die Pfeile $\overrightarrow{AB}$ und $\overrightarrow{FE}$ nicht den gleichenVektor repräsentieren!

GA 3

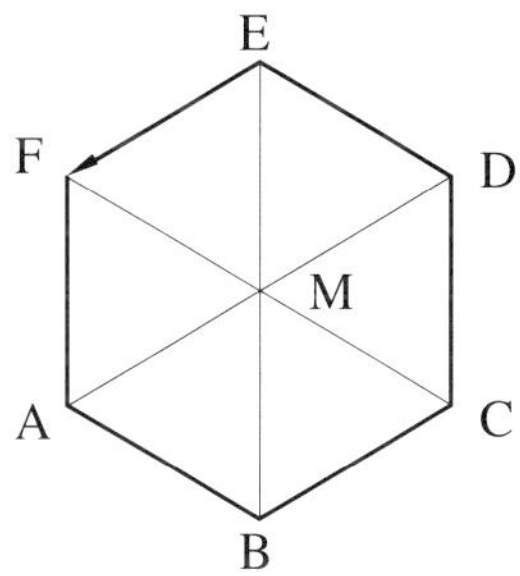

In dem dargestellten regelmäßigen Sechseck ABCDEF mit Mittelpunkt M ist der Pfeil $\overrightarrow{EF}$ eingezeichnet. Geben Sie mit Hilfe der sieben Punkte alle Pfeile an, die bezüglich $\overrightarrow{EF}$ gleich lang, parallel und gleich gerichtet sind!

GA 4

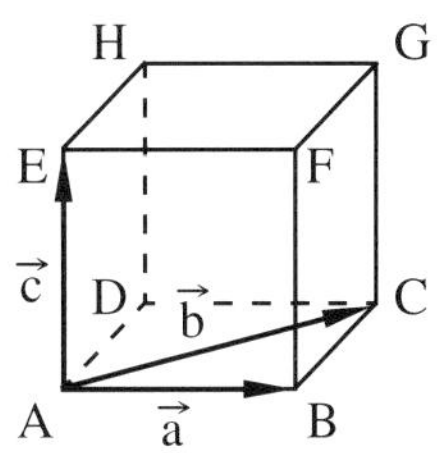

Gegeben sei ein Würfel ABCDEFGH. Geben Sie mit Hilfe der Eckpunkte des Würfels alle weiteren gerichteten Strecken an, die die nachfolgenden Vektoren repräsentieren:

$\vec{a} = \overrightarrow{AB} =$

$\vec{b} = \overrightarrow{AC} =$

$\vec{c} = \overrightarrow{AE} =$

GA 5

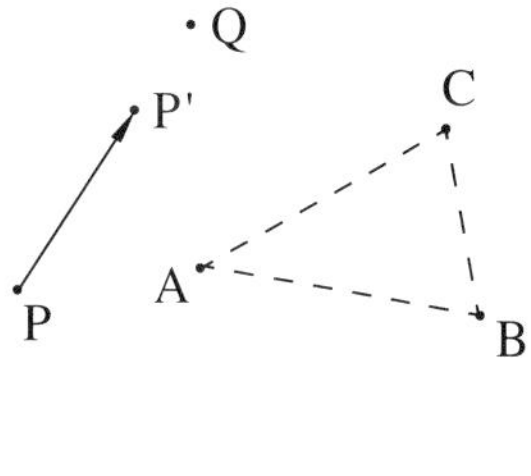

Durch die Verschiebung $\vec{v}$ der Ebene wird der Punkt P in den Punkt P' überführt. Konstruieren Sie zu den Punkten A, B, C und Q die Bildpunkte A', B', C' und Q' bei dieser Verschiebung! Beschreiben Sie eine Bildpunktkonstruktion!

GA 6

Zeichnen Sie den Pfeil $\overrightarrow{P_1P_2}$ sowie den zum gleichen Vektor gehörenden Pfeil $\overrightarrow{P_3P_4}$ in ein Koordinatensystem! Bestimmen Sie die Koordinaten des jeweils nicht angegebenen Punktes!

a) $P_1(3; 1)$, $P_2(7; 4)$, $P_3(1; 4)$ b) $P_1(1; 5)$, $P_2(4; 2)$, $P_4(7; -1)$

G 1.2 Addition von Vektoren

GA 7 (↗ *Sätze G1/G2, S. 218*)

Gegeben sei das nebenstehend dargestellte Dreieck ABC.

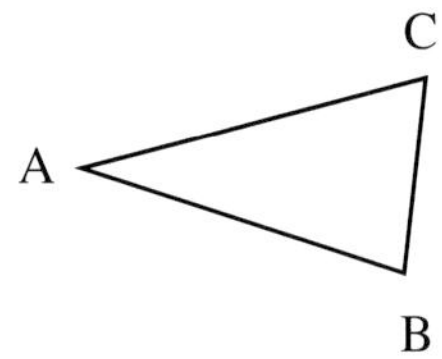

a) Bezeichnen Sie in diesem Dreieck die Vektoren $\vec{a} = \overrightarrow{AB}$, $\vec{b} = \overrightarrow{AC}$, $\vec{c} = \overrightarrow{BC}$ und $\vec{d} = \overrightarrow{CB}$, und veranschaulichen Sie durch Pfeile folgende Summenvektoren: $\vec{a} + \vec{b}$, $\vec{a} + \vec{c}$, $\vec{b} + \vec{d}$, $\vec{b} + \vec{c}$ und $\vec{a} + \vec{d}$

b) Geben Sie $\vec{c}$ und $\vec{d}$ jeweils mit Hilfe von $\vec{a}$ und $\vec{b}$ an!

GA 8

Gegeben seien die Vektoren $\vec{u}$, $\vec{v}$ und $\vec{w}$. Übertragen Sie die Figur in Ihr Heft, und zeichnen Sie folgende Vektoren ein:

a) $\vec{u} + \vec{v}$	b) $\vec{u} + \vec{w}$	c) $\vec{v} + \vec{w}$
d) $(\vec{u} + \vec{v}) + \vec{w}$	e) $\vec{u} + \vec{u}$	f) $\vec{w} + \vec{w} + \vec{w}$
g) $\vec{u} - \vec{v}$	h) $\vec{u} - \vec{w}$	i) $\vec{v} - \vec{w}$
j) $\vec{v} - \vec{u}$	k) $\vec{u} - \vec{w} + \vec{v}$	l) $\vec{v} + \vec{v} + \vec{w}$

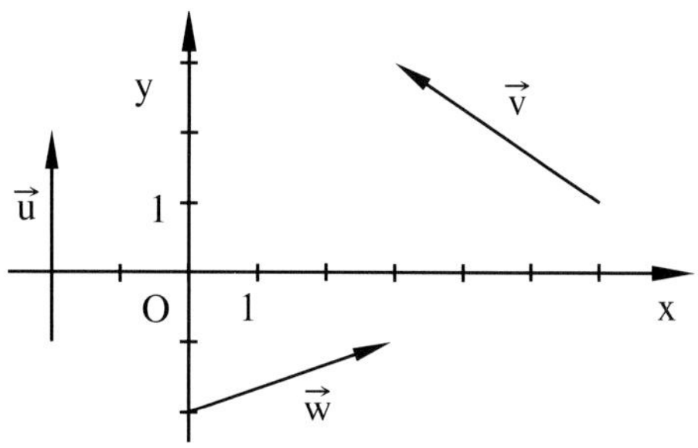

GA 9

Ein Tetraeder OABC wird durch die drei Vektoren $\vec{a} = \overrightarrow{OA}$, $\vec{b} = \overrightarrow{OB}$ und $\vec{c} = \overrightarrow{OC}$, aufgespannt. Beschreiben Sie die im Bild angegebenen Vektoren $\vec{u}$, $\vec{v}$ und $\vec{w}$ der Seitenfläche ABC mit Hilfe von $\vec{a}$, $\vec{b}$ und $\vec{c}$!

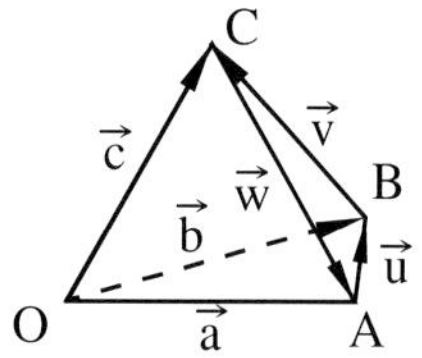

GA 10

Gegeben sei ein Dreieck ABC mit $\overrightarrow{AB} = \vec{u}$, $\overrightarrow{BC} = \vec{v}$ und $\overrightarrow{CA} = \vec{w}$. Dann ist $\vec{u} + \vec{v} + \vec{w} = \vec{o}$.
Zeichnen Sie in eine entsprechende Abbildung Pfeile ein, die folgende Vektoren beschreiben:

a) $\vec{u} + (-\vec{w})$ b) $\vec{u} + \vec{v}$ c) $\vec{u} - \vec{v}$ d) $\vec{u} + \vec{w}$

GA 11

In einem Parallelogramm ABCD sei $\vec{a} = \overrightarrow{AB}$ und $\vec{b} = \overrightarrow{AD}$. Geben Sie die folgenden Vektoren mit Hilfe von $\vec{a}$ und $\vec{b}$ an:

a) $\overrightarrow{AC}$ b) $\overrightarrow{BD}$ c) $\overrightarrow{CB}$ d) $\overrightarrow{CD}$ e) $\overrightarrow{CA}$ f) $\overrightarrow{DB}$

GA 12

Gegeben sei ein Pyramide OAPBC mit einem Parallelogramm OAPB als Grundfläche. Das Parallelogramm werde durch die Vektoren $\vec{a} = \overrightarrow{OA}$ und $\vec{b} = \overrightarrow{OB}$ aufgespannt. Die Spitze der Pyramide beschreibt $\vec{c} = \overrightarrow{OC}$. Beschreiben Sie die restlichen im Bild veranschaulichten Vektoren, die dort noch nicht bezeichnet sind, durch $\vec{a}$, $\vec{b}$ und $\vec{c}$:

$\overrightarrow{OP}$ = $\overrightarrow{AB}$ = $\overrightarrow{AC}$ = $\overrightarrow{CB}$ = $\overrightarrow{CP}$ =

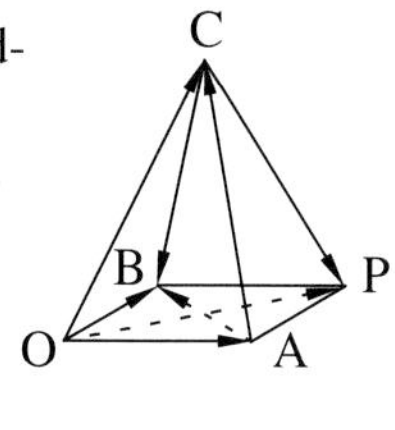

G 1.3 Vervielfachung von Vektoren

GA 13 (↗ *Beispiele G3/G4 , S. 219/220)*

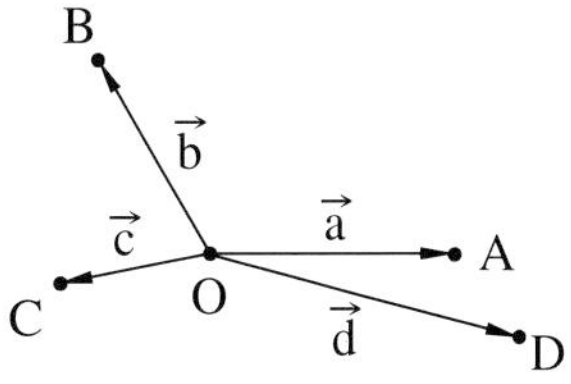

In der Ebene seien die Vektoren $\vec{a} = \overrightarrow{OA}$, $\vec{b} = \overrightarrow{OB}$, $\vec{c} = \overrightarrow{OC}$ und $\vec{d} = \overrightarrow{OD}$ gegeben. Konstruieren Sie in der Abbildung die Pfeile $\overrightarrow{OP}$ und $\overrightarrow{OQ}$ für folgende Vektoren:

a) $\overrightarrow{OP} = \vec{p} = \vec{a} + \vec{b} - \vec{c} - \vec{d}$ b) $\overrightarrow{OQ} = \vec{q} = \frac{1}{2}\vec{a} + \frac{1}{3}\vec{b} - 2\vec{c}$

GA 14

Gegeben sei ein Dreieck ABC mit $\vec{a} = \overrightarrow{AB}$ und $\vec{b} = \overrightarrow{AC}$. Verwenden Sie für Ihre Zeichnung a = 4 cm, b = 5 cm, c = 6 cm. Veranschaulichen Sie durch Pfeile die folgenden Vektoren:

a) $2\vec{b}$; $\frac{1}{2}\vec{a}$; $\frac{1}{2}\vec{a} + 2\vec{b}$; $2\vec{b} - \frac{1}{2}\vec{a}$; $\frac{1}{2}\vec{a} - \frac{1}{2}\vec{b}$ b) $\frac{3}{2}\vec{b}$; $\frac{2}{5}\vec{a}$; $\frac{3}{2}\vec{b} - \frac{2}{5}\vec{a}$

GA 15

Vereinfachen Sie die Terme durch Anwendung der Gesetze für das Rechnen mit Vektoren!

a) $4(\vec{a} - 2\vec{b}) + 2(3\vec{b} - 2\vec{a}) + 4\vec{b} =$ b) $\frac{2}{3}\vec{a} + 4(\frac{3}{2}\vec{a} - \frac{5}{4}\vec{b}) - 3\vec{a} =$

c) $4\vec{b}\cdot(\frac{3}{2} - 1{,}25) - \frac{1}{4}\cdot(\frac{6}{4}\vec{b}) =$ d) $\frac{1}{4}\vec{a} + \frac{\vec{a} + \vec{b}}{2} - \frac{\vec{a}}{3} =$

GA 16

Gegeben seien die Vektoren $\vec{a} = \overrightarrow{AB}$ und $\vec{b} = \overrightarrow{AC}$ mit

a) $|\vec{a}| = 4$ $|\vec{b}| = 7$ $|\sphericalangle CAB| = 90°$ b) $|\vec{a}| = 3$ $|\vec{b}| = 5$ $|\sphericalangle CAB| = 60°$

c) $|\vec{a}| = \sqrt{8}$ $|\vec{b}| = 2$ $|\sphericalangle CAB| = 45°$

Berechnen Sie den Betrag des Vektors $\vec{a} + \vec{b} = \overrightarrow{AD}$ sowie die Größen der Winkel $\sphericalangle$DAB und $\sphericalangle$CAD! Kontrollieren Sie jeweils durch eine Zeichnung Ihre errechneten Ergebnisse!

GA 17

Berechnen Sie zur Aufgabe ***GA 16*** b) und c) die Beträge der Vektoren $\vec{a} - \vec{b}$ und $\vec{b} - \vec{a}$ sowie die Größen der Winkel $\sphericalangle$AEC und $\sphericalangle$BEA, wobei E durch $\frac{1}{2}(\vec{a} + \vec{b}) = \overrightarrow{AE}$ bestimmt ist!

G 1.4 Beweise unter Verwendung von Vektoren

GA 18 (↗ *Beispiele G5/G6, S . 220/221)*

Beweisen Sie folgende Aussage: *Die Diagonalen eines Parallelogramms halbieren einander.*

GA 19

Beweisen Sie die Aussage: *Halbieren in einem Viereck ABCD die Diagonalen einander, so ist ABCD ein Parallelogramm.*

GA 20

Beweisen Sie: *Die Mittelpunkte der Seiten eines beliebigen Vierecks bilden die Eckpunkte eines Parallelogramms.*

GA 21

Es sei ABCD ein beliebiges Tetraeder. Die Punkte M_1 und M_2 seien die Mittelpunkte von $\overline{AB}$ bzw. $\overline{AC}$, die Punkte M_3 und M_4 die Mittelpunkte von $\overline{BD}$ bzw. $\overline{CD}$.

Zeigen Sie, daß $\overrightarrow{M_1M_2} = \overrightarrow{M_3M_4}$ und $\overrightarrow{M_1M_3} = \overrightarrow{M_2M_4}$ gilt!

Bemerkung: Die nachfolgenden Aufgaben benutzen den Begriff des Ortsvektors, oder sie sind vorteilhaft mit Hilfe von Ortsvektoren zu bearbeiten (vgl. G1.6, Seite 223 ff.).

GA 22

Beweisen Sie:

Ist M der Mittelpunkt der Strecke $\overline{AB}$ und sind $\vec{a}$, $\vec{b}$, und $\vec{m}$ die Ortsvektoren von A, B bzw. M bezüglich eines beliebigen Punktes O ($\vec{a} = \overrightarrow{OA}$, $\vec{b} = \overrightarrow{OB}$, $\vec{m} = \overrightarrow{OM}$), so gilt $\vec{m} = \frac{1}{2}(\vec{a} + \vec{b}) = \frac{\vec{a} + \vec{b}}{2}$.

GA 23

Beweisen Sie: Die Summe der von den Eckpunkten eines Dreiecks ABC zu den Mittelpunkten M_a, M_b und M_c der gegenüberliegenden Seiten führenden Vektoren $\vec{s}_a$, $\vec{s}_b$ bzw. $\vec{s}_c$ ist der Nullvektor $\vec{o}$.

GA 24

Weisen Sie vektoriell nach, daß die Seitenhalbierenden eines Dreiecks ABC einander in einem Punkt S schneiden und daß dieser Schnittpunkt (der Schwerpunkt des Dreiecks genannt wird) eine Seitenhalbierende im Verhältnis 2:1 teilt!

Hinweis: Zeigen Sie dabei, daß $\vec{s} = \frac{1}{3}(\vec{a} + \vec{b} + \vec{c})$ für die Ortsvektoren der Punkte S, A, B bzw. C bezüglich eines Punktes O gilt!

GA 25

a) Beweisen Sie: Die Summe der von den Ecken eines Tetraeders ABCD zu den Schwerpunkten S_A, S_B, S_C und S_D der gegenüberliegenden Seitenflächen führenden Vektoren $\vec{t}_A$, $\vec{t}_B$, $\vec{t}_C$ bzw. $\vec{t}_D$ ist gleich dem Nullvektor $\vec{o}$.

b) Weisen Sie vektoriell nach, daß die Strecken $\overline{AS_A}$, $\overline{BS_B}$, $\overline{CS_C}$ und $\overline{DS_D}$ einander in einem Punkt S schneiden und daß der Punkt S jede dieser Strecken im Verhältnis 3:1 teilt!
Zeigen Sie dabei, daß $\vec{s} = \frac{1}{4}(\vec{a} + \vec{b} + \vec{c} + \vec{d})$ für die Ortsvektoren $\vec{s}$, $\vec{a}$, $\vec{b}$, $\vec{c}$ und $\vec{d}$ der Punkte S, A, B, C bzw. D bezüglich eines Punktes O gilt!

G 1.5 Linearkombination von Vektoren und Komponentenzerlegung

GA 26 *(↗ Definition G 9, S. 221, Beispiele G7, S. 222)*

Die Punkte A_1 und A_2 mit $A_1(4;\, 1)$ und $A_2(\frac{1}{2};\, 3)$ seien bezüglich eines kartesischen Koordinatensystems gegeben. Durch $\overrightarrow{OA_1}$ und $\overrightarrow{OA_2}$ sind dann zwei Vektoren $\vec{a}_1$ bzw. $\vec{a}_2$ bestimmt.

a) Prüfen Sie, ob sich einer der Vektoren $\vec{a}_1$ bzw. $\vec{a}_2$ als Linearkombination des anderen darstellen läßt! Stellen Sie den Nullvektor $\vec{o}$ als Linearkombination von $\vec{a}_1$ und $\vec{a}_2$ dar!

b) Tragen Sie die Punkte P_1 bis P_6 mit $P_1(8;\, 2)$, $P_2(1;\, 6)$, $P_3(6{,}5;\, 4{,}5)$, $P_4(3;\, 6{,}5)$, $P_5(-\frac{1}{2};\, -3)$, und $P_6(-3{,}5;\, 2)$ in das Koordinatensystem ein, und stellen Sie die Vektoren $\vec{p}_i = \overrightarrow{OP_i}$ für i = 1, ... ,6 als Linearkombinationen der Vektoren $\vec{a}_1$ und $\vec{a}_2$ dar!

GA 27

Zeichnen Sie ein Parallelogramm ABCD mit $|\overrightarrow{AB}| = 4$ cm, $|\overrightarrow{AD}| = 2$ cm und $|\sphericalangle DAB| = 60°$.
Es seien weiterhin $\vec{a}_1 = \overrightarrow{AB}$ und $\vec{a}_2 = \overrightarrow{AD}$ sowie $\vec{a}_3 = \overrightarrow{AM}$ (M – Mittelpunkt von $\overline{AB}$).

a) Stellen Sie den Nullvektor $\vec{o}$ als Linearkombination von $\vec{a}_1$ und $\vec{a}_2$ dar!

b) Stellen Sie den Nullvektor $\vec{o}$ als Linearkombination von $\vec{a}_1$ und $\vec{a}_3$ dar! Geben Sie alle Möglichkeiten dafür an!

c) Zu den mit den Pfeilen $\overrightarrow{AB}$ und $\overrightarrow{AD}$ gezeichneten Vektoren $\vec{a}_1$ und $\vec{a}_2$ tragen Sie die folgenden Pfeile, die als Linearkombinationen von $\vec{a}_1$ und $\vec{a}_2$ gegeben sind, in die Abbildung ein:

$\overrightarrow{AE} = \frac{1}{2}\vec{a}_1 + 2\vec{a}_2$ $\overrightarrow{AF} = \frac{3}{4}\vec{a}_1 + \frac{3}{2}\vec{a}_2$ $\overrightarrow{AG} = \frac{7}{5}\vec{a}_1$

$\overrightarrow{AH} = -\frac{1}{2}\vec{a}_1 + 2\vec{a}_2$ $\overrightarrow{AI} = \vec{a}_1 - \frac{3}{2}\vec{a}_2$ $\overrightarrow{AJ} = \frac{4}{5}\vec{a}_1 - \vec{a}_2$

G 1.6 Basen und Koordinatensysteme

GA 28 *(↗ Definition G11, S. 223)*

Gegeben seien die Punkte $A_1(4; -3)$, $A_2(3; 2)$, $B_1(2; 3)$, $B_2(4; 6)$, $C_1(-3; 1)$, $C_2(-2; -3)$, $D_1(1; 3)$ und $D_2(-1; -3)$ in einem kartesischen Koordinatensystem. Tragen Sie durch Pfeile mit dem Anfangspunkt O (Ursprung) die folgenden Ortsvektoren für die angegebenen Punkte in das Koordinatensystem ein:

$\vec{a}_1 = \overrightarrow{OA_1}$, $\vec{a}_2 = \overrightarrow{OA_2}$, $\vec{b}_1 = \overrightarrow{OB_1}$, $\vec{b}_2 = \overrightarrow{OB_2}$,
$\vec{c}_1 = \overrightarrow{OC_1}$, $\vec{c}_2 = \overrightarrow{OC_2}$, $\vec{d}_1 = \overrightarrow{OD_1}$, $\vec{d}_2 = \overrightarrow{OD_2}$

Überprüfen Sie, welche der folgenden Zweiermengen von Vektoren Basen für die Vektoren der Ebene sind, und begründen Sie knapp Ihre Entscheidung!

$\{\vec{a}_1, \vec{a}_2\}$: $\{\vec{b}_1, \vec{b}_2\}$: $\{\vec{c}_1, \vec{c}_2\}$: $\{\vec{d}_1, \vec{d}_2\}$:

GA 29

Gegeben sei ein Parallelogramm ABCD mit $|\overline{AB}| = 4$ cm, $|\overline{AD}| = 2$ cm und $|\sphericalangle DAB| = 60°$.

Es seien weiterhin

- M der Mittelpunkt von $\overline{AB}$, N der Mittelpunkt von $\overline{BC}$;
- E der Bildpunkt von A bei der Spiegelung an N;
- F der Bildpunkt von D bei der Spiegelung an M;
- G der Bildpunkt von N bei der Spiegelung an C.

a) Konstruieren Sie das Parallelogramm ABCD, und bezeichnen Sie alle weiteren beschriebenen Punkte!

b) Geben Sie die Ortsvektoren der Punkte M, N, C, E, F und G sowohl durch Pfeile mit dem Anfangspunkt A in der Konstruktion als auch als Linearkombinationen der Vektoren $\vec{a}_1 = \overrightarrow{AB}$ und $\vec{a}_2 = \overrightarrow{AD}$ an!

c) Geben Sie die Koordinaten und die Komponenten der Ortsvektoren $\overrightarrow{AF}$ und $\overrightarrow{AG}$ bezüglich $\{\vec{a}_1, \vec{a}_2\}$ an!

GA 30

Gegeben seien die Punkte A(1; 3), B(4; 1) und C(5; 6) bezüglich eines kartesischen Koordinatensystems $(O; \vec{e}_1, \vec{e}_2)$.

a) Stellen Sie die Vektoren $\overrightarrow{OA}$, $\overrightarrow{OB}$, und $\overrightarrow{OC}$ als Linearkombinationen von $\vec{e}_1$ und $\vec{e}_2$ dar!

b) Stellen Sie die Vektoren $\overrightarrow{AB}$, $\overrightarrow{BC}$, und $\overrightarrow{AC}$ als Linearkombinationen von $\vec{e}_1$ und $\vec{e}_2$ dar!
Geben Sie die Koordinaten der Punkte P_1, P_2 und P_3 mit $\overrightarrow{OP_1} = \overrightarrow{AB}$, $\overrightarrow{OP_2} = \overrightarrow{BC}$ und $\overrightarrow{OP_3} = \overrightarrow{AC}$ an!

GA 31

Die Punkte A, B, C sind mit A(–2; 1), B(3; 2) und C(4; 6) durch ihre Koordinaten bezüglich eines kartesischen Koordinatensystems $(O; \vec{e}_1, \vec{e}_2)$ gegeben.

a) Stellen Sie die Vektoren $\overrightarrow{OB}$, $\overrightarrow{OC}$ und $\overrightarrow{BC}$ als Linearkombinationen von $\vec{e}_1$ und $\vec{e}_2$ dar!

b) Bestimmen Sie die Koordinaten des Punktes D mit $\overrightarrow{AD} = \overrightarrow{BC}$!
Überprüfen Sie, ob $\overrightarrow{DC} = \overrightarrow{AB}$ ist!

GA 32

Gegeben seien die Punkte P(2; 4; 0) und Q(5; 1; 6) bezüglich eines kartesischen Koordinatensystems $(O; \vec{e}_1, \vec{e}_2, \vec{e}_3)$.

a) Veranschaulichen Sie in einem Schrägrißbild des Koordinatensystems (↗ Fig. G 24b, S. 225) die Ortsvektoren $\overrightarrow{OP}$ und $\overrightarrow{OQ}$, und schreiben Sie diese als Linearkombination von $\vec{e}_1$, $\vec{e}_2$ und $\vec{e}_3$ auf!

b) Geben Sie den Vektor $\vec{a} = \overrightarrow{PQ}$ als Linearkombinationen von $\vec{e}_1$, $\vec{e}_2$ und $\vec{e}_3$ an!

GA 33

Gegeben seien die Punkte A, B und C bezüglich eines kartesischen Koordinatensystems $(O; \vec{e}_1, \vec{e}_2)$ bzw. $(O; \vec{e}_1, \vec{e}_2, \vec{e}_3)$. Bestimmen Sie mit Hilfe der Ortsvektoren $\vec{a}$, $\vec{b}$ und $\vec{c}$ von A, B bzw. C die Vektoren $\overrightarrow{AB}$, $\overrightarrow{BC}$ und $\overrightarrow{AC}$!

a) A(5; 1), B(7; 3), C(–1; –5)

b) A(0; 3), B(3; 0), C(0; 0)

c) A(4; 1; 2), B(0; –1; 3), C(–2; –5; –7)

d) A(1; 1; 1), B(2; 2; 2), C(3; 3; 3)

GA 34

Vereinfachen Sie folgende Linearkombinationen durch Anwendung von Rechengesetzen!

a) $2(\vec{a} + 3\vec{b}) - (\vec{a} + \vec{b}) =$

b) $-3(-\vec{a} - \vec{b}) + 5(2\vec{a} - 3\vec{b}) =$

c) $\begin{pmatrix} 1 \\ 3 \end{pmatrix} + \begin{pmatrix} 1 \\ -1 \end{pmatrix} =$

d) $3\begin{pmatrix} 2 \\ -1 \end{pmatrix} + 2\begin{pmatrix} 1 \\ 3 \end{pmatrix} - 4\begin{pmatrix} -1 \\ 1 \end{pmatrix} =$

e) $2\begin{pmatrix} 1 \\ 2 \\ 3 \end{pmatrix} + 3\begin{pmatrix} 1 \\ 1 \\ -1 \end{pmatrix} =$

f) $\begin{pmatrix} 15 \\ 20 \\ 10 \end{pmatrix} - 3\begin{pmatrix} 2 \\ 1 \\ 2 \end{pmatrix} =$

GA 35

Bestimmen Sie in den folgenden Gleichungen jeweils den Vektor $\vec{x}$:

a) $\vec{x} = \begin{pmatrix} 9 \\ 6 \end{pmatrix} + \begin{pmatrix} 3 \\ 5 \end{pmatrix}$

b) $\vec{x} = 3\begin{pmatrix} 2 \\ -3 \end{pmatrix} + 2\begin{pmatrix} -2 \\ 1 \end{pmatrix}$

c) $\begin{pmatrix} -12 \\ 3 \end{pmatrix} + \vec{x} = \begin{pmatrix} -8 \\ 4 \end{pmatrix}$

d) $4\begin{pmatrix} 2 \\ 3 \end{pmatrix} + 3\begin{pmatrix} 1 \\ -1 \end{pmatrix} = 2\vec{x} - \begin{pmatrix} -1 \\ 1 \end{pmatrix}$

e) $\vec{x} + \begin{pmatrix} 3 \\ -1 \\ 1 \end{pmatrix} = \begin{pmatrix} 13 \\ 11 \\ 7 \end{pmatrix}$

f) $2\begin{pmatrix} 2 \\ -2 \\ 3 \end{pmatrix} + 3\vec{x} = 5\begin{pmatrix} 2 \\ 1 \\ 3 \end{pmatrix}$

GA 36

Gegeben seien die Vektoren $\vec{a} = \begin{pmatrix} 1 \\ 2 \\ 4 \end{pmatrix}$, $\vec{b} = \begin{pmatrix} 1 \\ -2 \\ 3 \end{pmatrix}$ und $\vec{c} = \begin{pmatrix} 4 \\ 0 \\ -2 \end{pmatrix}$. Berechnen Sie:

a) $2\vec{a} + 3\vec{b} =$

b) $4\vec{a} - 2\vec{c} =$

c) $2\vec{a} + 3\vec{b} - 4\vec{c} =$

d) $-3\vec{a} + \vec{b} - 2\vec{c} =$

e) $2{,}5\vec{a} - \vec{b} =$

f) $0{,}1\vec{a} + \vec{b} + \vec{c} =$

GA 37

Prüfen Sie jeweils, ob die folgenden Vektoren $\vec{a}_1$ und $\vec{a}_2$ linear abhängig sind:

a) $\vec{a}_1 = \begin{pmatrix} 4 \\ 2 \end{pmatrix}, \vec{a}_2 = \begin{pmatrix} 8 \\ 4 \end{pmatrix}$

b) $\vec{a}_1 = \begin{pmatrix} 3 \\ 5 \end{pmatrix}, \vec{a}_2 = \begin{pmatrix} 1 \\ 1 \end{pmatrix}$

c) $\vec{a}_1 = \begin{pmatrix} 2 \\ -3 \end{pmatrix}, \vec{a}_2 = \begin{pmatrix} 0 \\ 0 \end{pmatrix}$

d) $\vec{a}_1 = \begin{pmatrix} 1 \\ -2 \\ 3 \end{pmatrix}, \vec{a}_2 = \begin{pmatrix} -4 \\ 8 \\ -12 \end{pmatrix}$

e) $\vec{a}_1 = \begin{pmatrix} 6 \\ 16 \\ 4 \end{pmatrix}, \vec{a}_2 = \begin{pmatrix} 14 \\ 40 \\ 10 \end{pmatrix}$

f) $\vec{a}_1 = \begin{pmatrix} 3 \\ 0 \\ 4 \end{pmatrix}, \vec{a}_2 = \begin{pmatrix} 4 \\ 1 \\ 2 \end{pmatrix}$

GA 38

Stellen Sie den Vektor $\vec{x}$ jeweils als Linearkombination der Vektoren $\vec{a}_1$ und $\vec{a}_2$ dar (sofern dies möglich ist)!

a) $\vec{x} = \begin{pmatrix} 2 \\ 5 \end{pmatrix}, \vec{a}_1 = \begin{pmatrix} 1 \\ 0 \end{pmatrix}, \vec{a}_2 = \begin{pmatrix} 0 \\ 1 \end{pmatrix}$

b) $\vec{x} = \begin{pmatrix} 2 \\ -3 \end{pmatrix}, \vec{a}_1 = \begin{pmatrix} 1 \\ -1 \end{pmatrix}, \vec{a}_2 = \begin{pmatrix} 2 \\ 1 \end{pmatrix}$

c) $\vec{x} = \begin{pmatrix} -3 \\ 4 \end{pmatrix}, \vec{a}_1 = \begin{pmatrix} 2 \\ 6 \end{pmatrix}, \vec{a}_2 = \begin{pmatrix} 5 \\ 15 \end{pmatrix}$

d) $\vec{x} = \begin{pmatrix} -3 \\ -9 \end{pmatrix}, \vec{a}_1 = \begin{pmatrix} 2 \\ 6 \end{pmatrix}, \vec{a}_2 = \begin{pmatrix} 5 \\ 15 \end{pmatrix}$

e) $\vec{x} = \begin{pmatrix} 0 \\ 0 \end{pmatrix}, \vec{a}_1 = \begin{pmatrix} 1 \\ -2 \end{pmatrix}, \vec{a}_2 = \begin{pmatrix} 3 \\ 4 \end{pmatrix}$

f) $\vec{x} = \begin{pmatrix} 5 \\ 5 \end{pmatrix}, \vec{a}_1 = \begin{pmatrix} 1 \\ 2 \end{pmatrix}, \vec{a}_2 = \begin{pmatrix} 3 \\ 2 \end{pmatrix}$

GA 39

Prüfen Sie jeweils, ob das Viereck ABCD ein Trapez ist! (*Hinweis:* Ein Trapez hat zwei parallele Seiten.)

a) A(1; 1), B(7; 5), C(4; 6), D(1; 4)

b) A(0; 3), B(2; 1), C(8; 3), D(0; 8)

c) A(3; 1), B(8; 3), C(9; 6), D(6; 10)

GA 40

Prüfen Sie jeweils, ob die Vektoren $\vec{a}_1$, $\vec{a}_2$ und $\vec{a}_3$ linear abhängig sind!

a) $\vec{a}_1 = \begin{pmatrix} 1 \\ -2 \\ 3 \end{pmatrix}, \vec{a}_2 = \begin{pmatrix} 1 \\ 2 \\ 1 \end{pmatrix}, \vec{a}_3 = \begin{pmatrix} 1 \\ 0 \\ 1 \end{pmatrix}$

b) $\vec{a}_1 = \begin{pmatrix} 1 \\ 7 \\ 2 \end{pmatrix}, \vec{a}_2 = \begin{pmatrix} 1 \\ 2 \\ 1 \end{pmatrix}, \vec{a}_3 = \begin{pmatrix} 2 \\ -1 \\ 1 \end{pmatrix}$

c) $\vec{a}_1 = \begin{pmatrix} 1 \\ 0 \\ 1 \end{pmatrix}, \vec{a}_2 = \begin{pmatrix} 0 \\ 1 \\ 0 \end{pmatrix}, \vec{a}_3 = \begin{pmatrix} 2 \\ 1 \\ 2 \end{pmatrix}$

GA 41

Stellen Sie den Vektor $\vec{x}$ jeweils als Linearkombination der Vektoren $\vec{a}_1$, $\vec{a}_2$ und $\vec{a}_3$ dar (sofern dies möglich ist)!

a) $\vec{x} = \begin{pmatrix} 1 \\ 2 \\ 5 \end{pmatrix}, \vec{a}_1 = \begin{pmatrix} 1 \\ 0 \\ 0 \end{pmatrix}, \vec{a}_2 = \begin{pmatrix} 0 \\ 1 \\ 0 \end{pmatrix}, \vec{a}_3 = \begin{pmatrix} 0 \\ 0 \\ 1 \end{pmatrix}$

b) $\vec{x} = \begin{pmatrix} 3 \\ -3 \\ 4 \end{pmatrix}, \vec{a}_1 = \begin{pmatrix} 1 \\ -2 \\ 1 \end{pmatrix}, \vec{a}_2 = \begin{pmatrix} 1 \\ 0 \\ 1 \end{pmatrix}, \vec{a}_3 = \begin{pmatrix} 0 \\ 1 \\ -1 \end{pmatrix}$

c) $\vec{x} = \begin{pmatrix} 6 \\ 4 \\ 2 \end{pmatrix}, \vec{a}_1 = \begin{pmatrix} 1 \\ 0 \\ 0 \end{pmatrix}, \vec{a}_2 = \begin{pmatrix} 1 \\ 1 \\ 0 \end{pmatrix}, \vec{a}_3 = \begin{pmatrix} 1 \\ 1 \\ 1 \end{pmatrix}$

GA 42

Bestimmen Sie die Beträge der folgenden Vektoren:

a) $\vec{a}_1 = \begin{pmatrix} -3 \\ 4 \end{pmatrix}, \quad \vec{a}_2 = \begin{pmatrix} 8 \\ -6 \end{pmatrix}, \quad \vec{a}_3 = \begin{pmatrix} 5 \\ 4 \end{pmatrix}, \quad \vec{a}_4 = \vec{a}_2 - \vec{a}_1$

b) $\vec{b}_1 = \begin{pmatrix} 0 \\ 2 \\ 0 \end{pmatrix}, \quad \vec{b}_2 = \begin{pmatrix} 3 \\ 2 \\ 6 \end{pmatrix}, \quad \vec{b}_3 = \begin{pmatrix} 1 \\ 1 \\ 1 \end{pmatrix}, \quad \vec{b}_4 = \vec{b}_2 - \vec{b}_1$

GA 43

Bestimmen Sie alle reellen Zahlen r so, daß die folgenden Vektoren Einheitsvektoren sind:

a) $\begin{pmatrix} 1 \\ r \end{pmatrix}$

b) $\begin{pmatrix} r \\ r \end{pmatrix}$

c) $\begin{pmatrix} r \\ 0 \end{pmatrix}$

d) $\begin{pmatrix} 1 \\ 1 \\ r \end{pmatrix}$

e) $\begin{pmatrix} r \\ r \\ r \end{pmatrix}$

f) $\begin{pmatrix} r \\ r \\ 0 \end{pmatrix}$

G 2 Geraden und Ebenen in Vektorform

G 2.1 Geraden in der Ebene und im Raum

GA 44 *(↗ Beispiele G9 bis G12, S. 225 bis 227)*

In der Ebene seien bezüglich eines Koordinatensystems der Punkt $P_0(-2; 1)$ und der Vektor $\vec{a} = \begin{pmatrix} 1 \\ 2 \end{pmatrix}$ gegeben. Bestimmen Sie die Koordinaten der Punkte U, V, W mit den Ortsvektoren $\vec{u} = \vec{p}_0 + 2\vec{a}$, $\vec{v} = \vec{p}_0 - 2\vec{a}$, $\vec{w} = \vec{p}_0 + \vec{a}$! Tragen Sie diese Punkte in dem Koordinatensystem ein, und überprüfen Sie auch rechnerisch, ob U, V, W auf einer Geraden durch P_0 liegen!

GA 45

Bestimmen Sie die Koordinaten der Punkte mit den zugehörigen Parameterwerten auf den gegebenen Geraden!

	Gleichung der Geraden	t = 1	t = − 1	t = 0	$t = \frac{1}{2}$	t = − 3	t = 20
a)	$\vec{x} = \begin{pmatrix} 0 \\ 3 \end{pmatrix} + t\begin{pmatrix} -1 \\ -3 \end{pmatrix}$						
b)	$\vec{x} = \begin{pmatrix} 4 \\ -2 \end{pmatrix} + t\begin{pmatrix} 0 \\ 2 \end{pmatrix}$						
c)	$\vec{x} = \begin{pmatrix} 1 \\ 1 \end{pmatrix} + t\begin{pmatrix} 5 \\ -5 \end{pmatrix}$						
d)	$\vec{x} = \begin{pmatrix} 0 \\ 0 \end{pmatrix} + t\begin{pmatrix} -3 \\ 0 \end{pmatrix}$						
e)	$\vec{x} = \begin{pmatrix} 2 \\ 0 \end{pmatrix} + t\begin{pmatrix} \frac{1}{2} \\ 3 \end{pmatrix}$						

GA 46

Beschreiben Sie die Menge der Punkte einer Geraden g, die durch die folgenden Einschränkungen für den Parameter t bestimmt sind: g: $\vec{x} = \begin{pmatrix} -2 \\ 3 \end{pmatrix} + t\begin{pmatrix} 1 \\ -2 \end{pmatrix}$

a) $t = -1$
b) $t \leq 0$
c) $t \geq 0$
d) $-2 \leq t \leq 2$
e) $-2 < t < 2$
f) $-2 < t \leq 2$

GA 47

Bestimmen Sie die Gleichung einer Geraden in vektorieller Form, die
a) den Punkt A(−4; 3);
b) die Strecke $\overline{PQ}$ mit P(−2; 3) und Q(1; 4);
c) den Strahl mit dem Anfangspunkt M(−4; 7) durch den Punkt U(12; 15)
enthält!
Geben Sie für diese geometrischen Objekte die jeweilige Einschränkung für den Parameter ihrer Gleichung an!

GA 48

Gegeben sind die folgenden Gleichungen von Geraden g_i der Ebene in vektorieller Form:

a) $g_1\colon \vec{x} = \begin{pmatrix} 4 \\ 5 \end{pmatrix} + t\begin{pmatrix} 1 \\ 0 \end{pmatrix}$
b) $g_2\colon \vec{x} = \begin{pmatrix} -2 \\ 1 \end{pmatrix} + t\begin{pmatrix} 1 \\ -3 \end{pmatrix}$
c) $g_3\colon \vec{x} = \begin{pmatrix} 3 \\ 0 \end{pmatrix} + t\begin{pmatrix} 2 \\ 2 \end{pmatrix}$
d) $g_4\colon \vec{x} = \begin{pmatrix} 2,5 \\ -2,5 \end{pmatrix} + t\begin{pmatrix} 5 \\ -1 \end{pmatrix}$
e) $g_5\colon \vec{x} = \begin{pmatrix} 4 \\ 1 \end{pmatrix} + t\begin{pmatrix} 0 \\ 2 \end{pmatrix}$
f) $g_6\colon \vec{x} = \begin{pmatrix} 3 \\ 0 \end{pmatrix} + t\begin{pmatrix} 2 \\ -2 \end{pmatrix}$

Bestimmen Sie eine parameterfreie Gleichung jeder dieser Geraden!

GA 49

Im Raum seien bezüglich eines Koordinatensystems der Punkt $P_0(-3; 2; 2)$ und der Vektor $\begin{pmatrix} 1,5 \\ -1 \\ 2 \end{pmatrix}$ gegeben.

Bestimmen Sie die Koordinaten der Punkte U, V, W mit den zugehörigen Ortsvektoren $\vec{u} = \vec{p}_0 + 2\vec{a}$, $\vec{v} = \vec{p}_0 - 2\vec{a}$, $\vec{w} = \vec{p}_0 + \vec{a}$. Tragen Sie diese Punkte in ein Koordinatensystem ein, und überprüfen Sie auch rechnerisch, ob U, V, W auf einer Geraden durch P_0 liegen!

GA 50

Gegeben seien in der Ebene die Geraden g, h und *l* durch ihre Gleichungen:

$g: \vec{x} = \begin{pmatrix} 1 \\ 3 \end{pmatrix} + t\begin{pmatrix} 2 \\ 1 \end{pmatrix}$ $\quad h: \vec{x} = \begin{pmatrix} -1 \\ 2 \end{pmatrix} + r\begin{pmatrix} -3 \\ 0 \end{pmatrix}$ $\quad l: \vec{x} = \begin{pmatrix} 0 \\ 0 \end{pmatrix} + s\begin{pmatrix} 3 \\ -3 \end{pmatrix}$

Bestimmen Sie zu jeder dieser Geraden eine Gleichung der Form $ax + by + c = 0$!

GA 51

Gegeben sei im Raum die Gerade n durch ihre Gleichung $n: \vec{x} = \begin{pmatrix} 2 \\ 4 \\ -2 \end{pmatrix} + t\begin{pmatrix} -1 \\ -2 \\ 1 \end{pmatrix}$.

a) Zeigen Sie für zwei verschiedene Punkte von n, daß diese auch die Gleichung $x + y + 3z = 0$ erfüllen! Finden Sie zwei weitere Punkte, die diese Gleichung erfüllen, aber nicht auf der Geraden n liegen!

b) Lösen Sie den Teil a) auch für die Gleichung $x + z = 0$!

GA 52

a) Welcher der Punkte A(5; –1,5), B(–7; 4), C(–1; 1,5) liegt auf der durch $\vec{x} = \begin{pmatrix} 1 \\ 0,5 \end{pmatrix} + t\begin{pmatrix} -2 \\ 1 \end{pmatrix}$ bestimmten Geraden g_1?

b) Welcher der Punkte U(2; –1; 3), V(2; –1; 9), W(0; 2; –3) liegt auf der durch $\vec{x} = \begin{pmatrix} 1 \\ -1 \\ 0 \end{pmatrix} + t\begin{pmatrix} -1 \\ 0 \\ -3 \end{pmatrix}$ bestimmten Geraden g_2?

c) Ermitteln Sie jeweils vier weitere Punkte, die auf g_1 bzw. g_2 liegen!

GA 53

Welcher der Punkte A(7; –3; 6), B(–3; 2; –6), C(1; 0; –3) liegt sowohl auf der Geraden g, die durch die beiden Punkte U(1; 0; –3) und V(3; –1; 0) bestimmt ist, als auch auf der Geraden n mit der Gleichung $\vec{x} = \begin{pmatrix} 7 \\ 2 \\ -5 \end{pmatrix} + t\begin{pmatrix} 3 \\ 1 \\ -1 \end{pmatrix}$?

GA 54

Die Gerade g sei durch die Punkte A und B bestimmt. Ergänzen Sie die fehlenden Koordinaten des Punktes C so, daß C auf der Geraden g liegt!

a) A(5; 1), B(8; 3), C(2; y_C)

b) A(–3; 5), B(–1; 4), C(x_C; –6)

c) A(8; –3; –9), B(5; –2; –4), C(2; y_C; z_C)

d) A(–5; 2; 10), B(–15; 17; 40), C(x_C; –13; z_C)

e) A(7; –1; 15), B(4; –3; 10), C(x_C; y_C; 20)

GA 55

Geben Sie die Lagebeziehungen der Punkte A(1; 2), B(3; 6), C(0; 0) und D(–2; 1) bezüglich der folgenden Geraden an:

a) $g_1: 2x - y = 0$

b) $g_2: \vec{x} = \begin{pmatrix} 3 \\ 0 \end{pmatrix} + t\begin{pmatrix} 2 \\ 2 \end{pmatrix}$

c) $g_3: y = \frac{1}{3}x + \frac{1}{2}$

d) $g_4: x + 3y + 15 = 0$

e) $g_5: \vec{x} = \begin{pmatrix} -1 \\ -2 \end{pmatrix} + t\begin{pmatrix} 1 \\ 2 \end{pmatrix}$

f) $g_6: \vec{x} = \begin{pmatrix} 0 \\ 0 \end{pmatrix} + t\begin{pmatrix} 0 \\ 0 \end{pmatrix}$

GA 56

Untersuchen Sie rechnerisch und zeichnerisch, ob die drei Punkte L(1; 2), M(3; 4) und N(–2; 0) auf einer gemeinsamen Geraden liegen!

GA 57

Geben Sie jeweils eine Parametergleichung (Vektorschreibweise) und eine parameterfreie Gleichung (Koordinatenschreibweise) der folgenden Geraden der Ebene an:

a) g hat den Richtungsvektor $\begin{pmatrix}-4\\2\end{pmatrix}$ und geht durch O.

b) *l* geht durch die beiden Punkte A(–2; 1) und B(–1; –2).

c) m ist eine Parallele zur Geraden mit der Gleichung 2x – y = 3 durch den Punkt P(1; –3).

d) n liegt auf der x-Achse des Koordinatensystems.

GA 58

Geben Sie eine Gleichung der folgenden Geraden des Raumes an:

a) g hat den Richtungsvektor $\begin{pmatrix}-2\\3\\-1\end{pmatrix}$ und geht durch 0;

b) *l* geht durch die beiden Punkte A(–2; 1; 3) und B(–1; –2; 3) (Beschreiben Sie in diesem Fall auch anschaulich die Lage von *l* im Koordinatensystem!);

c) m ist die Parallele zur Geraden mit der Gleichung $\vec{x} = \begin{pmatrix}2\\-1\\1\end{pmatrix} + t\begin{pmatrix}-1\\1\\3\end{pmatrix}$ durch P(1; –3; 3);

d) n liegt auf der x-Achse des (räumlichen) Koordinatensystems.

GA 59

Im Bild sind fünf Geraden bezüglich eines Koordinatensystems eingezeichnet. Bestimmen Sie jeweils eine parameterfreie und eine vektorielle Form der Gleichung für jede Gerade!

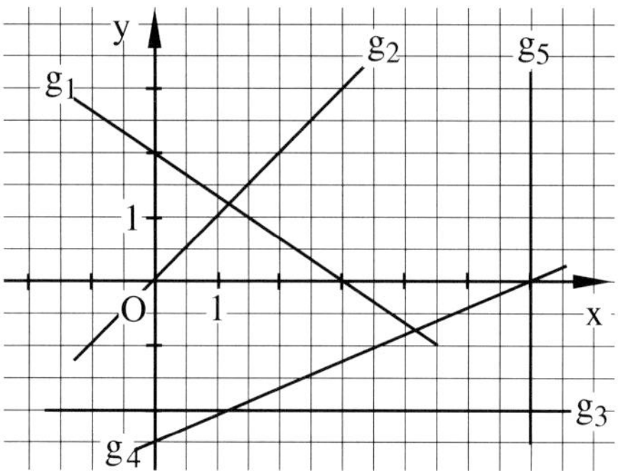

G 2.2 Lagebeziehung von Geraden

GA 60 *(↗ Beispiele G14/G15, S. 229 bis 231)*

Gegeben seien die beiden Geraden g_1 und g_2 im Raum: g_1 habe den Richtungsvektor $\vec{a} = \begin{pmatrix}2\\1\\1\end{pmatrix}$ und gehe durch $P_1(1; 1; 1)$, g_2 gehe durch die beiden Punkte $P_2(-4; 0; 1)$ und $P_3(-2; -2; -3)$. Untersuchen Sie die Lagebeziehung von g_1 und g_2!

GA 61

Bestimmen Sie die Lagebeziehungen der Geraden g_1 und g_2, für die gilt:

a) g_1: $\vec{x} = \begin{pmatrix}1\\2\end{pmatrix} + t\begin{pmatrix}-1\\3\end{pmatrix}$ g_2: $\vec{x} = \begin{pmatrix}5\\-6\end{pmatrix} + t\begin{pmatrix}2\\-2\end{pmatrix}$

b) g_1 ist durch die beiden Punkte A(1; 2) und B(0; 4) bestimmt. g_2 geht durch den Punkt P(2; –6) und hat den Richtungsvektor $\vec{a} = \begin{pmatrix}1\\-2\end{pmatrix}$.

c) g_1: 2x+y –4,5 = 0 g_2: $\vec{x} = \begin{pmatrix}1,5\\1,5\end{pmatrix} + t\begin{pmatrix}-3\\6\end{pmatrix}$

d) g_1: $\vec{x} = \begin{pmatrix}0\\1\end{pmatrix} + t\begin{pmatrix}1\\-3\end{pmatrix}$ g_2: $\vec{x} = \begin{pmatrix}2\\-3\end{pmatrix} + t\begin{pmatrix}-3\\9\end{pmatrix}$

e) g_1: $\vec{x} = \begin{pmatrix} 1 \\ 4 \end{pmatrix} + t\begin{pmatrix} 1 \\ -1 \end{pmatrix}$ g_2: $\vec{x} = \begin{pmatrix} -2 \\ 3 \end{pmatrix} + t\begin{pmatrix} 5 \\ -1 \end{pmatrix}$

f) g_1: $\vec{x} = \begin{pmatrix} 1 \\ -2 \end{pmatrix} + t\begin{pmatrix} 0 \\ 6 \end{pmatrix}$ g_2: $\vec{x} = \begin{pmatrix} 2 \\ -1 \end{pmatrix} + t\begin{pmatrix} 14 \\ 10,5 \end{pmatrix}$

g) g_1: $\vec{x} = \begin{pmatrix} 3 \\ 0 \end{pmatrix} + t\begin{pmatrix} -4 \\ 8 \end{pmatrix}$ g_2: $\vec{x} = \begin{pmatrix} 0 \\ 6 \end{pmatrix} + t\begin{pmatrix} 4 \\ -4 \end{pmatrix}$

h) g_1: $\vec{x} = \begin{pmatrix} 2 \\ -1 \\ 3 \end{pmatrix} + t\begin{pmatrix} 2 \\ 3 \\ -1 \end{pmatrix}$ g_2: h verläuft durch die Punkte A(1; 2; 5) und B(–2; 2; –1)

i) g_1: $\vec{x} = \begin{pmatrix} 2 \\ 1 \\ -1 \end{pmatrix} + t\begin{pmatrix} -4 \\ 1 \\ 4 \end{pmatrix}$ g_2: $\vec{x} = \begin{pmatrix} 1 \\ 1 \\ 1 \end{pmatrix} + t\begin{pmatrix} 5 \\ 3 \\ -6 \end{pmatrix}$

j) g_1: $\vec{x} = \begin{pmatrix} 1 \\ 2 \\ -4 \end{pmatrix} + t\begin{pmatrix} 8 \\ -4 \\ 2 \end{pmatrix}$ g_2: $\vec{x} = \begin{pmatrix} 3 \\ -2 \\ -5 \end{pmatrix} + t\begin{pmatrix} 20 \\ -10 \\ 5 \end{pmatrix}$

k) g_1: $\vec{x} = \begin{pmatrix} 1 \\ 1 \\ -1 \end{pmatrix} + t\begin{pmatrix} 1 \\ 2 \\ 1 \end{pmatrix}$ g_2: $\vec{x} = \begin{pmatrix} 0 \\ 1 \\ 1 \end{pmatrix} + t\begin{pmatrix} 1 \\ 1 \\ 1 \end{pmatrix}$

l) g_1: $\vec{x} = \begin{pmatrix} 1 \\ 0 \\ 1 \end{pmatrix} + t\begin{pmatrix} 1 \\ 1 \\ -2 \end{pmatrix}$ g_2: $\vec{x} = \begin{pmatrix} 1 \\ 0 \\ 0 \end{pmatrix} + t\begin{pmatrix} 2 \\ 2 \\ -3 \end{pmatrix}$

m) g_1: $\vec{x} = \begin{pmatrix} 3 \\ -5 \\ 4 \end{pmatrix} + t\begin{pmatrix} -2 \\ 4 \\ -6 \end{pmatrix}$ g_2: h verläuft durch die Punkte A(5; –9; 10) und B(4; –7; 7)

GA 62

Eine Gerade g sei durch die Punkte A und B, eine Gerade h durch die Punkte C und D bestimmt. Überprüfen Sie, ob g und h einander schneiden, und berechnen Sie die Koordinaten des Schnittpunkts S!

a) A(1; 4), B(2; 3), C(3; 3), D(5; 10)
b) A(3; 1; 2), B(5; 3; 4), C(2; 1; 1), D(3; 3; 2)
c) A(4; 1; 5), B(6; 0; 6), C(–3; –6; 0), D(–2; –3; 1)

GA 63

In einem räumlichen Koordinatensystem ist ein Spat durch seine Eckpunkte gegeben: A(0; 0; 0), D(0; 5; 0), C(3; 7; 0), B(3; 2; 0), E(1; 1; 4), H(1; 6; 4), G(4; 8; 4), F(4; 3; 4). Berechnen Sie die Schnittpunkte folgender Raumdiagonalen! (Skizzieren Sie zuvor den Sachverhalt in einem räumlichen Koordinatensystem!)

a) $\overline{AG}$ und $\overline{BH}$ b) $\overline{AG}$ und $\overline{EC}$ c) $\overline{BH}$ und $\overline{EC}$

GA 64

Prüfen Sie, ob das Viereck ABCD eben ist!
(*Hinweis*: In einem ebenen Viereck schneiden die Diagonalen einander.)

a) A(2; 1; 2), B(5; 2; 1), C(6; 5; 3), D(0; 3; 5) b) A(2; 2; 4), B(5; 3; 2), C(6; 9; 1), D(3; 8; 5)

GA 65

Bestimmen Sie die Schnittpunkte der Geraden $g: \vec{x} = \begin{pmatrix} 1 \\ 2 \\ 1 \end{pmatrix} + t\begin{pmatrix} -1 \\ -1 \\ 1 \end{pmatrix}$ mit den drei Koordinatenebenen!

G 2.3 Ebenen im Raum

GA 66 *(↗ Beispiele G16 bis G18, S. 232 bis 234)*

Gegeben sei eine Ebene ε durch die drei Punkte A(1; 4; 0), B(–1; 2; 3) und C(1; 0; 0). Geben Sie eine Gleichung dieser Ebene in Vektorform an!

GA 67

Gegeben seien die Punkte A, B und C. Bestimmen Sie jeweils die Gleichung der Ebene ε_i, die diese Punkte enthält!

a) A(5; –3; 0), B(7; 1; 5), C(–2; 0; 1)

b) A(0; 0; –2), B(3; 5; 7), C(–1; –2; –3)

c) A(0; 4; –1), B(3; 8; –2), C(–7; –1; –6)

GA 68

Gegeben seien ein Punkt P_0 und ein Vektor $\vec{u}$. Bestimmen Sie jeweils einen Vektor $\vec{v}$ so, daß durch P_0, $\vec{u}$ und $\vec{v}$ eine Ebene ε eindeutig festgelegt ist! Stellen Sie die Gleichung der Ebene auf!

a) $P_0(7; 3; 4), \vec{u} = \begin{pmatrix} 3 \\ 1 \\ 2 \end{pmatrix}$

b) $P_0(0; 3; 0), \vec{u} = \begin{pmatrix} 2 \\ -1 \\ 0 \end{pmatrix}$

c) $P_0(4; -1; 2), \vec{u} = \begin{pmatrix} 3 \\ 4 \\ -1 \end{pmatrix}$

GA 69

Gegeben sei eine Ebene η durch $\vec{x} = \begin{pmatrix} 1 \\ 4 \\ 0 \end{pmatrix} + r\begin{pmatrix} -2 \\ -2 \\ 3 \end{pmatrix} + s\begin{pmatrix} 0 \\ -4 \\ 0 \end{pmatrix}$.

a) Ermitteln Sie eine parameterfreie Gleichung dieser Ebene!

b) Berechnen Sie die Koordinaten der Schnittpunkte von η mit den Achsen des Koordinatensystems!

GA 70

Gegeben seien die folgenden Gleichungen von Ebenen im Raum in vektorieller Form:

a) $\vec{x} = \begin{pmatrix} -2 \\ 3 \\ 1 \end{pmatrix} + r\begin{pmatrix} 1 \\ 2 \\ 3 \end{pmatrix} + s\begin{pmatrix} -3 \\ 1 \\ 2 \end{pmatrix}$

b) $\vec{x} = \begin{pmatrix} 1 \\ 2 \\ 5 \end{pmatrix} + r\begin{pmatrix} 0 \\ 1 \\ 4 \end{pmatrix} + s\begin{pmatrix} 0 \\ -2 \\ 1 \end{pmatrix}$

c) $\vec{x} = \begin{pmatrix} 2 \\ 3 \\ 2 \end{pmatrix} + r\begin{pmatrix} 2 \\ 0 \\ 2 \end{pmatrix} + s\begin{pmatrix} 1 \\ 3 \\ 1 \end{pmatrix}$

d) $\vec{x} = \begin{pmatrix} 0 \\ 0 \\ 0 \end{pmatrix} + r\begin{pmatrix} 1 \\ 1 \\ 1 \end{pmatrix} + s\begin{pmatrix} 1 \\ -1 \\ 1 \end{pmatrix}$

e) $\vec{x} = \begin{pmatrix} -3 \\ -2 \\ 1 \end{pmatrix} + r\begin{pmatrix} 0 \\ 0 \\ 1 \end{pmatrix} + s\begin{pmatrix} 1 \\ 0 \\ 0 \end{pmatrix}$

f) $\vec{x} = \begin{pmatrix} -2 \\ -2 \\ -2 \end{pmatrix} + r\begin{pmatrix} -1 \\ -1 \\ -1 \end{pmatrix} + s\begin{pmatrix} -3 \\ -3 \\ -3 \end{pmatrix}$

Bestimmen Sie zu jeder Ebene eine parameterfreie Form der Ebenengleichung!

GA 71

Gegeben seien die folgenden parameterfreien Gleichungen von Ebenen im Raum:

a) $2x - 3y + 4z + 2 = 0$

b) $3x + 4z - 5 = 0$

c) $-4x - 3y + 2z - 1 = 0$

d) $4x - 5 = 0$

e) $z = 0$

f) $1x - 2y + 3z = 4$

Bestimmen Sie zu jeder Ebene eine Gleichung in vektorieller Form!

GA 72

Welcher der vier Punkte T(2; 5; 3), U(16; 12; –5), V(–6; –4; 3), W(–6; 3; 4) liegt auf der Ebene

$\varepsilon: \vec{x} = \begin{pmatrix} -2 \\ -2 \\ 1 \end{pmatrix} + r\begin{pmatrix} 1 \\ 3 \\ 2 \end{pmatrix} + s\begin{pmatrix} 3 \\ 4 \\ 1 \end{pmatrix}$?

GA 73

Untersuchen Sie die Lagebeziehungen der Punkte U(1; 1; 1), V(3; 4; 5) und W(–2; 3; –1) bezüglich der beiden Ebenen

η: $2x + 4y - 4z - 2 = 0$, $\qquad \varepsilon$: $\vec{x} = \begin{pmatrix} -2 \\ -2 \\ 1 \end{pmatrix} + r\begin{pmatrix} 1 \\ 3 \\ 2 \end{pmatrix} + s\begin{pmatrix} 3 \\ 4 \\ 1 \end{pmatrix}$!

GA 74

Gegeben sind die beiden Geraden $g: \vec{x} = \begin{pmatrix} 1 \\ 4 \\ -1 \end{pmatrix} + t\begin{pmatrix} 1 \\ -2 \\ 3 \end{pmatrix}$ und $h: \vec{x} = \begin{pmatrix} 1 \\ 4 \\ 5 \end{pmatrix} + t\begin{pmatrix} -1 \\ 2 \\ 3 \end{pmatrix}$, die einander im Punkt S(2; 2; 2) schneiden. Bestimmen Sie eine Gleichung der durch g und h eindeutig bestimmten Ebene!

GA 75

Gegeben seien eine Gerade $g: \vec{x} = \begin{pmatrix} 1 \\ 1 \\ -2 \end{pmatrix} + r\begin{pmatrix} -2 \\ 1 \\ 3 \end{pmatrix}$ und ein Punkt P(–4; 3; –2). Bestimmen Sie eine Gleichung der durch g und P eindeutig bestimmten Ebene!

GA 76

Sind P_0, P_1 und P_2 drei Punkte, die eine Ebene bestimmen, so ist $\vec{x} = \vec{p}_0 + r(\vec{p}_1 - \vec{p}_0) + s(\vec{p}_2 - \vec{p}_0)$ eine Gleichung dieser Ebene. Bestimmen Sie die Parameter r und s jeweils so, daß die Punkte P_0, P_1 und P_2 beschrieben werden!

GA 77

Gegeben sei eine Ebene ε durch ihre Gleichung $\vec{x} = \begin{pmatrix} 0 \\ 1 \\ 2 \end{pmatrix} + r\begin{pmatrix} -1{,}5 \\ 0 \\ 2 \end{pmatrix} + s\begin{pmatrix} 1{,}5 \\ -1 \\ 0 \end{pmatrix}$.

Geben Sie eine Achsenabschnittsgleichung dieser Ebene an, und veranschaulichen Sie diese Ebene in einem Koordinatensystem!

GA 78

Gegeben seien eine Ebene ε durch die Gleichung $\varepsilon: \frac{x}{3} - \frac{y}{2} + \frac{z}{3} = 1$ und eine Gerade g durch die Gleichung $g: \vec{x} = \begin{pmatrix} 4 \\ 1 \\ 0{,}5 \end{pmatrix} + t\begin{pmatrix} 4 \\ 2 \\ -1 \end{pmatrix}$. Zeigen Sie, daß g in ε liegt!

(*Hinweis:* Zeigen Sie, daß zwei Punkte von g auch in ε liegen!)

GA 79

Gegeben sei eine Ebene ε durch die Gleichung $\varepsilon: \vec{x} = \begin{pmatrix} -2 \\ 1 \\ 2 \end{pmatrix} + r\begin{pmatrix} 4 \\ -1 \\ 2 \end{pmatrix} + s\begin{pmatrix} 1 \\ 2 \\ 3 \end{pmatrix}$. Bestimmen Sie die Punktmengen, die durch die folgenden Einschränkungen der Parameter bestimmt sind:

a) $r = 2, s = -1$ b) $r = 1, s \in \mathbb{R}$ c) $r = 1, \; -2 \le s \le 2$ d) $1 \le r \le 3, \; -2 \le s \le 2$

G 2.4 Lagebeziehungen von Gerade und Ebene

GA 80 (↗ *Beispiel G19, S. 235*)

Gegeben seien eine Ebene $\varepsilon: \vec{x} = \begin{pmatrix} 2 \\ 1 \\ 6 \end{pmatrix} + r\begin{pmatrix} -3 \\ 0 \\ 4 \end{pmatrix} + s\begin{pmatrix} -2 \\ 1 \\ 3 \end{pmatrix}$ und die Gerade $g: \vec{x} = \begin{pmatrix} 1 \\ 0 \\ 2 \end{pmatrix} + r\begin{pmatrix} -1 \\ -1 \\ -1 \end{pmatrix}$.

Bestimmen Sie den Schnittpunkt von g und ε!

GA 81

Bestimmen Sie die Schnittpunkte der Geraden $g: \vec{x} = \begin{pmatrix} 2 \\ -1 \\ 3 \end{pmatrix} + t\begin{pmatrix} -1 \\ 0 \\ 3 \end{pmatrix}$ mit den Koordinatenebenen!

GA 82

Bestimmen Sie die Gleichung der Ebene, die die Koordinatenachsen in den Punkten $P_x(-3; 0; 0)$, $P_y(0; -1; 0)$, $P_z(0; 0; -2)$ schneidet!

GA 83

Wie liegen die Geraden g, h, *l* und m bezüglich der Ebene $\varepsilon: \frac{x}{2} + \frac{y}{3} + \frac{z}{4} = 1$?

$$g: \vec{x} = \begin{pmatrix} -1 \\ -1 \\ 2 \end{pmatrix} + t\begin{pmatrix} 1 \\ -3 \\ 2 \end{pmatrix} \qquad h: \vec{x} = \begin{pmatrix} 3 \\ 4 \\ -2 \end{pmatrix} + t\begin{pmatrix} 1 \\ 1 \\ 2 \end{pmatrix} \qquad l: \vec{x} = \begin{pmatrix} 0 \\ 4 \\ -5 \end{pmatrix} + t\begin{pmatrix} 2 \\ -1 \\ 1 \end{pmatrix} \qquad m: \vec{x} = \begin{pmatrix} 2 \\ 1{,}5 \\ -2 \end{pmatrix} + t\begin{pmatrix} 1 \\ 1{,}5 \\ -4 \end{pmatrix}$$

Bestimmen Sie gegebenenfalls die Durchstoßpunkte!

GA 84

Untersuchen Sie die Lagebeziehungen der Geraden g_1, g_2, g_3 bezüglich der Ebene ε mit der Gleichung $\varepsilon: 2x + 3y - z + 2 = 0$:

a) $g_1: \vec{x} = \begin{pmatrix} 1 \\ -2 \\ -2 \end{pmatrix} + t\begin{pmatrix} 1 \\ 2 \\ 3 \end{pmatrix}$ b) $g_2: \vec{x} = \begin{pmatrix} 0 \\ 0 \\ 2 \end{pmatrix} + t\begin{pmatrix} -1 \\ 0 \\ -2 \end{pmatrix}$ c) $g_3: \vec{x} = \begin{pmatrix} 1 \\ -2 \\ 2 \end{pmatrix} + t\begin{pmatrix} -1 \\ -1 \\ -5 \end{pmatrix}$

Bestimmen Sie gegebenenfalls die Durchstoßpunkte!

GA 85

a) Geben Sie eine Gleichung einer Ebene ε an, die zur Geraden g echt parallel ist!

$$g: \vec{x} = \begin{pmatrix} 1 \\ 4 \\ 1 \end{pmatrix} + t\begin{pmatrix} 1 \\ 1 \\ 2 \end{pmatrix}$$

b) Geben Sie eine Gleichung einer Geraden g an, die zur Ebene ε echt parallel ist!

$\varepsilon: 2x - 3y + z - 4 = 0$

GA 86

Welche spezielle Lage zu den Koordinatenebenen und Koordinatenachsen besitzen die Geraden mit den folgenden Gleichungen:

a) $g_1: \vec{x} = \begin{pmatrix} 1 \\ 2 \\ -3 \end{pmatrix} + t\begin{pmatrix} 0 \\ 2 \\ 1 \end{pmatrix}$ b) $g_2: \vec{x} = \begin{pmatrix} 2 \\ 0 \\ -5 \end{pmatrix} + t\begin{pmatrix} 3 \\ 0 \\ 2 \end{pmatrix}$ c) $g_3: \vec{x} = \begin{pmatrix} 1 \\ 2 \\ -1 \end{pmatrix} + t\begin{pmatrix} 0 \\ 0 \\ 1 \end{pmatrix}$

GA 87

Ein Würfel der Kantenlänge 2 liegt in einem kartesischen Koordinatensystem, wie es in der Abbildung gezeigt ist. Berechnen Sie den Durchstoßpunkt der Strecke $\overline{BH}$ durch die Ebene, die durch die Punkte D, E und G geht!

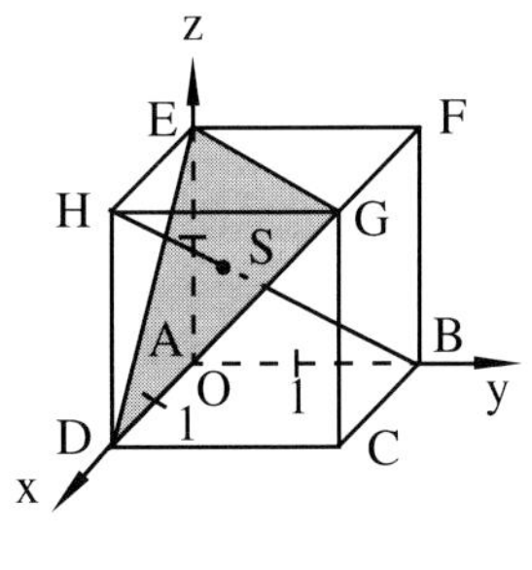

G 2.5 Lagebeziehungen von zwei Ebenen

GA 88 (↗ *Beispiele G20, S. 236*)

Gegeben seien im Raum vier Ebenen ε, η_1, η_2 und η_3.

$$\varepsilon: \vec{x} = \begin{pmatrix} 3 \\ 0 \\ 1 \end{pmatrix} + r\begin{pmatrix} -1 \\ -3 \\ -3 \end{pmatrix} + s\begin{pmatrix} 2 \\ -1 \\ 0 \end{pmatrix}, \qquad \eta_1: \vec{x} = \begin{pmatrix} 0 \\ 2 \\ 3 \end{pmatrix} + r\begin{pmatrix} -1 \\ 1 \\ 2 \end{pmatrix} + s\begin{pmatrix} -2 \\ -1 \\ -1 \end{pmatrix},$$

$\eta_2: 6x + 12y - 10z - 8 = 0$ $\eta_3: P_1(2; 2; 2), P_2(4; 6; 8), P_3(6; 0; 2)$

Untersuchen Sie das Schnittverhalten der drei Ebenen η_1, η_2 und η_3 bezüglich der Ebene ε !

GA 89

Untersuchen Sie die gegenseitige Lage der Ebenen ε_1, ε_2 und ε_3, und berechnen Sie eventuelle Schnittgeraden zweier Ebenen! Besitzen die drei Ebenen einen gemeinsamen Schnittpunkt?

$$\varepsilon_1\colon\ 4x - 5y - z - 14 = 0 \qquad \varepsilon_2\colon\ \vec{x} = \begin{pmatrix}5\\3\\2\end{pmatrix} + r\begin{pmatrix}2\\1\\3\end{pmatrix} + s\begin{pmatrix}5\\4\\0\end{pmatrix} \qquad \varepsilon_3\colon\ \vec{x} = \begin{pmatrix}2\\0\\3\end{pmatrix} + r\begin{pmatrix}4\\-5\\-4\end{pmatrix} + s\begin{pmatrix}1\\1\\-1\end{pmatrix}$$

GA 90

Geben Sie eine Gleichung einer Ebene η_1 an, die die Ebene ε: $x + 2y - z + 4 = 0$ schneidet, sowie die Gleichung einer Ebene η_2, welche zu ε echt parallel ist! Geben Sie für den ersten Fall eine Gleichung der Schnittgeraden an!

G 3 Lineare Gleichungssysteme

G 3.1 Lineare Gleichungssysteme mit 3 Variablen; Gaußsches Eliminierungsverfahren

GA 91 *(↗ Beispiele G21/G22, S. 237/238)*

Lösen Sie mit dem Gaußschen Eliminierungsverfahren das folgende lineare Gleichungssystem:

$$\begin{aligned} &(I) & x + 2y + z &= 9\\ &(II) & x - y + 2z &= 2\\ &(III) & 2x - 3y + 3z &= -1 \end{aligned}$$

GA 92

Lösen Sie mit dem Gaußschen Eliminierungsverfahren folgende lineare Gleichungssysteme:

a)
$$\begin{aligned} 2x + 2y + z &= 2\\ x + \tfrac{1}{2}y + z &= 1\\ \tfrac{3}{2}x - 3y + z &= 3 \end{aligned}$$

b)
$$\begin{aligned} x - 4y + 2z &= -6\\ 2x + 3y + z &= 5\\ -3x + 6y + z &= -2 \end{aligned}$$

c)
$$\begin{aligned} 2y + z &= 2\\ 2x + 5y - 2z &= -1\\ x + 3y - 3z &= -4 \end{aligned}$$

d)
$$\begin{aligned} 2x + y - z &= 0\\ x + 3z &= -1\\ 4x + z &= 7 \end{aligned}$$

e)
$$\begin{aligned} 5x + 2y &= -2\\ 2x + 3z &= 0\\ 6y + 3z &= 11 \end{aligned}$$

f)
$$\begin{aligned} 3x + 2y + z &= 40\\ -5x - 5y - 2z &= -81\\ x + 4y + 3z &= 58 \end{aligned}$$

g)
$$\begin{aligned} 0{,}4x + 0{,}3y + 0{,}6z &= 0{,}7\\ 0{,}2x + 0{,}6y + 0{,}3z &= 0{,}5\\ 0{,}4x + 0{,}1y + 0{,}1z &= 0{,}3 \end{aligned}$$

h)
$$\begin{aligned} \tfrac{1}{5}x + y + \tfrac{1}{10}z &= \tfrac{5}{3}\\ -5x + \tfrac{1}{2}y + \tfrac{3}{2}z &= -\tfrac{2}{3}\\ \tfrac{1}{3}x + \tfrac{1}{2}y + z &= 7 \end{aligned}$$

GA 93

Lösen Sie die folgenden linearen Gleichungssysteme:

a)
$$\begin{aligned} 8x + 2y &= 0\\ y - 3z &= 13\\ 2x &= 4 \end{aligned}$$

b)
$$\begin{aligned} x - y + 2z &= 5\\ -3y &= 18\\ x - 3y + 7z &= 7 \end{aligned}$$

c)
$$\begin{aligned} 2x - 3y + 3z &= 0 \\ x + z &= 0 \\ 3x + 6y + z &= 0 \end{aligned}$$

d)
$$\begin{aligned} x + y &= 1 \\ 3x + y - 2z &= -1 \\ x + 2y - z &= -3 \end{aligned}$$

GA 94

Begründen Sie, warum folgende lineare Gleichungssysteme keine Lösung haben:

a)
$$\begin{aligned} x + 2y + z &= 0 \\ x + 2y + z &= 2 \end{aligned}$$

b)
$$\begin{aligned} x + z &= 2 \\ x - y &= 3 \\ 2x - y + z &= 1 \end{aligned}$$

G 3.2 Geometrische Interpretation; Lösbarkeit und Lösungsmenge

GA 95 *(↗ Beispiele G23/G24, S. 239 bis 241)*

Gegeben ist ein lineares Gleichungssystem aus 2 Gleichungen und mit 3 Variablen:

(I) $x + 2y + z = 6$

(II) $2x + y + z = 6$

a) Lösen Sie das Gleichungssystem mit Hilfe des Gaußschen Eliminierungsverfahrens!
b) Geben Sie für beide Gleichungen des Systems eine geometrische Interpretation:
   - Notieren Sie die Achsenabschnittsgleichungen, die den gegebenen Gleichungen entsprechen!
   - Veranschaulichen Sie die zu den Gleichungen gehörenden Ebenen in einem Schrägrißbild eines Koordinatensystems!
   - Geben Sie eine Gleichung der Schnittgeraden beider Ebenen an, und vergleichen Sie diese mit der Lösungsmenge des Gleichungssystems!

GA 96

Lösen Sie mit dem Gaußschen Eliminierungsverfahren folgende lineare Gleichungssysteme:

a)
$$\begin{aligned} x + 2y + 2z &= 8 \\ 3y + z &= 6 \end{aligned}$$

b)
$$\begin{aligned} x + 5z &= 5 \\ y + 2z &= 6 \end{aligned}$$

Geben Sie jeweils eine geometrische Interpretation, und veranschaulichen Sie die Zusammenhänge in je einem Schrägrißbild eines Koordinatensystems!

GA 97

Lösen Sie mit dem Gaußschen Eliminierungsverfahren folgende lineare Gleichungssysteme!

a)
$$\begin{aligned} 3x + 2y - 3z &= 4 \\ -x + 2y - 3z &= 2 \\ 3x - 4y + 6z &= -2 \end{aligned}$$

b)
$$\begin{aligned} x - 2z &= -1 \\ 2x + 4y - z &= 0 \\ -3x - 4y + 3z &= 1 \end{aligned}$$

c)
$$\begin{aligned} 2x + 4y - 4z &= 8 \\ -x - 2y + 2z &= -4 \end{aligned}$$

d)
$$\begin{aligned} 2x + y - z &= 3 \\ -x + 2y - z &= -5 \\ 3x + y - 3z &= -2 \\ -2x + 2y - z &= -8 \end{aligned}$$

GA 98

Lösen Sie folgende Gleichungssysteme! (Geben Sie alle Lösungen an!)

a) $$\begin{aligned} 3x - y + 2z &= 0 \\ -2x + 2y + z &= 0 \\ -4x + 4y + 2z &= 0 \end{aligned}$$

b) $$\begin{aligned} x + y + z &= 0 \\ -9x - y - 3z &= 0 \\ -3x + 5y + 3z &= 0 \end{aligned}$$

c) $$\begin{aligned} -2x + 11y + 3z &= 0 \\ 3x + 11y + z &= 0 \\ 4x - 2y - 2z &= 0 \end{aligned}$$

d) $$\begin{aligned} x - y + z &= 0 \\ 4x - y + 2z &= 0 \\ 2x + y + z &= 0 \end{aligned}$$

G 3.3 Koeffizientenmatrix; Matrizen und Vektoren

GA 99 (↗ *Seite 243/244, Beispiel G27, S. 244*)

Für das folgende lineare Gleichungssystem kann die Lösungsmenge durch eine Vektorgleichung angegeben werden.

Gleichungssystem:

$$\begin{aligned} x - y + 2z &= -1 \\ -x + 2y - 3z &= 3 \\ x + z &= 1 \end{aligned}$$

Lösungsmenge:

$$\begin{pmatrix} x \\ y \\ z \end{pmatrix} = \begin{pmatrix} 1 \\ 2 \\ 0 \end{pmatrix} + t \begin{pmatrix} -1 \\ 1 \\ 1 \end{pmatrix}$$

a) Überprüfen Sie die Lösungsangabe!
b) Schreiben Sie das obige Gleichungssystem in Matrizendarstellung!
c) $(x; y; z) = (0; 3; 1)$ und $(x; y; z) = (2; 1; -1)$ sind spezielle Lösungen des Gleichungssystems ($t = 1$ bzw. $t = -1$). Multiplizieren Sie die Koeffizientenmatrix des Gleichungssystems mit dem Spaltenvektor $\begin{pmatrix} 0 \\ 3 \\ 1 \end{pmatrix}$ bzw. $\begin{pmatrix} 2 \\ 1 \\ -1 \end{pmatrix}$!

GA 100

Schreiben Sie die folgenden Gleichungssysteme jeweils in Matrizendarstellung:

a) $$\begin{aligned} 3x + y - 5z &= 1 \\ -2x - 2y + 3z &= -1 \\ 5x + 3y - 7z &= 3 \end{aligned}$$

b) $$\begin{aligned} 2x - 3y + z &= 1 \\ -5x + 2y - 8z &= 2 \\ -x + 3y + z &= 1 \end{aligned}$$

c) $$\begin{aligned} 5x + y + 8z &= 7 \\ 4x - 3y - 5z &= 17 \\ -x + 2y + 5z &= -8 \end{aligned}$$

d) $$\begin{aligned} 2x + 3y - z &= 3 \\ x + 2z &= 4 \\ x - y &= 2 \end{aligned}$$

GA 101

Ermitteln Sie die Spaltenvektoren, die aus der nachfolgenden Multiplikation einer Matrix mit einem Vektor hervorgehen!

a) $\begin{pmatrix} 2 & 0 & -1 \\ 3 & 1 & 2 \\ 1 & 2 & 1 \end{pmatrix} \cdot \begin{pmatrix} 1 \\ 4 \\ -1 \end{pmatrix}$

b) $\begin{pmatrix} 1 & 2 & 3 \\ -1 & 0 & 1 \end{pmatrix} \cdot \begin{pmatrix} 3 \\ 2 \\ 1 \end{pmatrix}$

c) $\begin{pmatrix} 5 & 3 \\ 2 & 1 \end{pmatrix} \cdot \begin{pmatrix} 2 \\ 1 \end{pmatrix}$

d) $\begin{pmatrix} 3 & 4 \\ 2 & -1 \\ -2 & 5 \end{pmatrix} \cdot \begin{pmatrix} 3 \\ -1 \end{pmatrix}$

e) $\begin{pmatrix} 3 & 8 & -1 \\ 0 & 5 & 3 \\ -1 & -1 & 2 \end{pmatrix} \cdot \begin{pmatrix} 1 \\ 2 \\ -1 \end{pmatrix}$

f) $\begin{pmatrix} 1 & 0 \\ 0 & 1 \end{pmatrix} \cdot \begin{pmatrix} 7 \\ 4 \end{pmatrix}$

GA 102

Multiplizieren Sie die Matrix $\begin{pmatrix} 0 & -5 \\ -2 & 3 \\ 4 & -1 \\ -6 & 0 \end{pmatrix}$ mit den Vektoren $\vec{x}_1 = \binom{1}{0}$, $\vec{x}_2 = \binom{0}{1}$, $\vec{x}_3 = \binom{7}{1}$, $\vec{x}_4 = \binom{2}{-1}$, $\vec{x}_5 = \binom{-1}{-1}$, $\vec{x}_6 = \binom{10}{-2}$!

GA 103

Es sei $\begin{pmatrix} 2 & -1 & -2 & -1 \\ 3 & -4 & 1 & 4 \\ 1 & 1 & -1 & 1 \end{pmatrix}$ die erweiterte Koeffizientenmatrix eines linearen Gleichungssystems. Das Gleichungssystem ist genau dann lösbar, wenn der Vektor $\vec{b} = \begin{pmatrix} -1 \\ 4 \\ 1 \end{pmatrix}$ der Absolutglieder eine Linearkombination der „Spaltenvektoren" $\begin{pmatrix} 2 \\ 3 \\ 1 \end{pmatrix}$, $\begin{pmatrix} -1 \\ -4 \\ 1 \end{pmatrix}$ und $\begin{pmatrix} -2 \\ 1 \\ -1 \end{pmatrix}$ der Koeffizientenmatrix ist. Lösen Sie das Gleichungssystem, und geben Sie (falls möglich) eine solche Linearkombination von $\vec{b}$ an!

GA 104:

In einer Firma werden vier Legierungen L_1, L_2, L_3 und L_4 in 40, 25, 30 bzw. 50 Mengeneinheiten (ME) benötigt. Eine Tabelle weist die Materialkosten pro ME in Geldeinheiten von drei Anbietern (Ab) aus. Ermitteln Sie den/die Anbieter, der/die für den gesamten Bedarf an Legierungen das kostengünstigste Angebot mach(t/en).

	L_1	L_2	L_3	L_4
Ab1	6	7	5	4
Ab2	7	5	6	4
Ab3	5	6	7	5

GA 105:

Für die Sanierung eines Hauses benötigt eine Baufirma Fenster in 3 verschiedenen Größen und Türen in 2 verschiedenen Größen. Die Anzahl der Fenster F_1, F_2, F_3 ist 30, 22 bzw. 12 und die Anzahl der Türen T_1, T_2 ist 15 bzw. 8.
Die Baufirma läßt von 3 Herstellern (Hst) Kostenvoranschläge anfertigen. Die Tabelle gibt die Kosten pro Stück in D-Mark an. Welcher Hersteller unterbreitet das günstigste Angebot?

	F_1	F_2	F_3	T_1	T_2
Hst 1	120	150	180	320	500
Hst 2	100	150	200	430	630
Hst 3	90	120	170	820	940

G 3.4 Determinanten. Regel von Cramer

GA 106 (↗ *Satz G10, S. 246*)

Lösen Sie das folgende linearen Gleichungssystem mit Hilfe der Regel von Cramer:

(I) $3x_1 - 5x_2 = 14$

(II) $2x_1 + x_2 = 5$

GA 107

Berechnen Sie die folgenden Determinanten!

a) $\det\begin{pmatrix} 7 & 1 \\ 3 & 2 \end{pmatrix}$ b) $\det\begin{pmatrix} 0 & 1 \\ 3 & 8 \end{pmatrix}$ c) $\det\begin{pmatrix} 7 & -1 \\ -5 & -3 \end{pmatrix}$

d) $\det\begin{pmatrix} 3 & 5 \\ 1 & 8 \end{pmatrix}$ e) $\det\begin{pmatrix} 1 & 0 \\ 0 & 1 \end{pmatrix}$ f) $\det\begin{pmatrix} 0 & -1 \\ -1 & 0 \end{pmatrix}$

g) $\det\begin{pmatrix} a & a^2 \\ -5 & a \end{pmatrix}$ h) $\det\begin{pmatrix} b & b \\ a & a \end{pmatrix}$ i) $\det\begin{pmatrix} e-1 & e+1 \\ e & 5 \end{pmatrix}$

GA 108

Lösen Sie die folgenden linearen Gleichungssysteme mit Hilfe der Regel von Cramer:

a) $x_1 - 5x_2 = 25$, $3x_1 + 4x_2 = -1$

b) $-4x_1 + 3x_2 = 9$, $x_1 + x_2 = 10$

c) $3x_1 + 2x_2 = 0$, $x_1 + 4x_2 = 30$

d) $5x_1 - 2x_2 = 8$, $-2x_1 + 8x_2 = 6$

e) $3x_1 + 2x_2 = 7$, $10x_1 - 8x_2 = 50$

f) $8x_1 - 2x_2 = 4$, $\frac{1}{2}x_1 - \frac{1}{8}x_2 = \frac{1}{4}$

g) $-5x_1 + 6x_2 = 8$, $2x_1 - \frac{12}{5}x_2 = 2$

h) $x_1 - x_2 = 1$, $-x_1 + x_2 = 1$

i) $2x_1 + 4x_2 = -8$, $-3x_1 - 5x_2 = 11$

GA 109

Welche der folgenden linearen Gleichungssysteme haben genau eine Lösung? Begründen Sie Ihre Entscheidung mit Hilfe der Determinante der Koeffizientenmatrix, und geben Sie (falls möglich) die Lösung an!

a) $5x_1 - 2x_2 = 4$, $2x_1 - x_2 = 0$

b) $3x_1 - 18x_2 = 2$, $-\frac{1}{3}x_1 + 2x_2 = 3$

c) $\frac{1}{2}x_1 + \frac{4}{5}x_2 = 0$, $\frac{1}{3}x_1 + \frac{5}{6}x_2 = 4$

d) $8x_1 + 2x_2 = 52$, $5x_1 + 3x_2 = 29$

G 3.5 Praktische Anwendungen

GA 110 (↗ Beispiele G29/G30, S. 247/248)

Für die Herstellung von Kupferlegierungen stehen Legierungen L_1, L_2 und L_3 mit den in der Tabelle angegebenen Zusammensetzungen zur Verfügung. Prüfen Sie, ob die Herstellung einer Kupferlegierung L, die

	L_1	L_2	L_3
Kupfer	80	80	95
Zink	10	0	5
Zinn	10	20	0

a) 90% Kupfer, 5% Zink und 5% Zinn, b) 85% Kupfer, 10% Zink und 5% Zinn

enthält, aus den Legierungen L_1, L_2 und L_3 möglich ist, und geben Sie gegebenenfalls an, in welchem Verhältnis diese drei Legierungen eingeschmolzen werden müssen!

GA 111

In einem Vorratslager befinden sich Flaschen zu jeweils 1 kg mit 14%iger, 11%iger, 8%iger, 5%iger Essigsäure in ausreichender Anzahl. Wieviel Flaschen von diesen Lösungen müssen gemischt werden, um 30 kg mit 13%iger Essigsäure zu erhalten?
Es sind alle Möglichkeiten anzugeben.

GA 112

In der chemischen Industrie tritt häufig der Fall ein, daß bei der Produktion ein Teil des Fertigprodukts in die laufende Produktion zurückgeführt werden muß. Es seien F das Fertigprodukt, Z das Zwischenprodukt und R_1, R_2 die Rohprodukte. Das Zwischenprodukt Z besteht zu 70% aus R_1, zu 20% aus R_2 und zu 10% aus F. Vom Zwischenprodukt Z fallen 80% als Fertigprodukt F an. Wieviel Mengeneinheiten (ME) der Rohprodukte R_1 und R_2 sind erforderlich, um 1 ME des Fertigprodukts herzustellen? Wieviel ME von dem zunächst entstehenden Fertigprodukt müssen in die Produktion zurückgeführt werden?

G 3.6 Matrizen in Anwendungsbereichen. Rechnen mit Matrizen

GA 113 *(↗ Beispiele G31/G32, S. 249/250)*

Die beiden Tabellen geben an, mit welchen Mengeneinheiten dreier Rohstoffe zwei Zwischenprodukte erzeugt werden, aus denen zwei Endprodukte entstehen. Ermitteln Sie, wieviel Rohstoffeinheiten zur Herstellung von je einer Einheit der Endprodukte E_1 bzw. E_2 benötigt werden!

	R_1	R_2	R_3
Z_1	2	1	2
Z_2	1	3	1

	Z_1	Z_2
E_1	6	4
E_2	3	7

GA 114

Berechnen Sie $\begin{pmatrix} 1 & 1 \\ 0 & 1 \end{pmatrix}^n = \underbrace{\begin{pmatrix} 1 & 1 \\ 0 & 1 \end{pmatrix} \cdot \ldots \cdot \begin{pmatrix} 1 & 1 \\ 0 & 1 \end{pmatrix}}_{\text{n-fach}}$ für alle von Null verschiedenen natürlichen Zahlen n !

GA 115

In einem Produktionsprozeß werden aus drei Rohstoffen R_1, R_2 und R_3 zwei Zwischenprodukte Z_1 und Z_2 mit nebenstehender Zusammensetzung hergestellt.

	R_1	R_2	R_3
Z_1	2	1	2
Z_2	1	3	1

	R_1	R_2	Z_1	Z_2
E_1	1	2	4	3
E_2	3	1	1	5

Anschließend entstehen aus den beiden Rohstoffen mit den zwei Zwischenprodukten Z_1 und Z_2 in der angegebenen Zusammensetzung zwei verschiedene Endprodukte. Ermitteln Sie, wieviel Rohstoffeinheiten zur Herstellung von je einer Einheit der Endprodukte E_1 bzw. E_2 benötigt werden!

G 4 Skalarprodukt von Vektoren

G 4.1 Definition und Eigenschaften

GA 116 *(↗ Definition G15, Beispiele G33/G34 S. 251)*

Zwei Vektoren $\vec{a}$ und $\vec{b}$ besitzen die Beträge $|\vec{a}| = 4$ bzw. $|\vec{b}| = \sqrt{3}$ und schließen einen Winkel von 60° ein. Berechnen Sie das Skalarprodukt dieser beiden Vektoren!

GA 117

Berechnen Sie das Skalarprodukt der folgenden Vektoren:

a) $\vec{a} = \begin{pmatrix} 1 \\ 2 \end{pmatrix}, \vec{b} = \begin{pmatrix} 3 \\ 2 \end{pmatrix}$ b) $\vec{u} = \begin{pmatrix} -2 \\ 3 \end{pmatrix}, \vec{v} = \begin{pmatrix} -1 \\ 4 \end{pmatrix}$ c) $\vec{p} = \begin{pmatrix} 1 \\ 3 \\ 2 \end{pmatrix}, \vec{l} = \begin{pmatrix} -2 \\ 1 \\ 0 \end{pmatrix}$

d) $\vec{f} = \begin{pmatrix} 2 \\ -3 \\ -1 \end{pmatrix}, \vec{v} = \begin{pmatrix} -3 \\ 2 \\ 0 \end{pmatrix}$ e) $\vec{f} = \begin{pmatrix} 7 \\ -3 \\ 5 \end{pmatrix}, \vec{k} = \begin{pmatrix} 0 \\ 0 \\ -2 \end{pmatrix}$ f) $\vec{u} = \begin{pmatrix} -4 \\ 9 \end{pmatrix}, \vec{v} = \begin{pmatrix} 3 \\ 1 \end{pmatrix}$

GA 118

Gegeben seien die Punkte A(2; –1; 4), B(2; 2; –3), C(0; 1; 2) und D(2; –3; 1). Berechnen Sie:

a) $\overrightarrow{AB} \cdot \overrightarrow{BC}$ b) $\overrightarrow{AC} \cdot \overrightarrow{BD}$ c) $\overrightarrow{DA} \cdot \overrightarrow{BD}$

d) $\overrightarrow{BC} \cdot \overrightarrow{BD}$ e) $\overrightarrow{CD} \cdot \overrightarrow{DB}$ f) $\overrightarrow{CD} \cdot \overrightarrow{AD}$

GA 119

Berechnen Sie jeweils das Skalarprodukt der Vektoren $\vec{a}$ und $\vec{b}$ mit:

a) $|\vec{a}| = 4,\quad |\vec{b}| = 8,\quad |\sphericalangle(\vec{a}, \vec{b})| = 60°$

b) $|\vec{a}| = \sqrt{20},\quad |\vec{b}| = \sqrt{5},\quad |\sphericalangle(\vec{a}, \vec{b})| = 30°$

c) $|\vec{a}| = 5,\quad \vec{b} = \begin{pmatrix} 4 \\ 3 \end{pmatrix},\quad |\sphericalangle(\vec{a}, \vec{b})| = 90°$

d) $\vec{a} = \begin{pmatrix} 2 \\ 1 \\ -3 \end{pmatrix},\quad |\vec{b}| = 10,\quad |\sphericalangle(\vec{a}, \vec{b})| = 120°$

GA 120

Ein Segelboot wird so gesteuert, daß der Wind in einem Winkel von 20° zur Fahrtrichtung einfällt. Der Wind übt auf das Segel eine Kraft von 2,1 kN aus. Wie groß ist die nach einer Fahrstrecke von 10 km am Boot verrichtete Arbeit?

GA 121

Berechnen Sie den Winkel, den die folgenden Vektoren einschließen:

a) $\vec{a} = \begin{pmatrix} 4 \\ 0 \end{pmatrix}, \vec{b} = \begin{pmatrix} 4 \\ 4\sqrt{3} \end{pmatrix}$

b) $\vec{u} = \begin{pmatrix} 2 \\ 2\sqrt{3} \end{pmatrix}, \vec{v} = \begin{pmatrix} 4 \\ -4\sqrt{3} \end{pmatrix}$

c) $\vec{l} = \begin{pmatrix} \sqrt{5} \\ -2 \\ 4 \end{pmatrix}, \vec{m} = \begin{pmatrix} \sqrt{6} \\ 3 \\ 1 \end{pmatrix}$

d) $\vec{f} = \begin{pmatrix} 1 \\ 3 \\ -2 \end{pmatrix}, \vec{s} = \begin{pmatrix} -2\sqrt{2} \\ -6\sqrt{2} \\ 4\sqrt{2} \end{pmatrix}$

e) $\vec{g} = \begin{pmatrix} 2 \\ 2\sqrt{3} \end{pmatrix}, \vec{w} = \begin{pmatrix} -4\sqrt{3} \\ -4 \end{pmatrix}$

f) $\vec{u} = \begin{pmatrix} 7 \\ 1 \\ -3 \end{pmatrix}, \vec{v} = \begin{pmatrix} 3 \\ -1 \\ 5 \end{pmatrix}$

GA 122

Berechnen Sie die Innenwinkel des Dreiecks mit den Eckpunkten:

a) A(2; 3), B(6; 1), C(3; 6)

b) A(1; 0; 1), B(7; 4; 3), C(–3; 2; 3)

c) A(2; 2), B(–2; 0), C(–4; 2)

d) A(1; 1; 0), B(5; 8; 2), C(2; 6; 4)

GA 123

Berechnen Sie die Innenwinkel der Flächen des Tetraeders ABCD mit A(0; 0; 0), B(4; 3; 0), C(0; 5; 0) und D(4; 3; 5)!

GA 124

Wie muß t jeweils gewählt werden, damit die angegebene Gleichung erfüllt ist?

a) $\begin{pmatrix} t \\ 2 \\ 4 \end{pmatrix} \cdot \begin{pmatrix} 2t \\ 1 \\ t \end{pmatrix} = 0$

b) $\begin{pmatrix} 1 \\ 2 \\ 1 \end{pmatrix} \cdot \begin{pmatrix} -t \\ 2t \\ t \end{pmatrix} = 1$

c) $\begin{pmatrix} 2 \\ 1 \\ t \end{pmatrix} \cdot \begin{pmatrix} t \\ -2 \\ 1 \end{pmatrix} = 7$

d) $\begin{pmatrix} 3 \\ -t \\ 1 \end{pmatrix} \cdot \begin{pmatrix} t \\ -2t \\ 1 \end{pmatrix} = 0$

e) $\begin{pmatrix} t \\ 3 \\ 3t \end{pmatrix}^2 = 1$

f) $\begin{pmatrix} 3 \\ t \\ t \end{pmatrix}^2 = \begin{pmatrix} -1 \\ t-2 \\ 2t \end{pmatrix}^2$

GA 125

Beschreiben Sie die Menge der Punkte X mit dem Ortsvektor $\vec{x}$, für die gilt:

a) $\vec{x} \cdot \begin{pmatrix} 3 \\ 2 \end{pmatrix} = 0$

b) $\begin{pmatrix} 1 \\ 1 \end{pmatrix} \cdot \vec{x} = 4$

c) $\begin{pmatrix} 1 \\ 1 \\ 1 \end{pmatrix} \cdot \vec{x} = 0$

d) $\begin{pmatrix} 1 \\ 0 \end{pmatrix} \cdot \vec{x} = -2$

e) $\begin{pmatrix} 4 \\ 0 \\ 0 \end{pmatrix} \cdot \vec{x} = -4$

f) $\begin{pmatrix} 5 \\ 1 \\ 3 \end{pmatrix} \cdot \vec{x} = 0$

GA 126

Berechnen Sie den Winkel zwischen den Strecken $\overline{AK}$ und $\overline{KC}$ in dem nebenstehend skizzierten Behälter!

$|\overline{AG}| = 250$ mm, $|\overline{GK}| = 300$ mm, $|\overline{KI}| = 520$ mm,
$|\overline{BL}| = 70$ mm, $|\overline{LE}| = 150$ mm

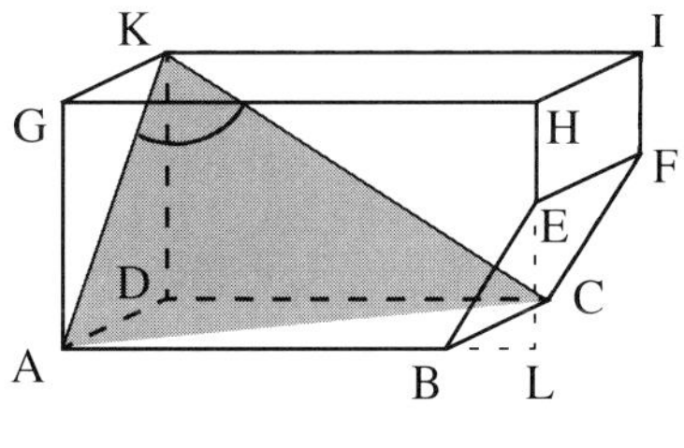

GA 127

Bestimmen Sie zu dem Vektor $\vec{a}$ einen Vektor $\vec{b}$, der senkrecht zu $\vec{a}$ verläuft!

a) $\vec{a} = \begin{pmatrix} 1 \\ 2 \end{pmatrix}$ b) $\vec{a} = \begin{pmatrix} 0 \\ -1 \end{pmatrix}$ c) $\vec{a} = \begin{pmatrix} 1 \\ -2 \\ 3 \end{pmatrix}$

d) $\vec{a} = \begin{pmatrix} \sqrt{2} \\ -2 \\ -1 \end{pmatrix}$ e) $\vec{a} = \begin{pmatrix} -7 \\ -2 \end{pmatrix}$ f) $\vec{a} = \begin{pmatrix} 5 \\ -1 \end{pmatrix}$

g) $\vec{a} = \begin{pmatrix} 3 \\ -\sqrt{5} \\ 1 \end{pmatrix}$ h) $\vec{a} = \begin{pmatrix} \sqrt{3} \\ 2 \\ \sqrt{3} \end{pmatrix}$

GA 128

Bestimmen Sie jeweils die Koordinaten eines Punktes C so, daß $\overrightarrow{AB}$ und $\overrightarrow{AC}$ zueinander orthogonal sind!

a) A(2; 2; 1), B(3; 3; 2) b) A(–3; 2; 5), B(8; 2; –5) c) A(7; –4; 1), B(9; –1; 3)

GA 129

Bestimmen Sie jeweils die Koordinaten eines Punktes C so, daß das Dreieck ABC bei C rechtwinklig ist!

a) A(0; 0; 1), B(3; 3; –1) b) A(–2; 3; 1), B(2; –1; 0) c) A(2; 2; 0), B(–1; –3; 2)

GA 130

Bestimmen Sie jeweils den Schnittwinkel der beiden angegebenen Geraden:

a) g: $x - 3y + 2 = 0$, h: $4x + 2y - 1 = 0$

b) g: $\vec{x} = \begin{pmatrix} -1 \\ -1 \\ -1 \end{pmatrix} + t\begin{pmatrix} 2 \\ 2 \\ 2 \end{pmatrix}$, h: $\vec{x} = \begin{pmatrix} -2 \\ -2 \\ 0 \end{pmatrix} + t\begin{pmatrix} 3 \\ 3 \\ 0 \end{pmatrix}$

c) g: $5x + 2y + 3 = 0$, h: $-2x + 8y + 3 = 0$

d) g: $\vec{x} = \begin{pmatrix} 2 \\ -1 \end{pmatrix} + t\begin{pmatrix} 8 \\ 4 \end{pmatrix}$, h: $\vec{x} = \begin{pmatrix} 1 \\ -1 \end{pmatrix} + t\begin{pmatrix} -1 \\ 0 \end{pmatrix}$

e) g: $\vec{x} = \begin{pmatrix} 8 \\ 3 \end{pmatrix} + t\begin{pmatrix} -1 \\ 1 \end{pmatrix}$, h: $\vec{x} = \begin{pmatrix} 7 \\ 2 \end{pmatrix} + t\begin{pmatrix} 3 \\ -3 \end{pmatrix}$

f) g: $\vec{x} = \begin{pmatrix} 2 \\ 1 \\ 3 \end{pmatrix} + t\begin{pmatrix} 1 \\ 2 \\ 3 \end{pmatrix}$, h: $\vec{x} = \begin{pmatrix} -1 \\ 0 \\ 1 \end{pmatrix} + t\begin{pmatrix} 2 \\ 1 \\ 3 \end{pmatrix}$

g) g: $\vec{x} = \begin{pmatrix} 7 \\ -1 \\ 3 \end{pmatrix} + t\begin{pmatrix} 2 \\ -1 \\ -1 \end{pmatrix}$, h: $\vec{x} = \begin{pmatrix} -2 \\ 1 \\ -2 \end{pmatrix} + t\begin{pmatrix} -1 \\ -1 \\ 2 \end{pmatrix}$

h) g: $\vec{x} = \begin{pmatrix} 0 \\ 4 \\ 1 \end{pmatrix} + t\begin{pmatrix} -1 \\ 5 \\ -2 \end{pmatrix}$, h: $\vec{x} = \begin{pmatrix} -1 \\ 9 \\ -1 \end{pmatrix} + t\begin{pmatrix} 2 \\ -10 \\ 4 \end{pmatrix}$

GA 131

Bestimmen Sie jeweils Schnittpunkt und Schnittwinkel der Geraden durch A und B bzw. C und D!

a) A(2; 1; 1), B(3; 2; 2), C(2; 7; –2), D(4; 5; 2)
b) A(3; 2; 5), B(5; 6; 3), C(4; 3; 7), D(–2; –6; 4)
c) A(3; 4; 0), B(6; –2; 3), C(4; 5; 4), D(6; 3; 8)

GA 132

Welche Winkel schließt jeweils die Gerade g durch den Ursprung und den Punkt P mit den Koordinatenachsen ein?

a) P(3; 3; 1) b) P(–4; 5; –2) c) P(4; –1; 5)

GA 133

Bestimmen Sie den Schnittwinkel zweier Raumdiagonalen eines Würfels!

GA 134

Gegeben sei der achsenparallele Quader ABCDEFGH mit der Ecke D im Koordinatenursprung und der gegenüberliegenden Ecke im Punkt F(4; 5; 3). Berechnen Sie die Größe der im Bild angegebenen Winkel α, β und γ !

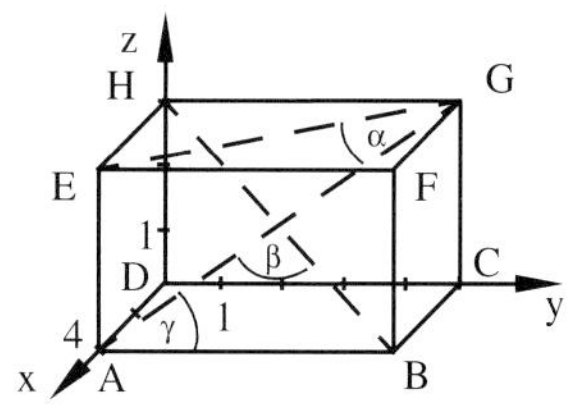

G 4.2 Gleichungen von Kreis und Kugel in vektorieller Schreibweise

GA 135 *(↗ Satz G15, S. 257)*

Geben Sie die Gleichung eines Kreises mit dem Mittelpunkt M(3; 4) und dem Radius r = 2 in der Ebene in vektorieller Form und in Koordinatenschreibweise an!

GA 136

Geben Sie die Gleichung einer Kugel mit dem Mittelpunkt M und dem Radius r im Raum in vektorieller Form und in Koordinatenschreibweise an!

a) M(–2; 3; 1), r = 2 b) M(0; 0; 0), r = 2 c) M(0; 0; 0), $r = \frac{1}{2}\sqrt{3}$

d) M(0; 0; 0), r = 5 e) M(4; –2; 0), r = 1,5 f) $M(7; -\frac{1}{2}; \frac{1}{3})$, $r = \frac{1}{5}$

g) M(1,2; –0,3; 0,1), r = 0,25

GA 137

Gegeben seien der Mittelpunkt M und ein Punkt P einer Kugel. Geben Sie jeweils die Gleichung der Kugel in vektorieller Form und in Koordinatenschreibweise an!

a) M(2; 1; –3), P(5; –8; 3) b) M(–1; –1; –1), P(–2; –2; –2) c) M(5; 8; –1), P(0; 0; 0)

GA 138

Notieren Sie jeweils eine vektorielle Gleichung einer Kugel k_i mit dem Mittelpunkt M_i und dem Radius r_i ! Untersuchen Sie die Lage der Punkte P(1; 2; –1), Q(0; 2; 1) und R(2; 0; 1) bezüglich jeder Kugel k_i !

a) $M_1(0; 1; 0)$, $r_1 = \sqrt{3}$ b) $M_2(-1; 0; 2)$, $r_2 = 3$ c) $M_3(5; 8; -1)$, $r_3 = 2$

GA 139

Geben Sie die vektorielle Gleichung jeweils einer Kugel an, die folgender Bedingung genügt:

	P_i ist Punkt der Kugel . . .	P_i ist innerer Punkt der Kugel . . .	P_i ist äußerer Punkt der Kugel . . .
a) $P_1(1; -1; 2)$			
b) $P_2(-1; 0; 3)$			
c) $P_3(\sqrt{2}; 1; 1)$			

GA 140

Beschreiben Sie die Menge der Punkte X (mit dem Ortsvektor $\vec{x}$), für die gilt:

– in der Ebene: a) $\vec{x}^2 = 2$ b) $[\vec{x} - \begin{pmatrix}1\\2\end{pmatrix}]^2 = 2$ c) $\vec{x}^2 = -1$

– im Raum: d) $\vec{x}^2 = 3$ e) $[\vec{x} - \begin{pmatrix}1\\2\\3\end{pmatrix}]^2 = 1$ f) $\vec{x}^2 = -1$

G 4.3 Die HESSEsche Normalform der Geradengleichung

GA 141 (↗ *Beispiel G 38, S. 259*)

Gegeben sind die Gerade g mit der Gleichung $y = 2x + 3$ und der Punkt $P(2; -1)$. Berechnen Sie den Abstand des Punktes P von der Geraden g !

GA 142

Bestimmen Sie zu jeder der angegebenen Geraden einen Normalenvektor!

a) g_1: $5x - 2y + 3 = 0$ b) g_2: $-x + \frac{1}{2}y - 1 = 0$ c) g_3: $y = -2x - 6$

d) g_4: $y = -\frac{1}{3}x - 2$ e) g_5: $y = 7$ f) g_6: $x = -3$

g) g_7: $\vec{x} = \begin{pmatrix} 2 \\ 1 \end{pmatrix} + t\begin{pmatrix} 5 \\ -1 \end{pmatrix}$ h) g_8: $\vec{x} = \begin{pmatrix} 2 \\ 0{,}5 \end{pmatrix} + t\begin{pmatrix} -1 \\ -3 \end{pmatrix}$ i) g_9: $\vec{x} = \begin{pmatrix} 0 \\ 1 \end{pmatrix} + t\begin{pmatrix} -1 \\ 0 \end{pmatrix}$

k) g_{10}: $\vec{x} = \begin{pmatrix} 0{,}2 \\ 0{,}3 \end{pmatrix} + t\begin{pmatrix} 0{,}4 \\ 1{,}2 \end{pmatrix}$

GA 143

Berechnen Sie jeweils den Abstand des Punktes P_i von der Geraden g_i:

a) $P_1(1; 2)$, g_1: $2x - 3y + 1 = 0$ b) $P_2(-1; 6)$, g_2: $y = 4x - 1$

c) $P_3(2; -4)$, g_3: $y = -3x + 2$ d) $P_4(0; 0)$, g_4: $\vec{x} = \begin{pmatrix} 5 \\ 1 \end{pmatrix} + t\begin{pmatrix} 1 \\ 2 \end{pmatrix}$

e) $P_5(-2; 1)$, g_5: $\vec{x} = \begin{pmatrix} -1 \\ -2 \end{pmatrix} + t\begin{pmatrix} -3 \\ 2 \end{pmatrix}$ f) $P_6(1; -1)$, g_6: $\vec{x} = \begin{pmatrix} 3 \\ -2 \end{pmatrix} + t\begin{pmatrix} 6 \\ 2 \end{pmatrix}$

GA 144

Berechnen Sie jeweils die Längen der Höhen der folgenden Dreiecke ABC:

a) $A(-4; 1)$, $B(5; 4)$, $C(1; 1)$
b) $A(-2; -1)$, $B(5; -2)$, $C(1; -5)$
c) $A(-2; -3)$, $B(2; 3)$, $C(-2; 3)$

GA 145

Berechnen Sie jeweils den Abstand der nachfolgenden zueinander parallelen Geraden g und h:

a) g: $5x + 2y - 3 = 0$, h: $5x + 2y + 1 = 0$ b) g: $2x - y - 6 = 0$, h: $y = 2x$

c) g: $\vec{x} = \begin{pmatrix} 1 \\ 0 \end{pmatrix} + t\begin{pmatrix} 2 \\ 1 \end{pmatrix}$, h: $x - 2y + 4 = 0$ d) g: $\vec{x} = \begin{pmatrix} 0 \\ 1 \end{pmatrix} + t\begin{pmatrix} 3 \\ -1 \end{pmatrix}$, h: $y = \frac{1}{3}x - 1$

e) g: $\vec{x} = \begin{pmatrix} 2 \\ 1 \end{pmatrix} + t\begin{pmatrix} 1 \\ 2 \end{pmatrix}$, h: $\vec{x} = \begin{pmatrix} 3 \\ 5 \end{pmatrix} + t\begin{pmatrix} 1 \\ 2 \end{pmatrix}$ f) g: $\vec{x} = \begin{pmatrix} 0 \\ 1 \end{pmatrix} + t\begin{pmatrix} -3 \\ 2 \end{pmatrix}$, h: $\vec{x} = \begin{pmatrix} 6 \\ 5 \end{pmatrix} + t\begin{pmatrix} 6 \\ -4 \end{pmatrix}$

GA 146

Bestimmen Sie jeweils den Punkt D so, daß die Punkte A, B, C und D ein Parallelogramm bilden! Berechnen Sie die Abstände der gegenüberliegenden Seiten (die Längen der Höhen) des Parallelogramms!

a) $A(2; 4)$, $B(8; 2)$, $C(11; 5)$
b) $A(-2; 1)$, $B(1; -3)$, $C(6; 0)$

GA 147

Gegeben sei ein Dreieck mit den Eckpunkten A(0; 8), B(3; –1) und C(7; 7).

a) Berechnen Sie den Schnittpunkt M zweier Mittelsenkrechten des Dreiecks!

b) Zeigen Sie, daß $|\overline{MA}| = |\overline{MB}| = |\overline{MC}|$ ist, und geben Sie die Gleichung des Umkreises des Dreiecks an!

c) Zeigen Sie, daß der Koordinatenursprung auf diesem Umkreis liegt!

d) Bestimmen Sie die Fußpunkte der Lote von O auf die durch die Seiten des Dreiecks bestimmten Geraden!

e) Zeigen Sie, daß die Lotfußpunkte aus d) auf einer Geraden liegen!

G 4.4 Beweise durch Anwendung des Skalarproduktes

GA 148 (↗ *Beispiel G39, S.260)*

Beweisen Sie, daß im Rhombus (einem Parallelogramm mit vier gleich langen Seiten) die Diagonalen senkrecht aufeinander stehen!

GA 149

Beweisen Sie, daß sich die Höhen eines Dreiecks in einem Punkt schneiden!

GA 150

a) Beweisen Sie den Satz des Pythagoras!

b) Beweisen Sie die Umkehrung des Satzes des Pythagoras!

GA 151

Beweisen Sie, daß ein Parallelogramm genau dann ein Rechteck ist, wenn die Diagonalen gleich lang sind!

GA 152

Beweisen Sie für ein rechtwinkliges Dreieck

a) den Höhensatz;

b) den Kathetensatz!

H Wahrscheinlichkeitstheorie

H 1 Zufallsexperimente

H 1.1 Absolute und relative Häufigkeiten

HA 1 *(↗ Definitionen H1/H2, S. 262)*

Katrin „würfelte" mit einem Kronenverschluß 100mal. In ihrem Protokoll kennzeichnete sie mit 1, daß der Kronenverschluß nach oben geöffnet, mit 0, daß der Kronenverschluß nach unten geöffnet auffällt.

10111 01110 11110 11011
10111 01101 11110 10111
01111 00011 11010 11111
01001 01111 11111 10111
11111 11110 11111 11101

Ermitteln Sie die relative Häufigkeit folgender Ereignisse A, B und C:

A = {der Kronenverschluß fällt nach oben geöffnet auf}

B = {der Kronenverschluß fällt bei fünfmaligem Würfeln mindestens zweimal nacheinander nach oben geöffnet auf}

C = {der Kronenverschluß fällt bei fünfmaligem Würfeln dreimal und nicht öfter nacheinander nach oben geöffnet auf}

HA 2

Monika und Thomas würfeln mit RIEMER-Würfeln, und zwar mit einem L-Würfel, einem U-Würfel und einem S-Würfel.

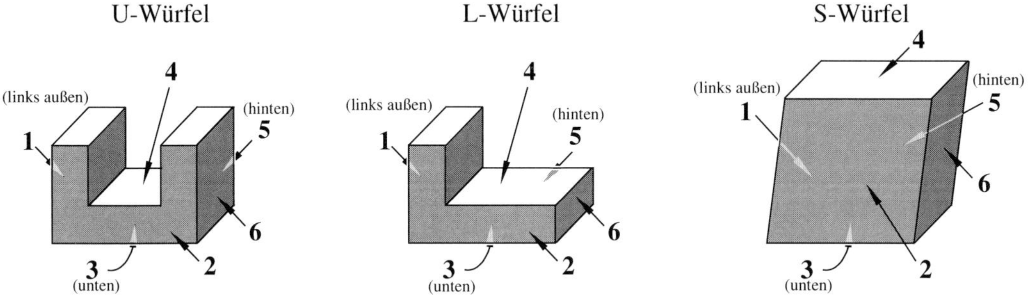

Thomas protokolliert die von ihm erzielten relativen Häufigkeiten der Augenzahlen:

Würfel	1	2	3	4	5	6
L-Würfel	0,002	0,140	0,215	0,397	0,142	0,102
U-Würfel	0,067	0,183	0,179	0,306	0,205	0,060
S-Würfel	0,214	0,206	0,073	0,071	0,222	0,212

Ergänzen Sie auf Grund dieses Protokolls die erste Spalte in Monikas Protokoll, in dem sie die absoluten Häufigkeiten der Augenzahlen aus ihren Wurfserien eingetragen hat, und zeichnen Sie jeweils ein Histogramm der zugehörigen relativen Häufigkeiten!

Würfel	1	2	3	4	5	6
. . . . -Würfel	7	29	27	49	35	9
. . . . -Würfel	1	49	37	63	27	23
. . . . -Würfel	105	101	36	35	109	104

H 1.2 Empirisches Gesetz der großen Zahlen

H 1.3 Zufallsexperimente und Ergebnismengen; Baumdiagramme

HA 3 (↗ *Beispiel H1, S. 265*)

Entscheiden Sie, welche der nachfolgend genannten Mengen als Ergebnismengen Ω ungeeignet sind! (Begründen Sie kurz Ihre Entscheidung!)

Zufallsexperiment: Einmaliges Werfen eines Tetraeders

$\Omega_1 = \{1; 2; 3; 4\}$ $\Omega_2 = \{1; 3; \text{keine } 1\}$ $\Omega_3 = \{\text{Primzahl}; 4\}$

$\Omega_4 = \{\text{Primzahl}; 4; \text{Zahl, die weder prim noch gerade ist}\}$ $\Omega_5 = \{1; 4; \text{weder 1 noch 4}\}$

HA 4

Geben Sie jeweils eine geeignete Ergebnismenge an!

a) Aus den Ziffern 1, 3 und 5 werden zweistellige Zahlen gebildet.
b) Aus den Ziffern 0, 2 und 4 werden dreistellige Zahlen gebildet.
c) Aus den Ziffern 0, 2 und 4 werden natürliche Zahlen gebildet, in denen keine Ziffer mehrfach auftritt.
d) Eine Münze mit Wappen (W) und Zahl (Z) wird zweimal geworfen.
e) Zwei (nicht unterscheidbare) Münzen mit jeweils Wappen und Zahl werden gleichzeitig geworfen.
f) Eine rote und eine schwarze Kugel werden nacheinander auf drei Kästchen mit den Nummern 1, 2 und 3 verteilt.
g) Aus einer Urne mit 5 weißen und 2 grünen Kugeln werden drei Kugeln ohne Zurücklegen nacheinander entnommen.
h) Aus einer Urne mit 5 weißen und 2 grünen Kugeln werden drei Kugeln mit Zurücklegen nacheinander entnommen.
i) Vier Personen p_1, p_2, p_3, p_4 stehen zur Wahl von zwei Sprechern.
k) Ein Würfel wird so lange geworfen, bis zum erstenmal eine 1 erscheint.

HA 5

Zufälliger Vorgang: Einmaliges Werfen eines normal mit den Augenzahlen 1, 2, 3, 4, 5 und 6 beschrifteten Würfels.

Geben Sie drei in ihrer Elementanzahl paarweise verschiedene Ergebnismengen Ω_1, Ω_2, Ω_3 an!

HA 6 (↗ *Beispiele H2/H3, S. 265*)

Ermitteln Sie mit einem Baumdiagramm eine geeignete Ergebnismenge Ω!

a) Zuerst wird ein Tetraeder mit den Begrenzungsflächen 1, 2, 3 und 4, dann eine Münze (mit Wappen *W* und Zahl *Z*) und anschließend noch eine Münze geworfen.
b) Es wird eine Münze mit Wappen und Zahl einmal geworfen. Genau dann, wenn bei ihr Wappen fällt, wird ein Tetraeder mit den Augenzahlen 1, 2, 3 und 4 geworfen. Genau dann, wenn hierbei eine Primzahl fällt, wird nochmals eine Münze geworfen.
c) Ein Tetraeder mit den Begrenzungsflächen 1, 2, 3 und 4 wird geworfen. Das „Tetraedern" ist beendet, wenn eine gerade Zahl geworfen oder wenn die Gesamtaugenzahl (Summe der geworfenen Augenzahlen) 6 erreicht bzw. überschritten oder wenn viermal gewürfelt ist.
d) Spieler *Vorsicht* geht mit 1 DM an einen Spielautomaten, bei dem er je Spiel entweder 1 DM hinzugewinnen oder 1 DM verlieren kann. Spieler *Vorsicht* hört auf zu spielen, wenn er kein Geld mehr hat oder 4 DM besitzt oder fünfmal gespielt hat.

HA 7

Eine Urne enthalte genau vier Kugeln (eine rote (r), zwei weiße (w) und eine grüne (g)). Beschreiben Sie ein Zufallsexperiment, das durch folgende Ergebnismenge charakterisiert wird!
Ω = {r, (w; r), (g; r), (w; w; r), (w; g; r), (g; w; r), (w; w; g; r), (w; g; w; r), (g; w; w; r)}

HA 8

In einem Gymnasium soll die „beliebteste Lehrerin“ bzw. der „beliebteste Lehrer“ gewählt werden. In Vorbereitung dieser Wahl führt der Schülersprecherrat eine Vorabumfrage durch: „Welchen der Lehrer I, K, L, M würden Sie wählen?“ Entscheiden Sie, welche der nachfolgenden Mengen als Ergebnismengen dieser Vorabumfrage nicht geeignet sind! Begründen Sie jeweils ihr Urteil!

Ω_1 = {I; K; L; M; keinen dieser Lehrer} Ω_2 = {I; K oder L; keinen dieser Lehrer}
Ω_3 = {I; K; weder I noch K} Ω_4 = {I oder L; weder I noch K; keinen dieser Lehrer}
Ω_5 = {I; K; L; M; einen anderen Lehrer; keinen Lehrer}

H 1.4 Zufällige Ereignisse; Verknüpfen von Ereignissen

HA 9 (↗ *Beispiel H4, S. 266*)

Ergänzen Sie!

Ergebnismenge: $\Omega = \{0;1\}$ Ereignisraum: $2^\Omega =$
Anzahl der Ergebnisse: $|\Omega| =$ Anzahl der Ereignisse: $|2^\Omega| =$

HA 10

Ergänzen Sie!

a) Ergebnismenge: $\Omega = \{1; 2; 3\}$
Ereignisraum: Anzahl der Ergebnisse: Anzahl der Ereignisse:
b) *Zufallsexperiment:* Einmaliges Werfen eines Würfels
Ergebnismenge: $\Omega =$ Anzahl der Ergebnisse: $|\Omega| =$
Schreiben Sie die nachfolgenden Ereignisse als Teilmengen von Ω !
Ereignisse: A = {Augenzahl ist nicht 3} = B = {Augenzahl ist prim}=
C = {Augenzahl ist ungerade} = D = {Augenzahl ist größer als 7} =
E = {Augenzahl ist kleiner als 9} =
Ereignisraum: $2^\Omega =$ $|2^\Omega| =$

HA 11

Ein Ereignisraum enthalte genau fünf atomare Ereignisse. Wie viele Elemente dieses Ereignisraumes sind keine atomaren Ereignisse?

HA 12

Zufallsexperiment: Einmaliges Werfen einer Münze mit Wappen (W) und Zahl (Z) sowie eines grünen und eines roten jeweils mit den Augenzahlen 1, 2, 3, 4 beschrifteten Tetraeders

a) Geben Sie eine möglichst „feine“ (eine dieses Zufallsexperiment möglichst genau beschreibende) Ergebnismenge Ω an!
b) Nennen Sie alle Ergebnisse aus Ω, die eintreten können, wenn jeweils eines der folgenden Ereignisse eintritt:
A = {die Münze zeigt Wappen, ein Tetraeder zeigt 2, das andere 4},
B = {beide Tetraeder zeigen die Augenzahl 3},
C = {die Münze zeigt kein Wappen, und beide Tetraeder zeigen keine Primzahl}
$D = B \cap C$

HA 13 (↗ *Definition H8, S. 267)*

Anja entnimmt einer Lostrommel nacheinander drei Lose. Dabei kann sie jeweils entweder einen Gewinn (g) oder eine Niete (n) ziehen.

a) Ermitteln Sie mit Hilfe eines Baumdiagramms eine möglichst „feine", dieses Zufallsexperiment möglichst genau beschreibende Ergebnismenge Ω!

b) Nennen Sie alle Ergebnisse aus Ω, die eintreten können, wenn jeweils eines der nachfolgenden Ereignisse eintritt:

A = {mindestens ein Los ist ein Gewinn} B = {genau ein Los ist ein Gewinn}
C = {höchstens ein Los ist ein Gewinn} D = {das erste Los ist ein Gewinn}
E = {nur das erste Los ist ein Gewinn} F = {ein Los ist eine Niete}

c) Geben Sie die nachfolgenden Ereignisse als Teilmengen von W an, und formulieren Sie diese Ereignisse in Worten:

$G = A \cap C$ $H = \overline{A} \cap \overline{B}$ $I = D \cap F$ $L = \overline{F}$

HA 14

Aus einer großen Produktionsserie von Transistoren werden nacheinander „auf gut Glück" drei Stück entnommen, wobei jeweils nur registriert wird, ob der entnommene Transistor defekt oder nicht defekt ist.

a) Ermitteln Sie mittels Baumdiagramm eine (für die Untersuchung nachfolgender Ereignisse geeignete) Ergebnismenge Ω!

Ergebnis 0 bedeutet „defekter Transistor" Ergebnis 1 bedeutet „intakter Transistor"

b) Geben Sie die Ereignisse A bis L als Teilmengen von Ω an!

A = {der zuerst entnommene Transistor ist defekt}

B = {der zuerst entnommene Transistor und nur dieser ist defekt}

C = {alle entnommenen Transistoren sind defekt}

D = {nicht alle entnommenen Transistoren sind defekt}

E = {genau zwei entnommene Transistoren sind defekt}

F = {mindestens zwei der entnommenen Transistoren sind in Ordnung}

G = {höchstens zwei der entnommenen Transistoren sind in Ordnung}

H = {der erste oder der dritte entnommene Transistor ist defekt}

I = {nur der zweite Transistor ist intakt}

K = {weder der erste noch der dritte entnommene Transistor ist defekt}

L = {es sind weder alle entnommenen Transistoren in Ordnung noch alle defekt}

c) Geben Sie die Ereignisse $A \cap F$, $L \setminus F$, $C \cup D$ als Teilmengen von Ω an!
Beschreiben Sie diese drei Ereignisse möglichst kurz mit Worten!

$A \cap F =$ $L \setminus F =$ $C \cup D =$

d) Untersuchen Sie die Ereignisse C und F auf Unvereinbarkeit!

HA 15

Ein Würfel wird zweimal hintereinander geworfen und das zugehörige Augenzahlpaar notiert. Folgende Ereignisse werden betrachtet:

A = {Pasch} (d.h. zweimal dieselbe Augenzahl); B = {Doppelsechs wird geworfen};
C = {beide Male wird eine gerade Zahl gewürfelt}; D = {Augensumme ist mindestens 10};
E = {Augensumme ist genau 7}.

a) Wie viele Elemente enthält die zugehörige Ergebnismenge Ω ?
b) Schreiben Sie die obigen Ereignisse A bis E als Teilmengen von Ω !
c) Zeichnen Sie den zum Ereignis D gehörigen Teil des Baumdiagramms!
d) Geben Sie die Ereignisse $\overline{C}$, $B \cup E$, $C \cap D$ und $E \setminus A$ als Teilmengen von Ω sowie in Worten an!
e) Geben Sie eine „gröbere" Ergebnismenge Ω' an, die für die Ereignisse B, D und E geeignet wäre! Schreiben Sie diese drei Ereignisse als Teilmengen von Ω' !

HA 16

Eine Anlage, die aus zwei Kesseln und einer Maschine besteht, ist nur dann arbeitsfähig, wenn die Maschine und mindestens einer der beiden Kessel intakt sind.
Wir betrachten die Ereignisse:

M = {die Maschine ist intakt}, K_i = {der i-te Kessel ist intakt} (mit i = 1, 2),
A = {die Anlage ist arbeitsfähig}

Drücken Sie die Ereignisse A und $\overline{A}$ durch die Ereignisse M, K_1 und K_2 aus!

HA 17

An einem Wettbewerb nehmen zehn Sportler teil.
A_i = {der Sportler mit der Startnummer i erreicht den i-ten Platz} (i = 1, 2, . . . , 10)
Interpretieren Sie die folgenden Ereignisse:

a) $A_1 \cap A_2 \cap \ldots \cap A_{10}$
b) $A_1 \cup A_2 \cup \ldots \cup A_{10}$
c) $\overline{A}_1 \cap \overline{A}_2 \cap \ldots \cap \overline{A}_{10}$
d) $\overline{A}_1 \cup \overline{A}_2 \cup \ldots \cup \overline{A}_{10}$

HA 18

Es seien die zwei Ereignisse B = {die Maschine b arbeitet} und C = {die Maschine c arbeitet} definiert. Interpretieren Sie das zusammengesetzte Ereignis! $M = (B \cup C) \cap (B \cup \overline{C}) \cap (\overline{B} \cup C)$!

Hinweis: Ein Vereinfachen von M mit Hilfe einer Vierfeldertafel oder eines anderen Mengenbildes könnte dabei nützlich sein.

H 1.6 Additionssatz; Vierfeldertafeln

HA 19 *(↗ Sätze H3 bis H8, S. 269)*

Berechnen Sie die Wahrscheinlichkeiten folgender Ereignisse:

Augenzahl i	1	2	3	4	5	6
P({i})	$\frac{1}{5}$	$\frac{1}{6}$	$\frac{2}{15}$	$\frac{2}{15}$	$\frac{1}{6}$	p_6

A = {Augenzahl größer als 4} B = {keine gerade Augenzahl}
C = {Augenzahl, deren Quadrat kleiner als 20 und nicht durch 3 teilbar ist}

HA 20

Überprüfen Sie, ob P eine Wahrscheinlichkeitsverteilung eines zufälligen Vorgangs mit der dreielementigen Ergebnismenge Ω = {a; b; c} ist!

a) $P(\{a\}) = 0{,}8$; $P(\{b\}) = -0{,}2$; $P(\{c\}) = \frac{2}{5}$
b) $P(\{a\}) = 0{,}3$; $P(\{b\}) = 0{,}4$; $P(\{c\}) = 0{,}03$
c) $P(\{a\}) = \frac{2}{3}$; $P(\{b\}) = \frac{1}{12}$; $P(\{c\}) = \frac{1}{4}$

HA 21

Ein zufälliger Vorgang sei beschrieben durch die Ergebnismenge $\Omega = \{1; 2; 3; 4\}$ und seine Wahrscheinlichkeitsverteilung P . Berechnen Sie jeweils $P(\{1\})$!

a) $P(\{2\}) = 0{,}50;\ P(\{3\}) = 0{,}25;\ P(\{4\}) = 0{,}08\overline{3}$
b) $P(\{3\}) = 0{,}1\overline{6};\ P(\{4\}) = 0{,}125;\ P(\{1\}) = 3 \cdot P(\{2\})$
c) $P(\{2; 3\}) = 0{,}50;\ P(\{4\}) = 0{,}1\overline{6}$
d) $P(\{2; 3\}) = 0{,}60;\ P(\{3; 4\}) = 0{,}75;\ P(\{2\}) = 0{,}1\overline{6}$

HA 22

Zufallsexperiment: Einmaliges Werfen eines „gezinkten“ Tetraeders
Ergebnismenge: $\Omega = \{1; 2; 3; 4\}$
Wahrscheinlichkeitsverteilung: $P(\{1; 2\}) = 0{,}40$ $P(\{1; 4\}) = 0{,}55$ $P(\{2\}) = 0{,}10$
Berechnen Sie die Wahrscheinlichkeit dafür, daß mit diesem Tetraeder

a) die Augenzahl 3,
b) eine ungerade Augenzahl gewürfelt wird!

HA 23

Bei einem Glücksrad stellen sich die Zahlen 1, 2, . . . , 9 mit folgenden Wahrscheinlichkeiten ein:

Zahl k	1	2	3	4	5	6	7	8	9
P({k})	0,10	0,20	0,15	0,05	0,12	0,10	0,03	0,10	0,10

Berechnen Sie die Wahrscheinlichkeiten folgender Ereignisse:

a) G = {die eingestellte Zahl ist gerade}
b) U = {die eingestellte Zahl ist ungerade}
c) Z = {die eingestellte Zahl ist nicht kleiner als 2}

HA 24 *(↗ Beispiel H7, S. 270)*

a) Vervollständigen Sie die nebenstehende Vierfeldertafel!
b) Berechnen Sie!
$P(\overline{A}) =$ $P(\overline{B}) =$ $P(A \cup B) =$ $P(A \cap B) =$
$P(A \cap \overline{B}) =$
$P(A \cup \overline{B}) =$
$P(\overline{A} \cup \overline{B}) =$

	B		
A			0,75
		0,20	
	0,60		

HA 25

Von einem Zufallsexperiment seien die folgenden Wahrscheinlichkeiten gegeben:

$P(A) = 0{,}4$ $P(B) = 0{,}5$ $P(\overline{A} \cap \overline{B}) = 0{,}2$

Berechnen Sie folgende Wahrscheinlichkeiten!

$P(\overline{A}) =$ $P(\overline{B}) =$ $P(A \cup B) =$ $P(A \cap B) =$
$P(\overline{A} \cup \overline{B}) =$ $P(\overline{A} \cap B) =$ $P(\overline{A} \cup B) =$ $P(A \cap \overline{B}) =$
$P(\overline{A \cap B}) =$ $P((\overline{\overline{A} \cap B}) \cup B) =$

HA 26

Gegeben: $P(A) = 0{,}3$ $P(\overline{B}) = 0{,}6$ $P(\overline{A} \cap B) = 0{,}1$
Gesucht: $P(\overline{A})$, $P(B)$, $P(A \cap B)$, $P(A \cup B)$, $P(A \cup \overline{B})$

HA 27

Gegeben: $P(A) = 0{,}8$ $P((A \cup B) \setminus A) = 0{,}3$
Gesucht: $P(B)$

HA 28

Es seien A, B $\in 2^{\Omega}$ mit P(A) = 0,4, P(B) = 0,3, P(A $\cap$ B) = 0,5.
Berechnen Sie die Wahrscheinlichkeiten weiterer Ereignisse aus 2^{Ω} !

HA 29

a) Vervollständigen Sie die nebenstehende Vierfeldertafel!

b) Geben Sie die Wahrscheinlichkeiten folgender Ereignisse an!

E = {von A und B tritt nur A ein} P(E) =
F = {weder A noch $\overline{B}$ treten ein} P(F) =
G = {sowohl $\overline{A}$ als auch $\overline{B}$ treten ein} P(G) =
H = {$\overline{A}$ oder $\overline{B}$ tritt ein} P(H) =
I = {entweder A oder B tritt ein} P(I) =

	A	
B	0,05	0,01
		0,20

HA 30

Ergänzen Sie die nebenstehende Mehrfeldertafel unter der Bedingung, daß E_1, E_2 und E_3 die zugehörige Ergebnismenge Ω zerlegen (daß also $\Omega = E_1 \cup E_2 \cup E_3$ gilt sowie E_1, E_2 und E_3 paarweise unvereinbar sind)! Geben Sie die Wahrscheinlichkeiten der folgenden zusammengesetzten Ereignisse an:

- $E_1 \cup E_2$
- {es tritt E_3 oder nicht A ein}

	E_1	E_2	E_3	
A	0,10		0,30	0,80
$\overline{A}$			0,01	
		0,50		

HA 31

Eine Zuverlässigkeitsuntersuchung der Zahnräder und Wellen von Getrieben ergibt:
95% der Getriebe haben fehlerfreie Zahnräder oder fehlerfreie Wellen (oder beides), 10% der Getriebe haben fehlerfreie Wellen, aber fehlerhafte Zahnräder. Wie groß ist die Wahrscheinlichkeit dafür, daß ein „auf gut Glück" entnommenes Getriebe ein fehlerhaftes Zahnrad besitzt?
Interpretation: W = {Welle ist fehlerfrei} Z = {Zahnrad ist fehlerfrei}

HA 32

Bei einer Maschine, die Teile in zwei Arbeitsgängen produziert, werden in einer relativ großen Anzahl von Durchläufen die Defekte registriert (s. nebenstehende Tabelle): Berechnen Sie die Wahrscheinlichkeit dafür, daß diese Maschine ein „auf gut Glück" ausgewähltes Teil einwandfrei bearbeitet!

		2. Arbeitsgang	
		intakt	defekt
1. Arbeitsgang	intakt	323	17
	defekt	57	3

H 2 Gleichverteilung (LAPLACE-Experimente)

H 2.1 Der Begriff *Gleichverteilung*

HA 33 *(↗ Definitionen H10/ Beispiel H8, S. 270/S. 271)*

Zufallsexperiment: Einmaliges Werfen eines ungezinkten Würfels

Entscheiden Sie, welche der angegebenen Mengen Ergebnismengen sind, für die die LAPLACE-Annahme gerechtfertigt ist!

Ω_1 = {1; 2; 3; 4; 5; 6} Ω_2 = {gerade Augenzahl; 1; 3; 5}

Ω_3 = {1; Augenzahl kleiner als 3; 3; 4; 5; 6} Ω_4 = {gerade Augenzahl; ungerade Augenzahl}

Ω_5 = {1; 3; keine ungerade Augenzahl} Ω_6 = {6; keine 6}

HA 34

Ein Glücksrad sei in vier gleich große Sektoren geteilt, von denen einer nur mit 2, einer nur mit 4 und zwei jeweils nur mit 5 beschriftet sind. Bei jeder Drehung des Glücksrades wird genau einer dieser Sektoren markiert. Entscheiden Sie, welche der jeweils angegebenen Mengen Ergebnismengen sind, für die die LAPLACE-Annahme gerechtfertigt ist!

a) *Zufallsexperiment:* Einmaliges Drehen des Glücksrades

Ω_1 = {2; 4; 5} Ω_2 = {2 oder 4; 5}

Ω_3 = {ungerade Augenzahl; gerade Augenzahl} Ω_4 = {Primzahl; keine Primzahl}

Ω_5 = {Augenzahl größer 4; Augenzahl kleiner 4} Ω_6 = {5; keine 5}

b) *Zufallsexperiment:* Zweimaliges Drehen des Glücksrades und Registrieren der Augensumme

Ω_1 = {4; 6; 7; 8; 9; 10}

Ω_2 = {Quadratzahl; Kubik- oder Primzahl; Zahl mit genau zwei Primteilern}

HA 35

Zufallsexperiment: Einmaliges Werfen eines fairen Tetraeders, das einmal mit der Augenzahl 1, zweimal mit 2 und einmal mit 3 beschriftet ist

Entscheiden Sie, welche der beiden Ergebnismengen die LAPLACE-Annahme rechtfertigt!

Ω_1 = {1; 2; 3} Ω_2 = {1; 2_1; 2_2; 3}

HA 36

Zufallsexperiment: Einmaliges Werfen eines fairen Würfels, der einmal mit der Augenzahl 1, zweimal mit der Augenzahl 2, dreimal mit der Augenzahl 3 beschriftet ist.

a) Geben Sie für dieses Zufallsexperiment eine Ergebnismenge Ω an, die die LAPLACE-Annahme rechtfertigt!

b) Geben Sie die Wahrscheinlichkeiten aller bezüglich Ω atomaren Ereignisse an!

H 2.2 Rechenregel für die Gleichverteilung (LAPLACE-Regel)

H 2.3 Verschiedene Modelle für ein und dasselbe Zufallsexperiment

HA 37 *(↗ Beispiel H9, S. 272)*

Ein zufälliger Vorgang bestehe im einmaligen Werfen eines LAPLACE-Würfels. Es seien folgende Ereignisse definiert:

A = {Augenzahl ist 5} B = {Augenzahl ist gerade} C = {Augenzahl ist größer als 2}

D = {Augenzahl ist Teiler von 60} E = {Augenzahl ist weder gerade noch prim})

Berechnen Sie die nachfolgend genannten Wahrscheinlichkeiten:

$P(A) =$ $P(B) =$ $P(C) =$ $P(D) =$ $P(E) =$

$P(A \cup B)$ $P(A \cap B) =$ $P(B \cup C) =$ $P(B \cap C) =$ $P(\overline{B} \cup C) =$

$P(\overline{B} \cap C) =$ $P(\overline{A} \cap B \cap \overline{C}) =$ $P(A \cup \overline{B} \cup C) =$

HA 38

Zufallsexperiment: Einmaliges Werfen eines fairen Würfels, der einmal mit der Augenzahl 1, zweimal mit der Augenzahl 2, dreimal mit der Augenzahl 3 beschriftet ist

a) Geben Sie eine Ergebnismenge an, die die LAPLACE-Annahme rechtfertigt!

b) Ermitteln Sie die Wahrscheinlichkeiten der folgenden Ereignisse:
P({es fällt die Augenzahl 1}) = P({es fällt die Augenzahl 2}) =
P({es fällt die Augenzahl 3}) = P({es fällt eine ungerade Augenzahl}) =

HA 39

Bei einem Ikosaeder (regelmäßiges Zwanzigflach) sind von den 20 gleichseitigen Dreiecken seiner Oberfläche zwei nur mit 1, vier nur mit 2, sechs nur mit 3 und acht nur mit 4 beschriftet. Beim einmaligen Werfen dieses Ikosaeders gilt die Augenzahl als geworfen, die die waagerecht oben liegende Dreiecksfläche trägt.

a) Geben Sie die Wahrscheinlichkeiten der Ereignisse {es fällt die Augenzahl i} für alle $i \in \{1; 2; 3; 4\}$ für den Fall an, daß das Ikosaeder nicht gezinkt ist!

b) Erscheint Ihnen die Wette „Augenzahl prim" gegen „Augenzahl nicht prim" fair zu sein, wenn Sie davon ausgehen können, daß es ein LAPLACE-Ikosaeder ist?
Begründen Sie Ihre Entscheidung!

c) Das Ikosaeder wurde gezinkt, und bei einer langen Wurfserie wurde beobachtet, daß die Augenzahlen 2, 3 und 4 gleich oft, und zwar jeweils dreimal so oft wie die Augenzahl 1 erscheinen. Berechnen Sie in diesem Fall die Wahrscheinlichkeiten der Ereignisse {es fällt die Augenzahl i} für alle $i \in \{1; 2; 3; 4\}$!

HA 40 *(↗ Beispiel H12, S. 274/S. 275)*

Im Halbfinale einer im K.-o.-System ausgetragenen Schulmeisterschaft im Schachspiel stehen zwei Schülerinnen und zwei Schüler. Die Aufteilung dieser vier Personen auf die beiden zu bildenden Besetzungen am Schachbrett soll „auf gut Glück" erfolgen. Dazu mischt man vier Zettel mit den Namen der vier Teilnehmer und zieht nacheinander „blind" zwei Zettel. Die Personen, deren Namen die beiden gezogenen Zettel tragen, bilden die eine Besetzung, die beiden übrigen die andere. Wie groß ist die Wahrscheinlichkeit dafür, daß das Halbfinale in einer Mädchen- und einer Jungenbesetzung ausgetragen wird, daß also die beiden Schülerinnen gegeneinander und die beiden Schüler gegeneinander zu spielen haben?

H 2.4 Pfadregeln

HA 41 *(↗ Beispiel H13, S. 277/S. 278)*

Zufallsexperiment: Einmaliges Werfen einer LAPLACE-Münze mit Wappen (W) und Zahl (Z) sowie eines mit den Augenzahlen 1, 2, 3, 4 beschrifteten LAPLACE-Tetraeders

Berechnen Sie mit Hilfe der ersten bzw. der zweiten Pfadregel die Wahrscheinlichkeiten folgender Ereignisse:

A = {die Münze zeigt Zahl, das Tetraeder zeigt 1}, B = {das Tetraeder zeigt 3},
C = {die Münze zeigt kein Wappen und das Tetraeder keine Primzahl},
$D = B \cup C$

HA 42

Es sei das folgende Einbahnstraßensystem gegeben.

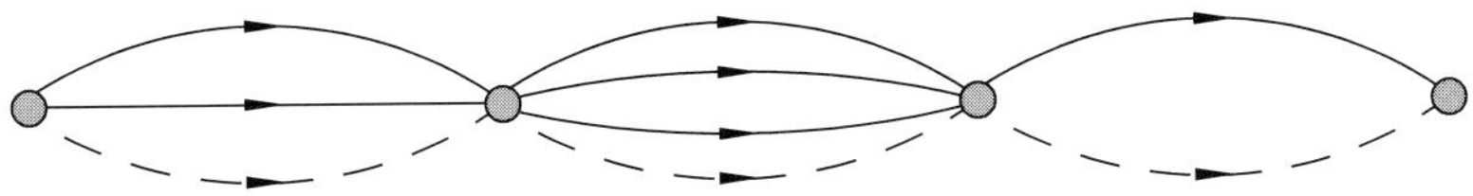

An jeder Wegegabelung wird „auf gut Glück" das nächste Wegestück ausgewählt. Wie groß ist dann die Wahrscheinlichkeit, daß der gestrichelt markierte Gesamtweg gewählt wird? (Fertigen Sie ein Baumdiagramm an!)

HA 43

Zufallsexperiment: Gleichzeitiges Werfen dreier fairer Münzen mit jeweils den Seiten Wappen (W) und Zahl (Z)

Berechnen Sie die Wahrscheinlichkeit dafür, daß alle drei Münzen die gleiche Seite zeigen! (Fertigen Sie ein Baumdiagramm an!)

HA 44

Aus einer großen Urne mit genau 30 Kugeln (18 roten, 12 weißen), einer mittleren mit genau 20 Kugeln (10 roten, 10 weißen) sowie einer kleinen Urne mit genau 10 Kugeln (4 roten, 3 weißen, 3 blauen) werde jeweils eine Kugel „auf gut Glück" entnommen. Berechnen Sie die Wahrscheinlichkeiten der folgenden Ereignisse A bis F:

A = {drei weiße Kugeln entnommen} B = {drei gleichfarbige Kugeln entnommen}

C = {genau eine weiße Kugel entnommen} D = {höchstens eine weiße Kugel entnommen}

E = {mindestens eine weiße Kugel entnommen}

F = {eine weiße Kugel nur aus der mittleren Urne entnommen}

H 2.5 Zählprinzip bei k-Tupeln

HA 45 *(↗ Beispiel H 14, S. 280)*

Wie viele Ergebnisse sind möglich?

a) Gleichzeitiges Werfen von drei unterscheidbaren LAPLACE-Würfeln.

b) Gleichzeitiges Werfen von fünf paarweise verschiedenfarbigen, ungezinkten Tetraedern.

c) Erzeugen einer vierstelligen natürlichen Zufallszahl mit dem Taschenrechner.

d) Erstellen eines fünfbuchstabigen „Wortes" aus den 26 Buchstaben des Alphabets.

HA 46

Aus dem Wort STOCHASTIK lassen sich durch Umstellen der Buchstaben neue „Wörter" bilden. Die Zuordnung der Buchstaben zu den entsprechenden Plätzen erfolge jeweils „auf gut Glück". Eine geeignete Ergebnismenge wäre

$W = \{(b_1; \ldots; b_{10}) \mid b_1, \ldots, b_{10} \in \{S_1; T_1; O; C; H; A; S_2; T_2; I; K\}$ und $|\{b_1; \ldots; b_{10}\}| = 10\}$.

Mit welcher Wahrscheinlichkeit p

a) beginnt ein solches „Wort" mit T,

b) beginnt ein solches „Wort" mit I,

c) beginnt und endet ein solches „Wort" mit T,

d) stehen in einem solchen „Wort" die beiden T nebeneinander?

HA 47

Von den zehn Buchstaben des Wortes STOCHASTIK werden „auf gut Glück" genau drei nacheinander (ohne Zurücklegen) ausgewählt und in dieser Reihenfolge wieder zu einem „Wort" von links nach rechts gelegt. Mit welcher Wahrscheinlichkeit p

a) wird OST gelegt,
b) beginnt das „Wort" mit O und endet mit T,
c) enthält das „Wort" nur Vokale,
d) beginnt das „Wort" mit einem Konsonanten,
e) beginnt und endet das „Wort" mit gleichlautenden Buchstaben,
f) enthält das „Wort" ein O,
g) enthält das „Wort" ein T?

HA 48

Bei einer Modelleisenbahn sollen Züge „auf gut Glück" aus genau vier Wagen 2. Klasse, zwei Wagen 1. Klasse, zwei Schlafwagen und einem Speisewagen zusammengestellt werden.
Wie groß ist die Wahrscheinlichkeit p dafür, daß dabei ein Zug mit der Wagenreihung
1. Klasse – Speisewagen – 1. Klasse – 2. Klasse – 2. Klasse – 2. Klasse – 2. Klasse – Schlafwagen – Schlafwagen
entsteht?

HA 49

Man erzählt sich, daß zu Beginn unseres Jahrhunderts zehn Schüler, die gerade das Gymnasium in Sankt Petersburg absolviert hatten, beschlossen, dieses Ereignis in einem der besten Restaurants auf dem Newski Prospekt zu feiern. In diesem Restaurant bestellten sie ein vorzügliches Abendessen. Sie stritten sich aber plötzlich darum, wo jeder sitzen sollte. Einer wollte unbedingt mit dem Gesicht zur Bühne sitzen, auf der eine bekannte Sängerin auftrat, ein anderer wollte nicht am Durchgang sitzen, dem dritten gefiel der Platz in der Ecke nicht. Außerdem wollte jeder einen bestimmten linken und rechten Nachbarn haben.
„Was ist los, Herrschaften?", wollte der auf diesem Lärm herbeikommende Wirt wissen. Die jungen Leute erklärten es ihm. „Sie können sich also nicht einigen, wie Sie sitzen wollen", lachte der Wirt, „nehmen Sie doch jeweils diejenigen Plätze ein, an denen Sie sich gerade befinden. Morgen nehmen Sie dann dieselben zehn Plätze in einer anderen Reihenfolge ein, übermorgen wieder in einer anderen usw. Wenn Sie alle Möglichkeiten der Sitzreihenfolge ausprobiert haben, dann erhält jeder von Ihnen für sein ganzes Leben eine Blanco-Karte für mein Restaurant." Es war für die jungen Leute natürlich verlockend, ihre Eltern nicht um Geld bitten zu müssen und trotzdem täglich in einem der besten Petersburger Restaurants unentgeltlich essen zu können. Von nun an trafen sie sich regelmäßig jeden Tag auf dem Newski. Manchmal kamen sie auch zum Mittagessen. Eine kostenlose Bewirtung ergab sich jedoch nicht. Das lag aber nicht daran, daß der Wirt sein Versprechen nicht einhielt. Klären Sie die Sachlage!

HA 50

Neun Karten werden paarweise verschieden beschriftet, und zwar jeweils mit genau einer der Ziffern 0, 1, ... , 8. Aus der Menge dieser Karten werden nacheinander zwei Karten willkürlich gezogen, in der Reihenfolge der Entnahme nebeneinandergelegt (von links nach rechts) und die sich daraus ergebende Zahl festgestellt (z.B. 07 = sieben, 14 = vierzehn). Bestimmen Sie die Wahrscheinlichkeit dafür, daß diese Zahl folgende Bedingung erfüllt:

a) Es ist die 23.
b) Es ist die 44.
c) Die Zahl ist gerade.

HA 51

Thomas und Peter planen Radtouren. Die möglichen Etappenorte sind A, B, C und D, die möglichen, jeweils „auf gut Glück" auszuwählenden Verbindungsstraßen wurden in der Skizze eingetragen.

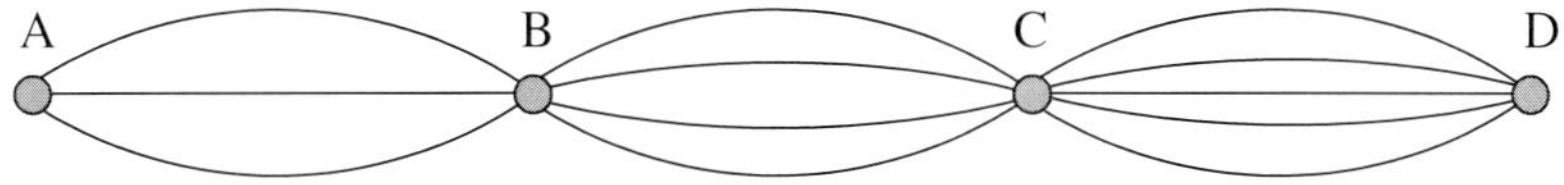

a) Wie groß ist die Wahrscheinlichkeit p, daß Thomas denselben Weg von A nach D auswählt, den bereits Peter wählte?
b) Wie groß ist die Wahrscheinlichkeit p, daß Peter und Thomas denselben Weg für die Route A – B – C – D – C – B – A wählen?
c) Peter unternimmt eine Rundreise von A über D zurück nach A. Mit welcher Wahrscheinlichkeit p befährt er kein Wegstück zweimal?

HA 52

Lohnt es sich zu wetten, daß bei viermaligem Werfen eines (ungezinkten) Würfels mindestens eine „6" fällt? (Chevalier de MERÉ an PASCAL, Mitte des 17. Jahrhunderts)

HA 53

In einer Urne befinden sich genau zehn Kugeln, sechs weiße und vier schwarze. Der Urne werden (genau) zwei Kugeln entnommen. Bestimmen Sie die Wahrscheinlichkeit, dabei mindestens eine weiße Kugel zu erhalten!

H 2.6 Zählprinzip bei n-elementigen Mengen

HA 54 (↗ *Beispiele H16/17, S. 283*)

Eine aus (genau) 16 Teilen bestehende Warenpartie enthält genau sechs defekte Teile. Dieser Partie wird „auf gut Glück" eine Stichprobe von genau sieben Teilen entnommen, ohne daß dabei ein Teil wieder zurückgelegt wird. Bestimmen Sie die Wahrscheinlichkeit p dafür, daß

a) genau vier Teile b) höchstens zwei Teile c) mindestens zwei Teile

in der Stichprobe defekt sind!

HA 55

In einer Urne befinden sich genau 30 Kugeln, und zwar 15 rote, neun weiße und sechs grüne. Dieser Urne werden „auf gut Glück" genau sechs Kugeln gleichzeitig entnommen. Mit welcher Wahrscheinlichkeit p erfaßt man dabei

a) nur rote b) nur weiße c) nur grüne d) zwei grüne und vier weiße

e) von den roten genau drei und von den weißen genau zwei

Kugeln?

HA 56

An einem Handballturnier nehmen (genau) 18 Mannschaften teil, aus denen durch Los zwei Gruppen zu je 9 Mannschaften gebildet werden. Unter den teilnehmenden Mannschaften befinden sich (genau) fünf Mannschaften der höchsten Spielklasse. Bestimmen Sie die Wahrscheinlichkeiten der folgenden Ereignisse:

A = {alle Mannschaften der höchsten Spielklasse befinden sich in derselben Gruppe}

B = {in einer Gruppe befinden sich zwei Mannschaften der höchsten Spielklasse, in der anderen drei}

HA 57

In einer Lieferung von 50 Teilen befinden sich genau 5 Ausschußteile. Zwischen Hersteller und Käufer wurde vereinbart, daß die Sendung nur dann angenommen wird, wenn sich in einer (ohne Zurücklegen entnommenen) Stichprobe von 4 Teilen nicht mehr als ein Ausschußteil befindet. Mit welcher Wahrscheinlichkeit p wird diese Sendung angenommen?

HA 58

Einer Lostrommel, die genau zehn Lose (zwei Gewinnlose und acht Nieten) enthält, werden „auf gut Glück" zwei Lose gleichzeitig entnommen. Geben Sie eine geeignete Ergebnismenge an! Berechnen Sie die Wahrscheinlichkeit der folgenden Ereignisse:

A = {es wird kein Gewinnlos gezogen} B ={es wird genau ein Gewinnlos gezogen}

HA 59

Bei den acht Teilnehmern eines Informatikkurses hat sich ein Vertreter der Softwarefirma *All Right* angesagt, der Raubkopien aufspüren soll. Genau zwei der Teilnehmer besitzen Raubkopien von *All Right*. Als sie vom Vertreter befragt werden, sind natürlich alle acht Teilnehmer ohne eine solche Raubkopie. Daraufhin wählt der Vertreter „auf gut Glück" – alle hinterlassen bei ihm denselben ehrlichen Eindruck – (genau) drei von ihnen aus, um ihre Software zu kontrollieren. Wie groß ist die Wahrscheinlichkeit dafür, daß der Vertreter (vorausgesetzt, er übersieht keine Raubkopie) bei dieser Vorgehensweise mindestens einen der „Räuber" erwischt?

HA 60

Die Seitenflächen eines „ungezinkten" Tetraeders sind (paarweise verschieden) mit den Ziffern 1, 2, 3 und 4 beschriftet. Als Ergebnis eines Wurfes zählt die Ziffer auf der Fläche, auf der das Tetraeder liegt. Das Tetraeder wird viermal geworfen. Aus den geworfenen Ziffern wird unter Beachtung der Wurfreihenfolge eine vierstellige Zahl gebildet.

a) Bestimmen Sie die Anzahl n der verschiedenen Zahlen, die auftreten können!
b) Bestimmen Sie die Anzahl m der möglichen Zahlen, die genau drei gleiche Ziffern aufweisen!
c) Mit welcher Wahrscheinlichkeit p tritt eine Zahl mit vier verschiedenen Ziffern auf?
d) Mit welcher Wahrscheinlichkeit p wird eine Zahl mit genau zwei Dreien gebildet?

H 3 Unabhängigkeit von Ereignissen; *bedingte Wahrscheinlichkeit (Erweiterung III)*

HA 61 (↗ *Definition H11/ Beispiel H18, S. 285*)

Zufallsexperiment: Dreimaliges Werfen eines LAPLACE-Würfels

Ereignisse: A = {beim ersten Wurf eine 3 gewürfelt}
B = {beim zweiten Wurf eine gerade Zahl gewürfelt}
C = {beim ersten Wurf eine Zahl kleiner als 5 gewürfelt}

Begründen Sie, daß

a) A und B voneinander (stochastisch) unabhängig sind,
b) A und C nicht voneinander unabhängig sind!
c) Geben Sie ein Ereignis D an, für das $P(D) = \frac{1}{36}$ gilt und das von A unabhängig ist!

HA 62

Zufallsexperiment: „Auf gut Glück" wird einer Urne mit genau zwölf von 1 bis 12 numerierten Kugeln eine Kugel entnommen.

Ergebnismenge: $\Omega = \{1; 2; 3; \dots ; 11; 12\}$

Ereignisse: $A = \{1; 2; 3; 4; 5; 6\}$ $B = \{2; 4; 10; 12\}$

a) Zeigen Sie, daß A und B voneinander unabhängig sind!

b) Geben Sie ein Ereignis C an, für das $P(C)= \frac{1}{2}$ gilt und das von A unabhängig ist!

HA 63 *(↗ Beispiel H19, S. 286)*

Vervollständigen Sie nebenstehende Vierfeldertafel für den Fall, daß die Ereignisse A und B voneinander unabhängig sind!

(1) $P(B) =$ (2) $P(\overline{A} \cap B) =$ (3) $P(A \cap B) =$

(4) $P(A \cap \overline{B}) =$ (5) $P(\overline{A} \cap \overline{B}) =$ (6) $P(\overline{A}) =$

	B	$\overline{B}$
A	0,20	
$\overline{A}$		
		0,40

HA 64

Vervollständigen Sie nebenstehende Vierfeldertafel für den Fall, daß die Ereignisse A und B voneinander unabhängig sind!

	B	$\overline{B}$	
A			0,80
$\overline{A}$			
	0,30		

HA 65

Bei einer Wahl eines Landesparlamentes erhielten vier Parteien A, B, C und D folgenden Stimmenanteil:

A: 39% der Stimmen B: 34% der Stimmen C: 6,9% der Stimmen D: 5,1% der Stimmen

Andere, im Parlament nicht vertretene Parteien bekamen 15% der Stimmen. Die Wahlbeteiligung betrug 86%. Mit welcher Wahrscheinlichkeit p hat ein „auf gut Glück" ausgewählter Wahlberechtigter

a) die Partei A gewählt,

b) eine Partei gewählt, die weniger als $\frac{1}{5}$ der Stimmen erhielt,

c) keinen „Vertreter" für sich im Parlament gewählt?

HA 66

Es werden Glühlampen mit einer Zuverlässigkeit von 0,95 für einen bestimmten Zeitraum T (d.h.: Sie fallen unabhängig voneinander mit einer Wahrscheinlichkeit von 0,95 in T nicht aus) in Reihe geschaltet.

a) Mit welcher Wahrscheinlichkeit p fällt eine Reihenschaltung von drei solchen Glühlampen in T nicht aus?

b) Mit welcher Wahrscheinlichkeit p fällt eine Reihenschaltung von fünf solchen Glühlampen in T aus?

c) Mit welcher Wahrscheinlichkeit p fällt eine Reihenschaltung von vier solchen Glühlampen in T aus?

d) Mit welcher Wahrscheinlichkeit p fällt in T genau eine der vier in Reihe geschalteten Glühlampen aus?

e) Wie viele derartige Glühlampen können höchstens in Reihe geschaltet werden, damit die Schaltung mit einer Wahrscheinlichkeit von höchstens 0,1 in T ausfällt?

HA 67

Gegeben sei eine Anlage aus sechs (in einem bestimmten Zeitintervall T) unabhängig voneinander ausfallenden Maschinen. Für die erste betrage die Wahrscheinlichkeit ihres Ausfalls 0,60, für die zweite 0,20 und für die restlichen jeweils 0,30. Bestimmen Sie die Wahrscheinlichkeiten der Ereignisse A, B, C und D!

A = {keine der Maschinen fällt aus} B = {mindestens eine Maschine fällt aus}

C = {genau eine Maschine fällt aus} D = {höchstens eine Maschine fällt aus}

Berechnen Sie die Wahrscheinlichkeit p dafür, daß die gesamte Anlage ausfällt!

Fall 1: Die Anlage arbeitet nach dem Prinzip einer Reihenschaltung, d.h., sie arbeitet dann und nur dann, wenn alle Maschinen arbeiten.

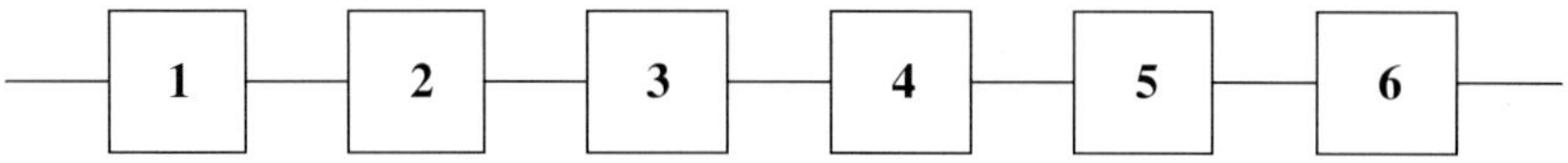

Fall 2: Die Anlage arbeitet nach der folgenden kombinierten Parallel-Reihen-Schaltung:

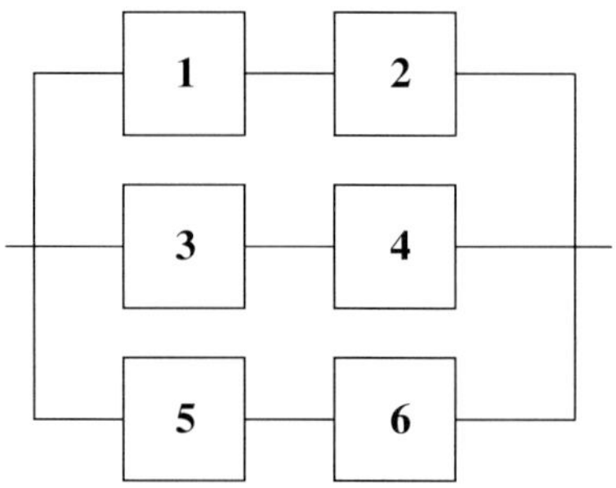

HA 68

Eine technische Anlage bestehe aus drei gleichartigen Blöcken, deren Zuverlässigkeit jeweils 0,75 betrage. Da der Ausfall eines Blocks bereits zum Ausfall der Anlage führt, hat man drei Reserveblöcke mit einer Zuverlässigkeit von ebenfalls 0,75 zur Verfügung gestellt. (Die Umschaltung auf den Reserveblock erfolge noch vor Ausfall der Anlage, und zwar über Schalter, die als absolut zuverlässig angenommen werden.) Untersuchen Sie, welche Art der Reserveschaltung zur größeren Zuverlässigkeit p der Anlage führt!

a) Jeder Block wird dubliert.

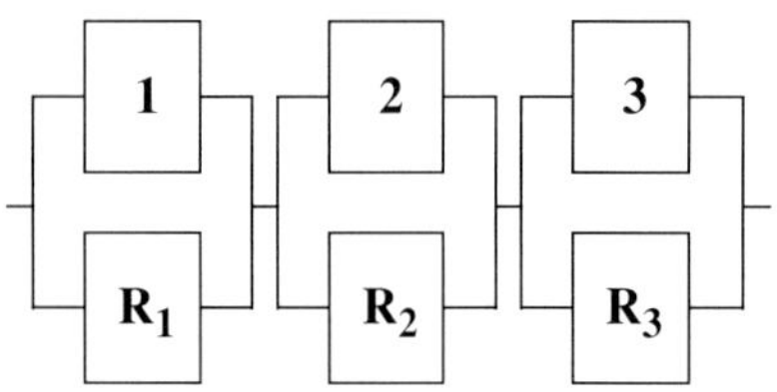

b) Die gesamte Anlage wird dubliert.

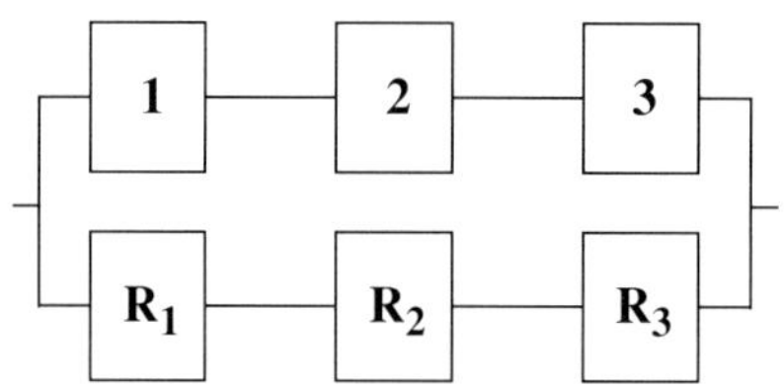

H 4 Erwartung-mal-Wert-Rechnung

H 4.1 Endliche Zufallsgrößen / H 4.2 Erwartungswert / H 4.3 Streuung (Varianz)

HA 69 *(↗ Beispiel H22, S. 291)*

Eine Zufallsgröße X habe folgende Wahrscheinlichkeitsverteilung: $X \mathrel{\hat{=}} \begin{pmatrix} 1 & 2 & 3 \\ 0{,}5 & 0{,}4 & 0{,}1 \end{pmatrix}$
Berechnen Sie den Erwartungswert EX und die Streuung D^2X !

HA 70

Zufallsexperiment: Einmaliges Werfen eines fairen Würfels mit den Augenzahlen 1, 2, 3, 4, 5, 6
Zufallsgröße X: geworfene Augenzahl
Erwartungswert: EX =
Standardabweichung: DX =

HA 71

Zufallsexperiment: Einmaliges Werfen eines ungezinkten Tetraeders mit den Augenzahlen 1, 2, 3, 4
Zufallsgröße X: Augenzahl auf der Standfläche
Erwartungswert: EX =
Standardabweichung: DX =

HA 72

Zufallsexperiment: Zweimaliges Werfen eines LAPLACE-Tetraeders mit den Augenzahlen 1, 2, 3, 4
Zufallsgröße Y: Summe der Augenzahlen
Erwartungswert: EY =
Zufallsgröße Z: Anzahl der gewürfelten Zweien
P(Z = 0) = P(Z = 1) = P(Z = 2) = *Erwartungswert*: EZ =

HA 73

Ein ideales Tetraeder mit den Augenzahlen 1, 2, 3, 4 wird so oft geworfen, bis es erstmalig auf der Augenzahl 3 liegt, jedoch höchstens viermal. Die Zufallsgröße X gebe die Anzahl der Würfe an. Bestimmen Sie die Wahrscheinlichkeitsverteilung, den Erwartungswert, die Streuung sowie die Standardabweichung von X!

HA 74

Für einen Einsatz von 0,50 DM an den Spielleiter darf der Spieler aus einer Urne mit genau 15 (zehn weißen und fünf grünen) Kugeln mit einem Griff genau zwei Kugeln entnehmen. Der Spielleiter geht nach folgendem Modus vor:

Ereignis:	*Auszahlungsbetrag in D-Mark*:
A = {2 grüne Kugeln gezogen}	+ 2
B = {2 weiße Kugeln gezogen}	0
C = {weder A noch B eingetreten}	+ 0,50

Ist dieses Spiel fair? Nutzen Sie für Ihre Entscheidung den Vergleich des Erwartungswertes EX des Auszahlungsbetrages X mit dem Einsatz!

HA 75

Nach Einzahlen eines bestimmten Geldbetrages an den Spielleiter darf der Spieler genau einmal folgendes Spiel durchführen: Ein LAPLACE-Tetraeder mit den Augenzahlen 1, 2, 3, 4 wird einmal geworfen. Der Spielleiter geht nach folgendem Modus vor:

Ergebnis:	*Auszahlungsbetrag in D-Mark*:
1	0
2	1
3	2
4	5

Berechnen Sie (unter Beachtung des Erwartungswertes des Auszahlungsbetrages X durch den Spielleiter) die Höhe des durch den Spieler einzuzahlenden Geldbetrages, der ein faires Spiel ermöglicht!

HA 76

Die voneinander (stochastisch) unabhängigen Zufallsgrößen X und Y

(d.h. $P(\{X = x \text{ und } Y = y\}) = P(X = x) \cdot P(Y = y)$) haben folgende Wahrscheinlichkeitsverteilungen: $X \mathrel{\hat{=}} \begin{pmatrix} 1 & 2 & 3 \\ 0{,}50 & 0{,}40 & 0{,}10 \end{pmatrix}$ $Y \mathrel{\hat{=}} \begin{pmatrix} 0 & 1 \\ 0{,}60 & 0{,}40 \end{pmatrix}$

a) Bestimmen Sie die Erwartungswerte EX und EY !

b) Bestimmen Sie die Wahrscheinlichkeitsverteilung der Zufallsgröße Z = X + Y und deren Erwartungswert *(↗ Satz H19, S. 293)*!

H 5 Binomialverteilung

H 5.1 Bernoulli-Experimente

HA 77 *(↗ Definition H17/Beispiele H23/H 24, S. 293)*

Zufallsexperiment: Einmaliges Werfen eines fairen, mit den Augenzahlen 1, 2, 3, 4, 5 und 6 beschrifteten Würfels

Interpretieren Sie dieses Zufallsexperiment auf drei Arten als Bernoulli-Experiment!

HA 78

Begründen Sie, daß die nachfolgend genannten drei Bernoulli-Experimente jeweils als eine Interpretation der Bernoulli-Größe X geeignet sind! $X \mathrel{\hat{=}} \begin{pmatrix} 1 & 3 \\ 0{,}25 & 0{,}75 \end{pmatrix}$

a) *Zufallsexperiment:* Einmaliges Werfen eines Laplace-Tetraeders mit den Augenzahlen 1, 2, 3, 4
   Erfolg (1): Augenzahl 4
   Mißerfolg (0): Augenzahl ungleich 4

b) *Zufallsexperiment:* Zweimaliges Werfen eines Laplace-Würfels mit den Augenzahlen 1, 2, 3, 4, 5, 6
   Erfolg (1) 4 oder 7 als Summe der Augenzahlen
   Mißerfolg (0): weder 4 noch 7 als Summe der Augenzahlen

c) *Zufallsexperiment:* Zweimaliges Werfen eines Laplace-Tetraeders mit den Augenzahlen 1, 2, 3, 4
   Erfolg (1): 4 oder 9 als Produkt der Augenzahlen
   Mißerfolg (0): weder 4 noch 9 als Produkt der Augenzahlen

H 5.2 BERNOULLI-Ketten; binomialverteilte Zufallsgrößen

HA 79 *(↗ Beispiel H25, S. 295)*

Zufallsexperiment: Ein LAPLACE-Würfel mit den Augenzahlen 1, 2, 3, 4, 5, 6 wird siebenmal hintereinander geworfen.

Mit welcher Wahrscheinlichkeit treten die Ereignisse A und B ein?

Zufallsgröße X: Anzahl der gewürfelten Einsen (bei sieben Würfen)

A = {*genau* viermal wird die „1" gewürfelt}

B = {*genau* zweimal oder *genau* fünfmal wird die „1" gewürfelt}

HA 80

Ein LAPLACE-Würfel mit den Augenzahlen 1, 2, 3, 4, 5, 6 wird siebenmal hintereinander geworfen.
Mit welcher Wahrscheinlichkeit treten die Ereignisse C bis G ein?

C = {höchstens einmal wird die „1" gewürfelt})

D = {höchstens sechsmal wird die „1" gewürfelt}

E = {mindestens fünfmal wird die „1" gewürfelt}

F = {höchstens einmal oder mindestens sechsmal wird die „1" gewürfelt}

G = {mindestens einmal und höchstens fünfmal wird die „1" gewürfelt}

HA 81

Zufallsexperiment: Fünfmaliges Werfen einer LAPLACE-Münze mit Wappen und Zahl

Berechnen Sie die angegebenen Wahrscheinlichkeiten!

Zufallsgröße X:	Gibt an, wie oft die Münze Wappen zeigt	
BERNOULLI-Kette	mit der Länge	n =
	mit der Erfolgswahrscheinlichkeit	p =
$P(X = 2) =$	$P(X \neq 3) =$	$P(X < 2) = P(X \leq 1) = P(X = 0 \text{ oder } X = 1) =$
$P(X > 4) =$	P({viermal Zahl}) = $P(X = 1) =$	P({öfter Zahl als Wappen}) = $P(X \leq 2) =$

HA 82

Unter den Familien mit (genau) vier Kindern wird eine Familie „auf gut Glück" ausgewählt. Berechnen Sie die Wahrscheinlichkeiten der Ereignisse A, B und C unter der Annahme, daß die Wahrscheinlichkeit für die Geburt eines Mädchens 0,49 und die Wahrscheinlichkeit für die Geburt eines Jungen 0,51 beträgt.

Zufallsgröße X:	Anzahl der Töchter unter den vier Kindern	
BERNOULLI-Kette:	mit der Länge	n =
	mit der Erfolgswahrscheinlichkeit	p =

A = {unter den vier Kindern sind genau zwei Töchter}

B = {unter den vier Kindern sind mindestens zwei Töchter}

C = {unter den vier Kindern sind nur die als 1. und 2. Kind geborenen Töchter}

H 5.3 Tabellierungen zur Binomialverteilung

HA 83 *(↗ Beispiele H25/H 26, S. 295 bis S. 297)*

Gegeben sei eine BERNOULLI-Kette der Länge 10 und mit einer Erfolgswahrscheinlichkeit von 0,2.
Berechnen Sie die Wahrscheinlichkeiten der folgenden Ereignisse A und B:

a) ohne eine Tabelle zur Binomialverteilung b) mit einer Tabelle zur Binomialverteilung

A = {genau siebenmal Erfolg}

B = {höchstens siebenmal Erfolg}

HA 84

Gegeben sei eine BERNOULLI-Kette mit der Länge 10 und einer Erfolgswahrscheinlichkeit von 0,2. Berechnen Sie die Wahrscheinlichkeiten der folgenden Ereignisse C bis F:

a) ohne eine Tabelle zur Binomialverteilung b) mit einer Tabelle zur Binomialverteilung

C = {weniger als siebenmal Erfolg}
D = {mindestens siebenmal Erfolg}
E = {Anzahl der Erfolge ist nicht kleiner als 3 und nicht größer als 7}
F = {Anzahl der Erfolge ist größer als 3 und kleiner als 7}

HA 85

Aus einer Urne mit genau 20 Kugeln (14 weißen und 6 blauen) werden nacheinander mit Zurücklegen 50 Kugeln entnommen. Bestimmen Sie die Wahrscheinlichkeit der Ereignisse A bis E !
Zufallsgröße X: Anzahl der weißen Kugeln unter den herausgenommenen Kugeln

$X \sim B_{50;\,0,7}$ oder $P(X = k) = 1 - B_{50;\,0,3}(\{50 - k\})$
$P(X \leq k) = 1 - B_{50;\,0,3}(\{0; \dots ; 50 - k - 1\})$

A = {von den herausgenommenen Kugeln sind genau 35 weiß}
B = {von den herausgenommenen Kugeln sind höchstens die Hälfte weiß}
C = {von den herausgenommenen Kugeln sind mehr als die Hälfte weiß}
D = {von den herausgenommenen Kugeln sind höchstens 70% weiß}
E = {von den herausgenommenen Kugeln sind 25 bis (einschließlich) 40 weiß}

HA 86

Auf einem Glücksrad ist ein Sektor von 60° schraffiert. Zeigt der angebrachte Pfeil nach dem Stillstand des Rades auf den schraffierten Sektor, so erhält der Spieler einen Punkt. Wie groß ist die Wahrscheinlichkeit p, daß der Spieler bei zehnmaligem Drehen des Glücksrades folgende Punkte erhält?

a) genau zwei Punkte b) weniger als fünf Punkte c) höchstens sieben Punkte

HA 87

Bei einer Schulmannschaft im Handball kann erfahrungsgemäß davon ausgegangen werden, daß sie $\frac{1}{3}$ ihrer Spiele gewinnt. Mit welcher Wahrscheinlichkeit p gewinnt diese Mannschaft von 20 Spielen

a) genau 7, b) mehr als 7, c) höchstens 7, d) mehr als die Hälfte?

e) Wie viele Spiele muß die Mannschaft mindestens austragen, um mit mindestens 99%iger Sicherheit mindestens ein Spiel zu gewinnen?

HA 88

Ein Glücksrad hat genau vier Sektoren (einen grünen mit der Aufschrift 1 und drei weiße mit den Aufschriften 2, 3 bzw. 4). Der Winkel des Sektors mit der Aufschrift k (für $k \in \{1; 2; 3; 4\}$) ist k-mal so groß wie der Winkel des Sektors mit der Aufschrift 1. Nur wenn der angebrachte Pfeil nach dem Drehen des Rades auf das grüne Feld zeigt, gewinnt der Spieler.
Berechnen Sie die Wahrscheinlichkeiten der Ereignisse A bis D !

A = {bei 100maligem Drehen genau 20 Gewinne}
B = {bei 100maligem Drehen höchstens 20 Gewinne}
C = {bei 100maligem Drehen mindestens 20 Gewinne}
D = {bei 100maligem Drehen 10 bis höchstens 30 Gewinne}

H 5.4 Erwartungswert und Streuung binomialverteilter Zufallsgrößen

HA 89 *(↗ Beispiel H30, S. 295 bis S. 297/S. 298)*

Ein LAPLACE-Tetraeder mit den Seitenbeschriftungen 1, 2, 3 und 4 werde 50mal geworfen.
Zufallsgröße X: Anzahl der geworfenen Zweien bei 50 Würfen
Wie viele Zweien sind dabei zu erwarten? Welche Streuung (Varianz) besitzt die (zufällige) Anzahl der Zweien? Welche Standardabweichung besitzt die (zufällige) Anzahl der Zweien?

HA 90

Von einem in großer Stückzahl produzierten Bauteil genügen 90% der geforderten Norm. (Die Stückzahl sei so groß, daß die Entnahme einer Stichprobe vom Umfang n gleichzusetzen ist der Entnahme von n Teilen mit Zurücklegen.) Wie viele nicht normgerechte Bauteile sind in einer Stichprobe vom Umfang 20 zu erwarten?
Zufallsgröße X: Anzahl der nicht normgerechten Teile unter 20 Bauteilen
Mit welcher Wahrscheinlichkeit p befinden sich in einer Stichprobe vom Umfang 20 höchstens 2 nicht normgerechte Bauteile?

HA 91

Etwa 12% der Kinder, die in die Grundschule kommen, benutzen zum Schreiben bevorzugt die linke Hand. Wie viele „Linkshänder" sind bei einer Einschulung von 350 Kindern zu erwarten?
Zufallsgröße X: Anzahl der „Linkshänder"

J Statistik

J 1 Entwicklung und Ziele der beschreibenden Statistik

J 2 Häufigkeiten und ihre Darstellung

JA 1 *(↗ Beispiele J1/J2, S. 301 bis S. 304)*

Von den 28 Schülern einer 7. Klasse wurde die Körpermasse x gemessen.
Die dabei erhaltene Urliste enthält folgende Masseangaben (gerundet auf ganze Kilogramm):
48; 54; 61; 48; 55; 50; 51; 44; 51; 50; 38; 43; 46; 46; 47; 48; 38; 52; 57; 43; 54; 40; 43; 49; 39; 48; 50; 46

a) Ordnen Sie die Masseangaben aus der Urliste, und bestimmen Sie die absoluten und relativen Häufigkeiten für die verschiedenen Merkmalsausprägungen!
b) Geben Sie eine geeignete Klasseneinteilung mit 6 Klassen K_i (i = 1, 2, ... , 6) gleicher Breite an!
c) Stellen Sie die relativen Häufigkeiten für die Klassen K_1 bis K_6 in einem Histogramm dar!

J 3 Lageparameter

JA 2 *(↗ S. 302/303)*

Bei der Messung der Körpergröße von 25878 US-amerikanischen Soldaten ergaben sich im Jahre 1920 nachstehende Meßwerte (Daten entnommen aus Reidt: *Die Elemente der Mathematik.* 1928). Verdichten Sie die angegebenen Meßwerte, indem Sie statt der Intervallänge von 1 Zoll nunmehr 2 Zoll wählen! Ergänzen Sie die Tabelle!

Länge in Zoll von ... bis unter	Anzahl der Meßwerte	Länge in Zoll von ... bis unter	Länge in Zentimeter	absolute Häufigkeit	relative Häufigkeit	Klassenmitten Zoll cm
51 – 52	1					
52 – 53	1	[51; 53[				
53 – 54	2					
54 – 55	1	[53; 55[				
55 – 56	3					
56 – 57	7					
57 – 58	6					
58 – 59	10					
59 – 60	15					
60 – 61	50					
61 – 62	526					
62 – 63	1237					
63 – 64	1947					
64 – 65	3019					
65 – 66	3475					
66 – 67	4054					
67 – 68	3631					
68 – 69	3133					
69 – 70	2075					
70 – 71	1485					
71 – 72	680					
72 – 73	343					
73 – 74	118					
74 – 75	42					
75 – 76	9					
76 – 77	6					
77 – 78	2					
78 – 79	0					

(1 amerikanisches Zoll ≙ 25,4 mm)

JA 3 *(↗ Definitionen J4 bis J6, Beispele J3 bis J4, S. 305 bis S. 309)*

Berechnen Sie die Durchschnittsgröße der in Aufgabe ***JA 2*** genannten Personengruppe über das arithmetische Mittel $\overline{x}_{25878}$, den Median $\tilde{x}_{25878}$ und den Modalwert $\hat{x}$ in Zoll und in Zentimeter! Geben Sie jeweils die Klasse an, in der das arithmetische Mittel $\overline{x}_{25878}$, der Median $\tilde{x}_{25878}$ und der Modalwert $\hat{x}$ liegt! Stellen Sie die 14 Klassen aus ***JA 2*** in einem Histogramm mit den entsprechenden relativen Häufigkeiten dar!

JA 4

In den Jahren 1920 bis 1922 wurden in Berlin nach der Tauglichkeitsuntersuchung für den Militärdienst 8585 Meßwerte zur Körpergröße von Männern veröffentlicht. Folgende Verteilung wurde angegeben: (Werte aus Reidt: *Die Elemente der Mathematik.* 1928)

Größe in cm	152	154	156	158	160	162	164	166	168	170	172	174	176	178	180	182	184	186	188	190	192
Anzahl	2	4	14	41	83	169	394	669	990	1 223	1 329	1 230	1 063	646	392	202	79	32	16	5	2

a) Stellen Sie den Sachverhalt unter Verwendung der relativen Häufigkeiten in einem Histogramm dar!

b) Berechnen Sie das arithmetische Mittel $\overline{x}_{8585}$ und den Median $\tilde{x}_{8585}$!

JA 5

Im Wintersemester 1993/94 studierten an den Hochschulen Thüringens insgesamt 21 575 Studentinnen und Studenten in den nachstehend angegebenen Fachgruppen (incl. angestrebtem Lehramt). Berechnen Sie den prozentualen Anteil der Studierenden in den einzelnen Fachgruppen an der Gesamtanzahl, und stellen Sie den Sachverhalt in einem Kreisdiagramm dar!

Fachgruppen / Lehramt	Anzahl der Studierenden
1. Sprach- und Kulturwissenschaften	3197
2. Sport	301
3. Rechts-, Wirtschafts- u. Sozialwissenschaften	5308
4. Mathematik, Naturwissenschaften	2787
5. Humanmedizin	1908
6. Veterinärmedizin	1
7. Agrar-, Forst- und Ernährungswissenschaften	624
8. Ingenieurwissenschaften	6622
9. Kunst, Kunstwissenschaften	827

(Daten nach: *Statistisches Jahrbuch Thüringen*, 1994)

JA 6 *(↗ S. 308)*

Vier Packungen von je 10 Eiern der gleichen Gewichtsklasse wurden gewogen. Es ergaben sich folgende Meßwerte (Masse in g):

Packung I: 61, 65, 67, 60, 62, 58, 63, 64, 60, 62
Packung II: 59, 67, 63, 64, 58, 65, 69, 66, 64, 61
Packung III: 63, 66, 67, 58, 60, 62, 65, 67, 60, 58
Packung IV: 60, 61, 58, 65, 67, 63, 62, 60, 63, 65

a) Bestimmen Sie für eine Darstellung im Boxplot (Kastenschaubild) die folgenden Lageparameter:

$x_{min} =$ $\tilde{x}_{40} =$ $x_{max} =$ $x_{1.\,Quartil} =$ $x_{3.\,Quartil} =$ $\overline{x}_{40} =$

b) Fertigen Sie eine Darstellung des Sachverhalt als Boxplot in einem geeigneten Maßstab an!

J 4 Streuungsparameter

JA 7 *(↗ Beispiel J5, S. 310)*

1993 wurden in Erfurt, Gera bzw. Meiningen folgende Niederschlagsmengen gemessen:

	Niederschlags-Monatssumme in mm		
Monat	Erfurt	Gera	Meiningen
Januar	44	43	75
Februar	11	19	17
März	9	19	11
April	17	17	26
Mai	82	42	59
Juni	59	91	52
Juli	128	115	81
August	30	85	65
September	45	44	55
Oktober	46	40	43
November	29	49	30
Dezember	74	86	157
Jahresdurchschnitt	$\overline{x}_{12} =$	$\overline{x}_{12} =$	$\overline{x}_{12} =$

(*Statistisches Jahrbuch Thüringen*, 1994)

Berechnen Sie für die angegebenen drei Orte jeweils den Jahresdurchschnittswert für den Niederschlag und die Standardabweichung!

JA 8

Berechnen Sie für die in Aufgabe ***JA 6*** angegeben Gewichte der 40 Eier die empirische Standardabweichung s_{n-1}!

HA 9

Ein Bäcker bietet auf dem Markt Mehrkornbrot mit einem Sollwert von 500 g an. Beim Nachwiegen einer Stichprobe von 20 Broten ergaben sich folgende Meßwerte (Angaben in Gramm):
510, 480, 495, 507, 500, 503, 495, 530, 518, 512, 506, 500, 517, 510, 486, 527, 516, 505, 494, 509

a) Berechnen Sie den Mittelwert $\overline{x}_{20}$ für diese Stichprobe!

b) Berechnen Sie die empirische Standardabweichung s_{19} für diese Stichprobe!

c) Von wieviel Broten liegt die ermittelte Masse im Intervall $[\overline{x}_{20} - s_{19}; \overline{x}_{20} + s_{19}]$?

JA 10

Zwei Schülergruppen von je 13 Schülern nehmen an einem Mathematik-Test teil. Die von ihnen erreichten Wertungspunkte sind in folgender Weise verteilt:

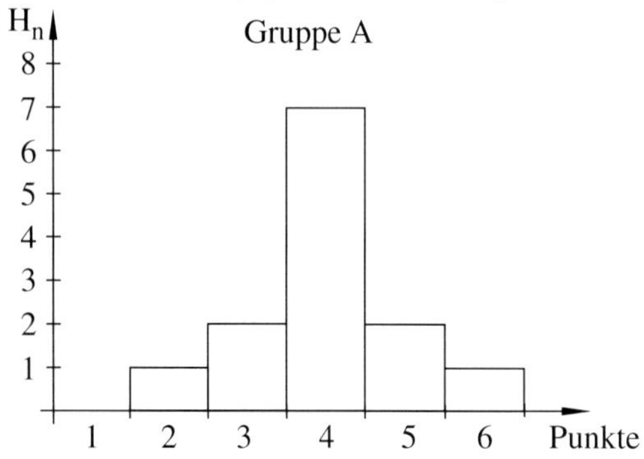

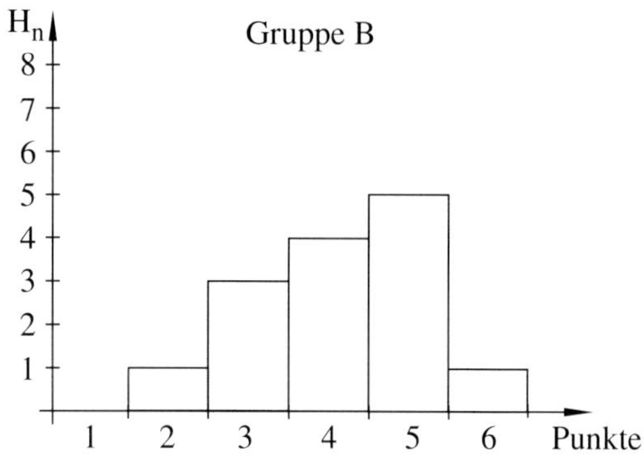

Bewerten Sie den Leistungsstand beider Gruppen, indem Sie folgende Mittelwerte und Streuungswerte miteinander vergleichen!

Parameter	Gruppe A	Gruppe B
arithmetisches Mittel $\overline{x}_{13}$		
Median $\tilde{x}_{13}$		
Spannweite R		
emp. Standardabweichung s_{12}		

JA 11 *(Vorsicht bei der Interpretation graphischer Darstellungen!)*

Im Verlaufe von 6 Jahren seien die Schülerzahlen an Ihrem Gymnasium stark gewachsen. Für welche graphische Darstellung würden Sie sich entscheiden, um damit die Forderung an die zuständige Behörde nach einer Vergrößerung der Anzahl der Lehrer und der Anzahl der Unterrichtsräume möglichst überzeugend zu unterstützen?

a)
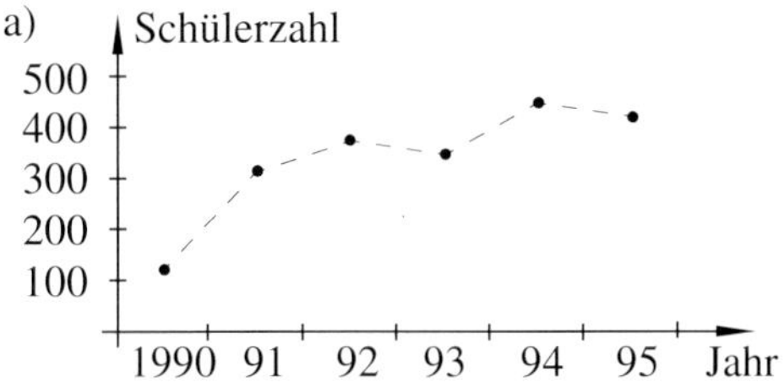

b)
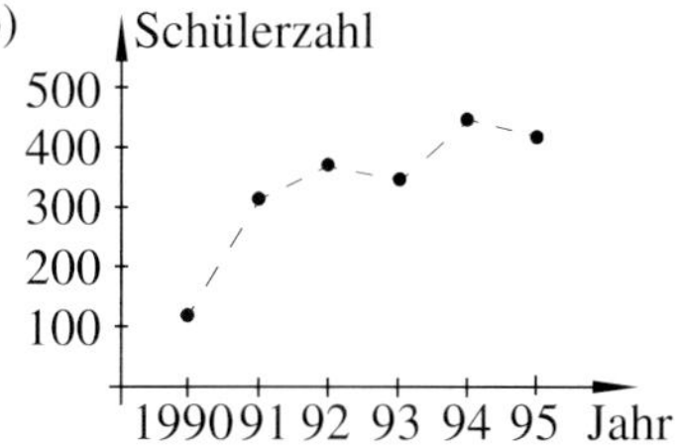

Geben Sie eine optisch wirksame Darstellung der gleichen Daten an, wenn Sie erreichen möchten, daß bei gegenwärtig ausreichender Anzahl von Lehrern und Unterrichtsräumen trotz zu erwartender sinkender Schülerzahl in der Zukunft diese Bedingungen möglichst erhalten bleiben! (Erzeugen Sie einen Eindruck von „Stabilität"!)

JA 12

Vergleichen Sie folgende Klasseneinteilungen von Bruttolöhnen der 40 Mitarbeiter einer Firma!

(I)	Bruttolohn (in DM) von ... bis unter...	Anzahl d. Mitarbeiter
	[1000; 1400[	8
	[1400; 1600[	10
	[1600; 1800[	10
	[1800; 2000[	10
	[2000; 3000[	2

(II)	Bruttolohn (in DM) von ... bis unter...	Anzahl d. Mitarbeiter
	[1000; 1400[	8
	[1400; 1600[	10
	[1600; 1800[	10
	[1800; 3000[	12

Vergleichen Sie die arithmetischen Mittel der Bruttolöhne in (I) und (II)!

JA 13

Interpretieren Sie folgende graphischen Darstellungsarten im Hinblick auf „Manipulationsmöglichkeiten"! (Welcher Eindruck soll erweckt werden?)

a)

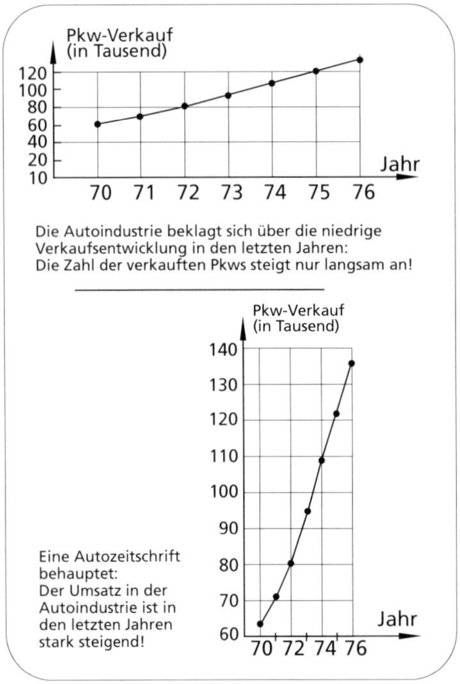

Entnommen: Bernhard, V. u. a.: Arbeitsmaterialien zur Unterrichtseinheit „Statistik" 6. Schuljahr. In MM, Journal für moderne Schulmathematik, Nr. 24, 1978, Verlag Herder.

b)

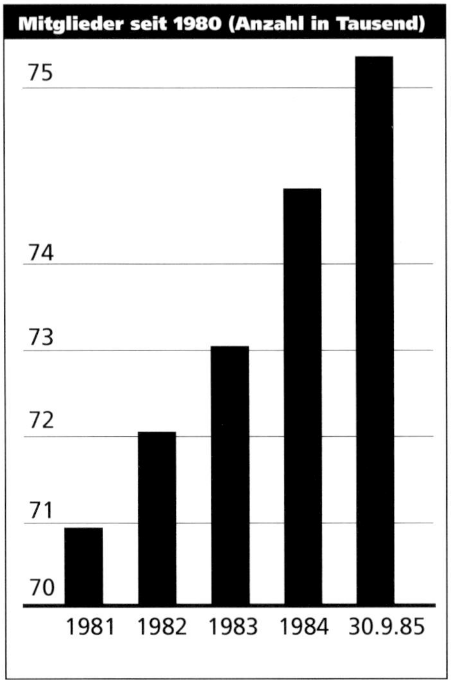

Entnommen: Krämer, W.: So lügt die Statistik. Frankfurt-New York 1991, S. 36

c)

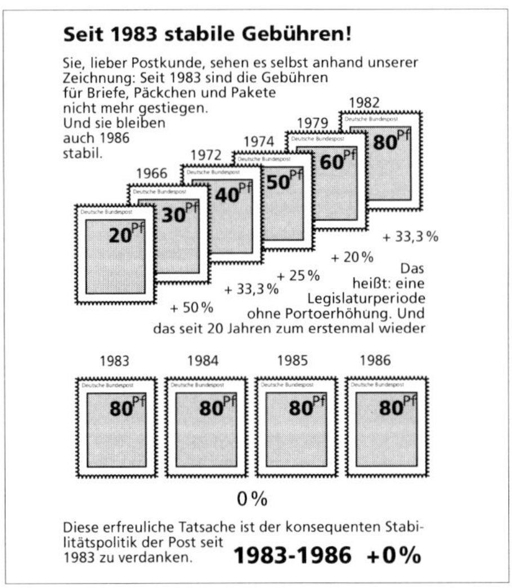

Entnommen: Werbeblatt der Deutschen Bundespost 1986

d)

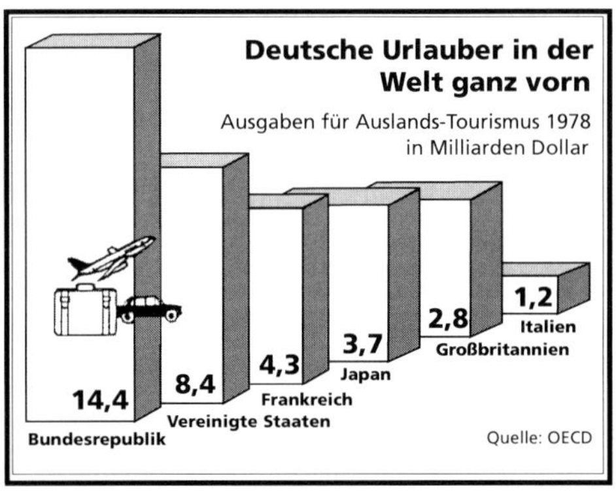

Entnommen: Frankfurter Allgemeine Zeitung, Dezember 1979

J 5 Ziele der beurteilenden Statistik

J 6 Testen von Hypothesen

JA 14 *(↗ Beispiel J6, S. 311/S. 312)*

In einer Urne befinden sich (nur) Kugeln mit den Farben blau und weiß. Es ist bekannt, daß die Urne entweder 25% oder 60% blaue Kugeln enthält. Um festzustellen, welcher Urneninhalt vorliegt, werden 20 Kugeln mit Zurücklegen gezogen. Erhält man bei diesem Ziehungsvorgang höchstens 7 blaue Kugeln, dann entscheidet man sich für einen Urneninhalt mit 25% blauen Kugeln.

a) Wählen Sie als „Erfolg", daß die Kugel blau ist. Formulieren Sie die Nullhypothese mit der Erfolgswahrscheinlichkeit $p = 0{,}25$, und geben Sie die Gegenhypothese an!
b) Geben Sie Annahmebereich A und Ablehnungsbereich $\overline{A}$ für H_0 an!
c) Berechnen Sie die Wahrscheinlichkeiten für die möglichen Fehlentscheidungen!

JA 15

Ein Vulkanisierbetrieb spendet einem Radsportverein je 5000 Fahrradschläuche in zwei verschiedenen Qualitäten, die getrennt verpackt wurden. Die Packung mit guter Qualität enthalte 90%, die Packung mit etwas minderer Qualität enthalte 75% brauchbare Schläuche. Durch eine Stichprobe soll entschieden werden, welche Qualität die Schläuche in der jeweiligen Packung besitzen, weil die Packungen äußerlich nicht unterscheidbar sind. Wählen Sie bei Ihrem Entscheidungsverfahren als Nullhypothese, daß die Packung 90% brauchbare Schläuche enthält.
Der Stichprobenumfang betrage

a) $n = 20$, b) $n = 50$, c) $n = 100$.

Wählen Sie den kritischen Wert k so, daß die Wahrscheinlichkeit für den Fehler 1. Art unter 5% liegt! Bestimmen Sie für a), b) und c) jeweils den Annahme- und Ablehnungsbereich für H_0, und berechnen Sie die Wahrscheinlichkeit des Fehlers 2. Art!

JA 16

Eine Schokoladenfabrik produziert Hohlkörper aus Schokolade, die anschließend mit farbiger Folie umhüllt werden. Beim Verpacken entstanden bei einer Tagesproduktion 10% „Bruch", am nächsten Tag sogar 20% Bruch. Aus Versehen sind beide Tagesproduktionen von je 3000 Stück, abgepackt in Großkartons, mit dem Schild „2. Wahl" (20% Bruch) versehen worden. Da der Produzent weiß, daß *ein* Karton 1. Wahl (10% Bruch) enthalten muß, und er den Verlust nicht hinnehmen will, der entsteht, wenn beide Kartons als 2. Wahl verkauft werden, überlegt er sich folgendes Prüfverfahren: Er testet die Hypothese, daß der Karton 10% Bruch enthalte. Dazu entnimmt er dem Karton 50 Hohlkörper und überprüft diese. Findet er mehr als 6 zerbrochene Hohlkörper, so verwirft er seine Hypothese.

a) Berechnen Sie die Wahrscheinlichkeiten für die möglichen Fehlentscheidungen bei diesem Prüfverfahren!
b) Verändern Sie den kritischen Wert k so, daß die Wahrscheinlichkeit für den Fehler 1. Art kleiner als 10% wird!

JA 17 *(↗ Beispiel J8, S. 315/S. 316)*

Die Hypothese H_0: $p \geq p_0$ soll gegen die Hypothese H_1: $p < p_0$ bei einem Stichprobenumfang n auf dem Signifikanzniveau α getestet werden. Geben Sie jeweils den Ablehnungsbreich $\overline{A}$ an!

a) $p_0 = 0{,}1$; $n = 50$; $\alpha = 10\%$ b) $p_0 = 0{,}8$; $n = 100$; $\alpha = 0{,}01$ c) $p_0 = \frac{1}{3}$; $n = 50$; $\alpha = 0{,}05$

JA 18

Beim zweiseitigen Signifikanztest soll die Hypothese H_0: $p = p_0$ gegen die Hypothese H_1: $p \neq p_0$ bei einem Stichprobenumfang n auf dem Signifikanzniveau α getestet werden. Geben Sie den zweiseitigen Ablehnungsbereich $\overline{A} = A_1 \cup A_2$ an!

a) $p_0 = 0{,}5$; $n = 20$; $\alpha = 0{,}05$ b) $p_0 = 0{,}5$; $n = 20$; $\alpha = 0{,}01$ c) $p_0 = 0{,}8$; $n = 100$; $\alpha = 0{,}05$

JA 19

In einer Lieferung von Kacheln für Kamine befinden sich 10% zufällig verteilte Ausschußkacheln.

a) Wie groß ist die Wahrscheinlichkeit p_1, daß sich in einer Lieferung von 20 Kacheln keine Ausschußkacheln befinden?

b) Wie groß ist die Wahrscheinlichkeit p_2, daß sich in einer Lieferung von 100 Kacheln höchstens 8 Ausschußkacheln befinden?

c) Ein Ofensetzer will die Behauptung des Herstellers, der Ausschuß betrage höchstens 10%, testen und stellt folgende Entscheidungsregel auf:
Wenn in einer Stichprobe von 25 Kacheln vier oder mehr fehlerhaft sind, so soll die Lieferung abgelehnt werden.
Geben Sie die Nullhypothese, die Gegenhypothese und den Ablehnungsbereich für H_0 an!
Berechnen Sie das Risiko (die Wahrscheinlichkeit für den Fehler 1. Art) für den Hersteller, daß seine Lieferung abgelehnt wird, obwohl sie den Angaben entspricht!

d) Der Hersteller will sein Risiko auf höchstens 5% verringern. Wie muß dann die Entscheidungsregel für Stichproben mit dem Umfang $n = 25$ lauten?

HA 20

Ein einheimischer Waschpulverhersteller behauptet, daß mindestens 70% aller Kaufhallen das von ihm hergestellte Waschpulver in der Region anbieten. Bei einer Stichprobe in 100 Kaufhallen der Region stellt man fest, daß 59 Kaufhallen dieses Waschpulver anbieten. Kann man hieraus mit einer Irrtumswahrscheinlichkeit von höchstens 5% einen Widerspruch zur Behauptung des Herstellers erkennen?

JA 21

In der Schweiz wurde unter der Bevölkerung folgende prozentuale Blutgruppenhäufigkeit festgestellt:

Blutgruppe	0	A	B	AB
Anteil je 100 Personen	42	45	10	3

Für Deutschland wird eine ähnliche Verteilung angenommen. Es soll die Nullhypothese getestet werden, daß tatsächlich genau 10% der Bevölkerung die Blutgruppe B besitzen. Hierfür wählt man 100 Personen zufällig aus. Bei 19 Personen wird die Blutgruppe B festgestellt. Wie würden Sie bei einer Irrtumswahrscheinlichkeit von höchstens 5% entscheiden?

JA 22

Eine Pharmaziefirma wirbt für ihre Salbe gegen leichte Pigmentstörungen der Haut mit dem Versprechen, daß die Anwendung dieser Salbe in mindestens 80% der Fälle eine sichtbare Besserung herbeiführt. Zur Überprüfung dieser werbewirksamen Behauptung werden 100 Patienten mit Pigmentstörungen auf diese Weise behandelt. Bei 75 Patienten führt dies zu einer Besserung. Kann die Behauptung des Herstellers auf dem Signifikanzniveau $\alpha = 0{,}05$ verworfen werden?

JA 23

Ein Herrenschuhverkäufer behauptet, daß genau 90% der männlichen Bevölkerung seiner Stadt mit fünf verschiedenen Schuhgrößen (Größe 40 bis 44) versorgt werden können, und er hat deshalb vorwiegend Schuhe dieser Größe am Lager. Ein Lehrling zweifelt an der Aussage des Verkäufers und überprüft daraufhin an 100 Kunden die Behauptung des Verkäufers. Er ermittelt 84 Kunden, die eine Schuhgröße von 40 bis 44 haben. Kann der Lehrling die Behauptung des Verkäufers auf dem Signifikanzniveau von 5% ablehnen?

JA 24

Eine statistische Erhebung unter 5000 Studentinnen ergab, daß mindestens 30% aller Befragten Raucherinnen sind. Jemand behauptet, daß der Anteil der Raucherinnen bereits unter den Gymnasiastinnen genauso hoch sei. Geben Sie ein Prüfverfahren an, mit dessen Hilfe Sie an Ihrer Schule die Hypothese testen können, daß mindestens 30% aller Schülerinnen Raucherinnen sind! Wählen Sie dazu entsprechend der Schülerzahl Ihrer Schule einen geeigneten Stichprobenumfang! Wählen Sie als Irrtumswahrscheinlichkeit höchstens 5%!

JA 25

In einer Urne befinden sich weiße und rote Kugeln. Ein Schüler behauptet, daß der Anteil der weißen Kugeln ein Fünftel beträgt. Zur Überprüfung dieser Behauptung führt die Klasse ein Experiment durch: Es werden 50 Kugeln mit Zurücklegen gezogen. Befinden sich weniger als 4 oder mehr als 16 weiße Kugeln darunter, wird die genannte Behauptung zurückgewiesen, andernfalls nicht. Wie groß ist bei diesem Experiment die Irrtumswahrscheinlichkeit?

JA 26

Beim Ausbrüten befruchteter Hühnereier sollen angeblich gleich viel Hähnchen und Hennen schlüpfen. In einer Brutstation wird festgestellt, daß aus 50 ausgebrüteten Eiern 30 Hähnchen (und 20 Hennen) schlüpften. Kann man mit einer Irrtumswahrscheinlichkeit von höchstens 5% auf unterschiedliche Wahrscheinlichkeiten für das Schlüpfen von Hähnchen und Hennen schließen?

JA 27

1994 veröffentlichte eine Autofachzeitschrift, daß die Autos mit einem Hubraum bis 1400 cm^3 vorwiegend in der Farbe rot gekauft wurden. Bei diesen „Kleinwagen" wird ein Anteil von 75% roter Fahrzeuge angegeben. Frank vermutet, daß der Anteil der roten Fahrzeuge zu hoch ist. Er testet die Hypothese, daß der Anteil roter Autos unter allen Kleinwagen bis 1400 cm^3 Hubraum höchstens 70% ist, auf einem Signifikanzniveau von 1%.

a) Wie hoch darf der Anteil an roten Autos höchstens sein, wenn er auf einem großen Parkplatz eines Einkaufzentrums 100 Autos dieser Hubraumklassen zufällig auswählt und seine Hypothese nicht verwerfen will?

b) Kerstin vermutet, daß der Anteil roter Autos unter all diesen Kleinwagen mindestens 50% beträgt. Sie testet die Hypothese, daß $p = 0{,}5$ ist, auf einem Signifikanzniveau von 1%. Sie führt eine Stichprobe durch, indem sie 200 Fahrzeuge dieser Hubraumklassen an einer stark befahrenen Bundesstraße der Reihe nach zählt und darunter 149 rote Kleinwagen ermittelt. Wie muß sie sich nach dieser Stichprobe entscheiden?

JA 28

Im Statistischen Jahrbuch von 1994 werden folgende bereits durch Krankheiten geschädigte Baumarten des Landes Thüringen angegeben:

Baumart	1986	1993*	Anzahl von kranken Bäumen unter 200 im Jahr 1994 zufällig ausgewählten
Fichte	25%	40%	68
Kiefer	30%	50%	88
Buche	12%	60%	136
Eiche	15%	75%	138

* Die im Statistischen Jahrbuch angegebenen Prozentsätze für das Jahr 1993 wurden gerundet, damit die Tabellen der Binomialverteilung benutzt werden können. Die Werte für 1986 wurden zum Vergleich mit angegeben.

Im Sommer 1994 wurden im Wintersportgebiet von Oberhof jeweils 200 Fichten, Kiefern, Buchen und Eichen ausgewählt und auf Krankheiten untersucht. Die Ergebnisse sind in der letzten Spalte der obigen Tabelle angegeben. Kann die Hypothese, daß der angegebene Prozentsatz kranker Fichten (Kiefern, Buchen, Eichen) aus dem Jahre 1993 für den Waldbestand von Oberhof auch für 1994 gilt, auf einem Signifikanzniveau von 5% verworfen werden?

JA 29

Ein Arzt verschreibt seit längerer Zeit ein bewährtes Medikament C gegen Schnupfen. Ein Pharmaziekonzern bringt ein neues Medikament D auf den Markt und verspricht, daß dies wirksamer als alle herkömmlichen Mittel gegen Schnupfen sei. Der Arzt möchte deshalb nicht weiterhin ungeprüft allein das Medikament C einsetzen. Die Gefahr, daß er C irrtümlich für besser hält, soll gering sein. Welche möglichen Fragestellungen für das Testen von Hypothesen ergeben sich daraus? Geben Sie entsprechende Lösungen an!

JA 30

Ein Optiker behauptet, daß mindestens 20% aller schulpflichtigen Kinder eine Brille benötigen. Es soll die Nullhypothese, daß mindestens 20% der Kinder eine Brille benötigen, auf dem Signifikanzniveau von 5% getestet werden.

a) Bei einer Schuluntersuchung werden 200 Kinder als Stichprobe gewählt. Bei 30 Kindern wird festgestellt, daß sie eine Brille benötigen.
b) Bei einer anderen Schuluntersuchung werden 1000 Kinder als Stichprobe gewählt. Dabei ermittelt man 160 Kinder, die eine Brille tragen sollten.
c) Bearbeiten Sie b) mit Hilfe der „globalen Näherungsformel von LAPLACE und DE MOIVRE“!
(↗ *Satz H24, S. 298*)

Kann die Nullhypothese auf dem vorgegebenen Signifikanzniveau von 5% in a), b) und c) abgelehnt werden?

Binomiale Wahrscheinlichkeiten $B_{n;p}(\{k\})$

n = 5

k \ p	0,01	0,02	0,05	0,10	0,15	0,20	0,25	0,30	0,35	0,40	0,45	0,50
0	0,951	904	774	590	444	328	237	168	116	078	050	031
1	0,048	092	204	328	392	410	396	360	312	259	206	156
2	0,001	004	021	073	138	205	264	309	336	346	337	313
3			001	008	024	051	088	132	181	230	276	313
4					002	006	015	028	049	077	113	156
5							001	002	005	010	018	031

n = 10

k \ p	0,01	0,02	0,05	0,10	0,15	0,20	0,25	0,30	0,35	0,40	0,45	0,50
0	0,904	817	599	349	197	107	056	028	013	006	003	001
1	0,091	167	315	387	347	268	188	121	072	040	021	010
2	0,004	015	075	194	276	302	282	233	176	121	076	044
3		001	010	057	130	201	250	267	252	215	166	117
4			001	011	040	088	146	200	238	251	238	205
5				001	008	026	058	103	154	201	234	246
6					001	006	016	037	069	111	160	205
7						001	003	009	021	042	075	117
8								001	004	011	023	044
9									001	002	004	010
10												001

n = 50

k \ p	0,01	0,02	0,05	0,10	0,15	0,20	0,25	0,30	0,35	0,40	0,45	0,50
0	0,605	364	077	005								
1	0,306	372	202	029	003							
2	0,076	186	261	078	011	001						
3	0,012	061	220	139	032	004						
4	0,001	015	136	181	066	013	002					
5		003	066	185	107	030	005	001				
6			026	154	142	055	012	002				
7			009	108	157	087	026	005	001			
8			002	064	149	117	046	011	002			
9			001	033	123	136	072	022	004	001		
10				015	089	140	099	039	009	001		
11				006	057	127	119	060	018	003		
12				002	033	103	129	084	032	008	001	
13				001	017	075	126	105	050	015	003	
14					008	050	111	119	071	026	006	001
15					003	030	089	122	092	042	012	002
16					001	016	065	115	109	061	021	004
17						008	043	098	117	081	034	009
18						004	026	077	116	099	051	016
19						002	015	056	105	111	070	027
20						001	008	037	088	115	089	042
21							004	023	067	109	104	060
22							002	013	048	096	112	079
23							001	007	031	078	112	096
24								003	019	058	103	108
25								001	011	040	087	112
26								001	006	026	069	108
27									003	015	050	096
28									001	008	034	079
29										004	021	060
30										002	012	042
31										001	006	027
32											003	016
33											001	009
34											001	004
35												002
36												001

$B_{50;0,2}(\{6\}) = 0,055$ $B_{50;0,6}(\{32\}) = B_{50;0,4}(\{18\}) = 0,099$

Aufsummierte binomiale Wahrscheinlichkeiten $B_{n;p}(\{0; \ldots ; k\})$

n = 100

k \ p	0,01	0,02	0,05	0,10	0,15	0,20	0,25	0,30	0,35	0,40	0,45	0,50
0	0,366	133	006									
1	0,736	403	037									
2	0,921	677	118	002								
3	0,982	859	258	008								
4	0,997	949	436	024								
5	0,999	985	616	058	002							
6		996	766	117	005							
7		999	872	206	012							
8			937	321	027	001						
9			972	451	055	002						
10			989	583	099	006						
11			996	703	163	013						
12			999	802	247	025	001					
13				876	347	047	002					
14				927	457	080	005					
15				960	568	129	011					
16				979	672	192	021	001				
17				990	763	271	038	002				
18				995	837	362	063	005				
19				998	893	460	100	009				
20				999	934	559	149	016	001			
21					961	654	211	029	002			
22					978	739	286	048	003			
23					988	811	371	076	007			
24					994	869	462	114	012	001		
25					997	913	553	163	021	001		
26					999	944	642	224	035	002		
27					999	966	722	296	056	005		
28						980	792	377	085	008		
29						989	850	462	124	015	001	
30						994	896	549	173	025	002	
31						997	931	633	233	040	003	
32						998	955	711	303	062	006	
33						999	972	779	380	091	010	
34							984	837	462	130	017	001
35							991	884	546	179	027	002
36							995	920	627	239	043	003
37							997	947	702	307	065	006
38							999	966	770	382	095	010
39							999	979	828	462	134	018
40								988	875	543	183	028
41								993	912	623	241	044
42								996	941	697	309	067
43								998	961	763	383	097
44								999	975	821	461	136
45								999	985	869	541	184
46									991	907	620	242
47									995	936	693	309
48									997	958	760	382
49									998	973	817	460
50									999	983	865	540
51										990	904	618
52										994	934	691
53										997	956	758
54										998	972	816
55										999	982	864
56											989	903

Weitere Aufgaben zur Differential- und Integralrechnung, zur Analytischen Geometrie und linearen Algebra sowie zur Stochastik , die insbesondere die Sicherung des **Grundkönnens** unterstützen sollen, enthalten die **TCP – Übungshefte**

- **„Differentialrechnung“** .... (Best.-Nr.: 3-89517-202-2)
- **„Integralrechnung“** .... (Best.-Nr.: 3-89517-200-6)
- **„Analytische Geometrie und Vektorrechnung“** .... (Best.-Nr.: 3-89517-204-9)
- **„Stochastik“** .... (Best.-Nr.: 3-89517-206-5)